U0386336

漢服歸來

杨娜 等◎编著

张改琴 题

中国人民大学出版社
·北京·

编委会

在当今世界文化融合趋势日益强烈的形势下，保护中华民族文化的特有品性，使其不被同化、消解的任务与形势依然紧迫和严峻。这其中也包括对中国民族服饰的保护与传承。回顾历史，我们在历史的画作、影像中，在前辈先贤的学术论述中，可以清晰地看到中国不同历史时期服饰的特征和演进的轨迹。秦之古朴，汉之肃穆，唐之飘逸，宋之娟丽，明之端庄……一直是我们美好而鲜活的记忆。

2002年，我随团访问欧洲。在那里，我看到日本人、韩国人、阿拉伯人经常穿着各自民族的传统服装，昭示着自身民族和国家的特点，代表着本民族的文化特色和国家形象。而我们中国人穿什么的都有，不仅显得散乱，而且也没有自己的特色。自那以后，我对民族服饰有了新的认识和看法，也开始关注和研究民族服饰。

民族服饰的发展是一个国家、一个民族富强、兴旺和发达的重要标志。在中国历史上，历朝历代都有由中央政府制定的规范性很强的服饰体系，反映着当时的文化特征和审美倾向，上至帝王、官员，下至普通老百姓的服饰具体的规范，也开创过不同辉煌、绚丽的历史。这种传统和做法一直延续到孙中山先生在民国建立以后设计、制作的中山装。中国服饰在历史上、在世界上来说都是很辉煌、很有成就的。而从清初"易服"至新中国成立的300多年里，中华民族内忧外患，民族服饰文化也随之被破坏了。新中国成立后，民族服饰的发展也没有得到应有的重视，人们有的着中山装，有的着西装，也有的着布军装等，农村妇女则是大对襟衣衫，民族服装的特色完全被模糊了。

在当代中国，各少数民族仍保持了各自的服饰文化传统，每逢节假日、重要会议都着盛装出席，非常醒目。但占中华民族主体的汉族却没有任何标志性的服饰，服饰历史基本处于中断的局面，日常服饰五花八门、严重西化，没有汉民族文化的特征、品性和标示。这几年通过社会的努力和政府的支持，对各民族文化各个领域加以重视、保护、传承，并将其纳入非遗保护的范畴，但是汉民族的服饰文化传承却没有得到重视。

1

这是一个巨大的缺憾。

所幸的是，来自民间的一群汉服复兴者，经过十几年的努力，让这种尘封了几百年的服饰，逐渐抖落厚厚的尘埃，重返大众视野，也成为当代社会中一道美丽的风景线。

中国改革开放 30 多年来，经济社会发展取得了举世瞩目的辉煌成就，政治、经济、社会、文化等各方面，我们都是整体向前发展的。在阔步向前的道路上，我们提倡汉服，是对传统文化的继承和尊重，是提升民族自信心和展示大国形象的具体表现。即使在服饰的外在表现形式上有一些"复古"，那也是积极的、科学的、向上的。当然，衣服只是开端，只是恢弘的传统文化殿堂中最表层、最显著、最通俗、最容易传播的那部分。就像汉服"同袍"们口中所说的："华夏复兴，衣冠先行。始自衣冠，达于博远。"这件衣裳的复兴，带动的是整个传统文化的复兴，祖先的智慧、审美和生活方式，将在现代社会生活中散发出更美妙的光辉。

在近几年的全国"两会"上，我多次提出《关于确定汉族标准服饰的提案》，引起了不少委员的共鸣和许多媒体的关注。现在民间自发推广的汉服，设计标准不统一，影响相对有限，确实需要有国家层面权威机构的推动和促进。一旦汉服标准制定下来，不仅能给全体汉族人以一种服饰上的独特标示，对保护、传承、弘扬民族文化传统也有积极的促进作用。我希望国家有关部门和机构，多多关注了解汉服和这场来自民间的汉服复兴运动，开展对这个课题的调查研究，给之以多方面的支持。我也将竭尽所能，继续为恢复汉服而奔走、呼吁。

《汉服归来》这本书，记录的是汉服复兴运动的历史，也是这群汉服复兴者的故事。这个过程，真实、感人、艰辛而又顽强。不管外人如何看待或者评价，那些真正身体力行推动汉服运动往前走的人，在质疑猜测中，用自己的实际行动，将汉服传承了下去。这段历史，这些故事，只是艰涩而不失精彩的开篇——未来，还在不断开创着、记录着。

张改琴（全国政协委员、原中国书法家协会副主席）

中国几千年的服饰文化，历史悠久，不同朝代各有独特的服装风格；中国又是一个民族众多的国家，各个民族的服饰文化独具特色。这些都值得我们去研究和保护，值得我们去传承和发扬。有服章之美谓之华，有礼仪之大故称夏。华夏民族曾经是一个讲究穿着华美服饰且注重礼仪的民族，但在全球化的今天，有几千年服饰文化的中国却仅仅成为服装加工制造的大国，而不是服饰品牌和创意设计强国，这不仅仅是经济问题、科技问题，更是深层次的文化问题，值得我们深思和探讨。随着中国经济的快速发展，中国经济实力的提高，政府提出文化创意产业大发展，在这个大的概念下，中国服装从文化、技术、市场等多角度的传承与创新，已经成为整个服装领域的重要议题。

近年来，随着政府的扶持和主流媒体以及诸多学者对中国传统文化不懈的研究和推广，越来越多的国人开始关注传统文化，并提出"汉服"、"国服"、"华服"等各种说法，其实都是希望在服饰方面展现中国精神。中国作为纺织服装大国，加工制造业非常发达，但中国品牌大多数都在模仿西方流行趋势，创新不足、缺少中国特色的问题日益严重。因此培养将传统文化与现代时尚设计相结合的服装设计师、创建具有深厚文化内涵的服装品牌、提升国人对自己传统服饰的认知、培养穿着习惯已势在必行。

回顾中国服装几千年的历史变迁，传承、交流、影响、创新一直在不断上演，汉唐的大气磅礴、雍容华贵与宋明的简约优雅、温润端正都同样能够表现中华民族的最高级的审美精神，至今也没有形成一种固定不变的模式，而当下的中国服饰美仍旧需要保持多样化和差异性，而这种多样和差异比最终趋于无差异的"融合"状态要更现实，也更有意趣。

中国著名的美学家朱光潜先生曾经说："艺术的能事不仅见于知所取，尤其见于知所舍。"我们在继承服装传统的时候同样存在取与舍的问题，要取传统美学的精神韵味而舍一成不变的传统形式，进而达到"如盐之溶于水，存其咸味而无其踪迹"的境界。传统的问题不是要不要继承的问题，它实际存在于那里，逃脱是不可能的，我们争论的只是对它的理解。中国服装传统的一个核心成分是它的审美价值观，是它追求高于形的精神的一种审美理想。几千年的中国服饰，无论是褒衣博带、深衣襦裙，还是立领盘扣、素衫禅衣，这些具象的服装造型、纹饰图案都仅是传统服饰的形式，而真正让这些形式千变万化的是这些表面形式背后的中国文化精神，既有如牡丹般的雍容大气，又有如梅花般的凌霜傲雪。不论是服装设计师还是汉服推广者，如果不再能深刻地理解这种既包容开放又坚韧不拔的理想，而只是简单地模仿传统服饰的一些表面式样，那么这种"继承传统"就是很可怕的。

所以还是要先回到根本，从中国传统文化出发去挖掘和整理，然后作创新设计。尤其是服饰文化方面，作为设计师要深入了解如何使用我们精湛的传统的织染绣工艺、缝纫工艺、图案寓意等，在了解这些的基础之上，更要结合现代人的生活方式，包括西方的一些先进服饰理念，比如结构设计、面料织造、高科技的特殊工艺都可以和我们传统经典的东西结合在一起，从而创造新的中国式样，以此再现中国人的文化底蕴。

近些年，中国社会掀起了一股"汉服热"。那些身体力行推动汉服复兴的年轻人，往往既不是服装设计专业的学生，也不是历史考古专业的研究者，但他们却投入大量的精力去考证中国传统服饰的文化、形制、工艺……甚至在日常的学习生活中选择了穿宽袍大袖，着峨冠博带，奔走呼吁，希望恢复汉服传统，可以说这是一股非常积极的推动重振传统服饰文化的力量。但是可能由于他们缺少对服装专业技术的积累，缺少对于传统的创新设计思考，所以他们呈现出的服装视觉水平往往参差不齐。令人欣喜的是，越来越多的职业服装设计师、专业服装机构也参与到这场热潮中。相信通过各方协同发力，定会提升中国传统服饰的整体审美水平、质量水平和文化品位。

很欣慰看到《汉服归来》饱含对中国传统文化的深情，对传统汉服文化的发展脉络进行了仔细的梳理，并对汉服运动的推动者们做了生动的记录，这不仅将对推广汉服文化产生积极影响，同时也是中华文化复兴进程中一次鲜活而重要的历史见证。

　　未来我们需要携手努力，共同着眼于对传统服饰的传承与创新，同时自信包容地吸收东西方优秀成果，创造出更多样的传统中式服装风格、更丰富的服装式样，让国人真正喜爱并愿意穿着有我们特色的民族服装，展现新时代中华民族的精气神与文化自信，重振衣冠上国，再造礼仪之邦。

楚艳（北京服装学院副教授，2014 年北京
APEC 会议领导人服装设计师）

序二

我的学生杨娜几乎是痴迷于汉服与中国传统文化的。最初认识她时，知道她是在中央电视台英语频道工作，而且曾经留学英国，性格开朗，行事作风看似都已经西化。但在接触中慢慢发现，她的内心其实是个不折不扣的"古代人"。她喜欢跳古典舞蹈，喜欢听古风音乐，喜欢看武侠小说，喜欢读历史典籍，甚至微信头像也是古典扮相。

我也曾经好奇，为什么她要来读社会学的博士呢？社会学基本上是一门不折不扣的现代社会科学。她或许更适合国学专业，或者是历史专业，再或者是新闻专业。但后来接触多了慢慢地了解到，她虽然喜欢汉服，喜欢传统文化，但是她最感兴趣的，并不是中国历史上曾经的辉煌，而是当代中国的文化复兴之路。她始终坚信，在这场文化复兴运动中，首先发力的应该是汉服复兴，这个传统文化中最表层、最浅显但却最外显的部分。缓慢推进、跨越时空、持续不断的汉服运动，深深地吸引了她，所以她选择了社会学，希望通过学习社会学的理论，探究这一运动得以持续的社会基础，揭示作为一种社会运动的汉服运动的形成发展脉络，并探索未来的可能发展方向。

十年磨一剑，她编著了《汉服归来》这本书。在这本书里，她讲述的不是服装的历史与特征，也不是服装的演变与发展，而是当代社会中那些有关汉服复兴运动的人物与故事。书里的那些人，他们来自全球各地，有着不同年龄，分布在不同领域，从事着不同职业，也有着不同的专业，但他们却有着共同的目的——希望通过这件衣裳的复兴，推动整个中华文化的复兴。因此，《汉服归来》涉及的不仅仅是汉服的事情，还涉及当代中国的礼仪、节日、国学等诸多社会现象，甚至还有海外华人的身份认同诉求，因而它是一场文化复兴运动的缩影。

对于杨娜来说，她在汉服运动之中从来不是一个旁观者，也不是一位单纯的研究者，而是一位身体力行者。也正是因为她的亲身参与，所以她联系到了逾百位核心参与者，收集了大量的一手资料，讲述了这十几年中那些与汉服息息相关的故事。这些故事，诸如"穿汉服逛街"、"穿汉服过传统节日"、"穿汉服行成人礼"、"穿汉服跳舞蹈"听起来都很琐碎，甚至有些渺小，但恰恰是这些沧海一粟的事件，还有那些年轻人坚持不懈的努力，竟然让这件消失了 300 多年的衣裳，重新回到了中国公众的视野。

　　杨娜自己其实也和书中提到的那些人一样，他们的努力虽然没有获得社会所有人的接受，但是他们的无私奉献与实践精神却被很多人认可。或许，正如他们所期盼的，这种扎根民间、反复出现、持之以恒的宣传方式，真的可以为当代传统文化复兴探索出一套具有可操作性的实践参考方案。所以，她决定把这十几年中的所见、所闻、所感记录下来，通过这本书，让更多人了解衣冠重生的那条风雨荆棘路，那群默默付出的人，那些悲喜交加的故事，还有那尚没有看到结局的社会纪实。

　　也期待这些人能够以汉服复兴为脉络，继续弘扬传统文化，让中华文明再次绽放光芒。

李路路（中国人民大学社会学系教授）

目录

目录

触摸衣冠上国

第一章

　　泱泱华夏，灿若星汉。中华民族在五千年的历史长河中，创造了灿烂而又辉煌的东方文明。而其中的服饰体系，也是一脉相承，甚至影响了整个东亚文化圈，堪称人类文明史中的一颗璀璨明珠。只是由于历史原因，这件衣裳不得已中被刻下了"古装"的烙印。华夏民族，这个以服装之美、礼仪之大命名的民族，也是世界上人口最多的民族，如今成了没有自己传统服饰的民族……

第一节｜昔日的衣冠之治

一、说文解字始自华夏

华夏族是汉民族的前身，也是中华民族的文明源头。如今的我们，也经常自称为"中华子孙"、"华夏儿女"，海外游子们也称为"海外华人"。那么，究竟什么是"华"？什么又是"夏"呢？

翻阅先秦典籍，对于"华夏"的描述比比皆是。"华夏"一词最早见于周朝《尚书·武成》："华夏蛮貊，罔不率俾。"孔传云："冕服采章曰华，大国曰夏。"又见《左传》云："裔不谋夏，夷不乱华。"孔疏云："中国有礼义之大，故称夏；有服章之美，故谓之华。"①《尔雅·释诂》亦云："夏，大也。故大国曰夏。华夏谓中国也。"按照这样的解释，"华夏"既是指地理区域，又是与野蛮相对的文明称谓，并含有大、盛之意。②

华之美，夏之大。"华"字与古字"花"字相通，本就有章文华彩的含义，引申至服饰华美之意也很容易理解；"夏"字《说文解字》考其造形结构，认为是用繁笔大写的"人"字，释义为"中国人也"。段玉裁注曰："以别于北方狄，东方貉，南方蛮闽，西方羌，西南焦侥，东方夷也。夏引申之义为大也。"③自春秋之后，诸夏、华夏也作为与夷狄或四夷相对的称呼被广泛使用。周、夏文化本是同源，而礼乐文化又是周代国家、文化、政治的核心，故夏转义为"道德礼仪文明"的特定含义也就随之诞生了。

因此，中国自古被尊称为"衣冠上国"、"礼仪之邦"也就可以理解了。

---

① 曾亦：《内外与夷夏——古代思想中的"中国"观念及其演变》，载《原道》，2012（2）。
② 参见陈正奇、王建国：《华夏源脉钩沉》，载《西北大学学报》，2015-02-15。
③ 韩星：《"华夷之辨"及其近代转型》，载《东方论坛》，2014（5）。

二、垂衣裳而天下治

每个民族都有自己的服饰，一个民族的服饰文化，就如同这个民族的皮肤一样，沉淀了历史，流传百世而传下来。作为文化的表征，它不仅有着遮身蔽体、防寒御暑的作用，还具备阶级身份认同、财富炫耀、民族标识、性别认同、审美差异、信仰表达的作用。[1]

华夏族的衣和冠，自然也被称作华夏衣冠。衣冠之于华夏，从来不是一件小事。在这里，它不仅拥有一系列通行的实用功能，而且有着"知礼仪、别尊卑、正名分"的特殊含义。《周易·系辞》云："黄帝尧舜垂衣裳而天下治，盖取诸乾坤。"这句话的意思有两种不同的解释。一种是陈传席先生的解释，也就是黄帝时部落联盟形成，要有人管理，故发明衣裳，并绘画于其上，用画区别身份（职务），垂在五官身上作为标志，以管理人群，"各司其序，不相乱也"，天下大治[2]；而另一种说法认为，这句话隐喻了黄帝尧舜实施无为之法治理天下，而使天下大治，"垂衣裳"就是让衣裳向下长垂着，表示黄帝尧舜自然无为的状态，"垂衣裳"之行为就是无为之法的一种隐喻[3]。但不论哪种解释，都认为早在黄帝时期，古老的华夏服饰就已经有了一定的规模，而且有着很重要的政治寓意了。

在悠悠几千年的华夷大防中，冠服制度，也成为这里的文明认同标志之一。每个朝代建立之初都会对本朝的服饰制度作详细规定，颁布《舆服制》来规定其服饰特征、等级制度和应用场合。中国的政治历来强调"衣冠之治"[4]，《礼记·王制第五》中明确写道："同律，礼乐制度衣服正之。"《礼记·坊记第三十》中写道："子云：'夫礼者，所以章疑别微，以为民坊者也。'故贵贱有等，衣服有别，朝廷有位，则民有所让。"再后来，唐高祖李渊颁布的《武德令》、明太祖朱元璋颁布的《大明会典》也都是包含着服饰制度的律令。

---

① 参见王娟：《民俗学概论》（第二版），266页，北京，北京大学出版社，2013。
② 参见陈传席：《释〈易经〉"黄帝尧舜垂衣裳而天下治"——兼说中国的画与绘及记载中绘画起源》，载《美术研究》，2011（3）。
③ 参见王赠怡：《"无为而治"思想的一种隐喻性言说——再释〈易经〉"黄帝尧舜垂衣裳而天下治"》，载《重庆邮电大学学报》，2014（11）。
④ 张梦玥：《浅谈汉民族传统服饰的概念》，见北京方道文山流文化传媒有限公司：《当代汉服文化活动历程与实践》，54页，2014。

衣冠的兴衰，也就见证了这里的朝代更迭、民族更易、文明起落。

三、维天有汉有裳有衣

《诗经·大东》有云："维天有汉，监亦有光。"这句话的意思是，天上有银河，被照耀着闪闪发光。"汉"的本义也是指星河、银河。

华夏族易名为汉族，开始在大约2 000年前，也就是公元前202年，刘邦称帝，他以自己发迹之地汉水来命名新王朝——汉朝。漫漫400年间，汉朝通西域、伐匈奴、平西羌、服西南夷、收闽越南粤，为子孙后世们建立了一个国家前所未有的威严，给了一个族群挺立千秋的自信，这个国号成为一个民族永远的名字——汉。在对外交往中，其他国家称汉朝的军队为"汉兵"，汉朝的使者为"汉使"，汉朝的人为"汉人"，汉朝的文字为"汉字"，汉朝的服饰为"汉服"。汉族、汉字、汉服、汉文化自然而然地形成一体，流芳百世而传扬至今。

在历史古籍上，"汉服"一词也经常出现，如：

《汉书》："后数来朝贺，乐汉衣服制度。"

《新唐书》："汉裳蛮，本汉人部种，在铁桥。惟以朝霞缠头，馀尚同汉服。"

《东京梦华录》："诸国使人，大辽大使顶金冠，后檐尖长，如大莲叶，服紫窄袍，金蹀躞；副使展裹金带，如汉服。"

《辽史》："辽国自太宗入晋之后，皇帝与南班汉官用汉服……其汉服即五代、晋之遗制也。"

金熙宗甚至"循汉俗，服汉衣冠，尽忘本国言语"。元代修《辽史》时，专门为汉服开辟了一个"汉服"条，与契丹人的传统服饰相区分。

但是，在这些史书中，汉服并不是作为一个专有名词出现，而是往往和"胡服"相对应，即外族人眼中的汉族服饰。当汉族人需要一个名词来介绍华夏服饰时，通常使用"衣冠"或"上衣下裳"来形容。[1]

---

[1]　参见蒋玉秋、王艺璇、陈锋：《汉服》，8页，山东，青岛出版社，2008。

今天的"汉服"与历史中的"汉服"既有相同之处，又有不同之处。相同之处在于，二者似乎都在通过服装的不同来区分"国与国"、"族与族"之间的不同；不同之处在于，历史上的汉服被纳入了社会的礼治范畴，是礼仪的一种表现形式，并且历代均有《舆服制》来制定当朝的衣冠服制，而今日的汉服并未纳入国家的政治范畴[1]，更像是一种民间自发性服饰的流行与演绎。

但不论如何，"汉服"一词的归来，也将几乎已被世人遗忘的汉族服装带回大众视野。当代社会中，经常出现汉族民族服装缺位的尴尬，56个民族一起合影时，汉族穿过西装，穿过T恤，穿过旗袍，可唯独寻不见自己特有的衣裳……

四、汉服：汉民族服饰

汉服——汉族的汉，衣服的服，字面解释通俗易懂。但如果查阅几种中文字典，就会发现并没有"汉服"这一词条。若再翻阅学术文献、媒体报道、网络资料，又会发现对于汉服的概念界定有着多个版本。

根据阙金玲（网名"万壑听松"）在2003年初给出的定义，"汉服是指明代以前，在自然的文化发展和民族交融过程中形成的汉族服饰。"具体来说，汉服作为一种独立服饰体系，在历史的传承与发展中，形成了独特的文化背景和民族风格，即已形成了鲜明的风格特色，并且明显区别于中国其他民族及世界上其他任何一个民族的传统服装，更与现代服饰在制式风格上有着质的不同。但是后来，一些不同文章对于汉服的定义、概念的界定有了差别，主要体现在以下几个方面[2]：

一是时间的界定。出现了"公元前21世纪至公元17世纪中叶（明末清初）这近四千年中"、"三皇五帝时期一直到明代，连绵数千年"、"从黄帝即位（约公元前2697年）至明末（公元17世纪中叶）这四千多年中"等多种界定。

二是范围的划分。诸如"在华夏民族（汉后又称汉民族）的主要居住

---

① 参见蒋玉秋、王艺璇、陈锋：《汉服》，9页，山东，青岛出版社，2008。
② 参见汪家文（网名"独秀嘉林"）：《汉服简考——对汉服概念和历史的考证》，载铁血论坛，2014-02-11。

区"、"在汉族的主要居住区"、"在华夏民族（汉后又称汉民族）的主流社会"等区域特征。

三是体系的特征。比如"以'华夏—汉'文化为背景和主导思想，通过自然演化而形成的具有独特汉民族风貌性格"、"以华夏文化为背景通过传承演化而形成的具有独特本民族风貌"、"以汉族的礼仪文化为基础，通过历代汉人王朝推崇周礼、象天法地而形成的具有独特华夏民族文化风貌性格"等不同的文字描述方式。

但其中也有着几个明显的相同或相似点，即"汉民族的传统民族服饰"、"又称华夏衣冠"、"以汉民族为基础"、"区别于其他民族传统服装的服装体系"。再从学界和网民的界定可以看出来，当下的汉服，其实是历史的再发现与历史接续。[1]在某种程度上，它是现时代文化建构的产物。[2]

从古至今，自新王朝确立起，政府都会颁布《舆服制》，规范本朝的服饰制度。但如今的汉服更像是在民间流传的流行性日常服装，所以也就有了长期困扰着大家的话题：汉服是不是个伪命题？究竟什么形制、什么朝代的服饰才属于汉服的范畴？今天大家所穿的这些衣服，哪些才是汉服呢？而且迄今为止，对于规范性问题，官方没有答复，民间也没有共识，所有的尝试与摸索都是在争议中进行的，这个问题其实也一直困扰着汉服运动者。

但可以肯定的是，汉服不是古装，它是中华文化中不可缺少的一部分，也是一个民族在寻找归属感与祖先文明中的一个重要符号。

汉服归来

① 参见王军：《网络空间下"汉服运动"族裔认同及其限度》，载《国际社会科学杂志》（中文版），2010（1）。
② 参见周星：《新唐装、汉服与汉服运动——21世纪初叶中国有关"民族服装"的新动态》，载《开放时代》，2008（3）。

▲ 北京景山公园汉服拍照（图中人物：网友"璇玑"；摄影："如梦霓裳"）
　注："如梦霓裳"提供原图，"璇玑"、"如梦霓裳"授权使用。

第二节｜人间丹霞华彩衣

一、行云流水襟带天地

几千年的发展之中，汉服在其宽大飘逸、流畅拔俗的基本风格下，演绎出几百种款式，但最主要的特征却始终没有变过，就是交领右衽、无扣结缨、褒衣大袖。[1]

交领右衽：交领指衣服前襟左右相交。资料显示，交领的服饰遍及东亚各民族，但其他民族都是左衽右衽混杂，唯独汉服有明确的右衽制度。衽，本义衣襟。左前襟掩向右腋系带，将右襟掩覆于内，称右衽，反之称左衽。[2]再后来，右衽也被赋予了更多的含义，孔子在《论语·宪问》中曾说："微管仲，吾其被发左衽矣。"左衽被视作蛮夷，所以右衽也是区分华夏与其他民族的重要标识。再到明朝，道家以左为阳以右为阴：右衽表示阳气胜过阴气，你是生人；反之，左衽就表示是故人了，这也就是寿衣的基本形制的由来。而右衽这个意识形态诞生后，不论战乱还是改朝换代，竟然从未改变过，纵使是清朝剃发易服，汉人穿衣服依旧是右掩，民国时期的长袍亦是如此。[3]

无扣结缨：也被称作系带隐扣。汉服几乎不用扣子，两根细细的带子，一左一右在腋下"结缨"，一内一外就牢牢固定了衣襟。[4]隐扣，又称暗扣，一般用于圆领衫，表面看没有扣子，其实一颗布纽，隐藏在了里面。这其实也说明，汉服的系带并非因为古人未能发明纽扣。所以"系

---

① 参见"天风环佩"、"蒹葭从风"、"招福"（网名）：《衣冠上国今犹在　礼仪之邦乘梦归》，载《八卦Orz》（网络杂志），2006-06-02。
② 参见百度百科"交领"词条，2016-04-05。
③ 参见"寒泉枫叶"（网名）：《【服制】左与右，汉服关于阴阳二元对立的信仰》，载百度汉服贴吧，2010-03-16。
④ 参见"天风环佩"、"蒹葭从风"、"招福"（网名）：《衣冠上国今犹在　礼仪之邦乘梦归》，载《八卦Orz》（网络杂志），2006-06-02。

漢服歸來

带"和"右衽"一样成为汉服一个外在的显著特点。

褒衣大袖：这里的"褒衣"是针对现代的紧身束身衣而言的。"袖宽且长"是汉服礼服的特点，但不是唯一的特点，汉服的小袖、短袖也比较常见。宽袍大袖中袖子的宽窄长短也都很有讲究。汉服袖子一般都比手臂长，最常见的深衣规定要回挽至肘，而袖径最宽的竟达四尺，垂下手几乎及地。这种设计相对人体而言，显得是过大了。如果将其平展放置，则显得平凡无奇，但是当着装者曲臂时，这种大袖就会形成优美的流线，或于人的举手投足之间，或于临风而立之时，不停地运动变化。[1]

▲ 藏蓝凤鸾云肩通袖妆花织金交领长袄（设计制作、摄影："明华堂"）
注："明华堂"提供原图，授权使用。凤鸾云肩通袖妆花织金，为明华堂设计师的原创设计；以明代图案元素为参考，遵照当时的服饰设计语言与逻辑完成，耗时一年方定稿开织。[2]2015年完成制作。

二、繁杂款式中的文化

汉服的款式虽然繁多且杂，而且有着礼服、常服之分，但是根据网络资料整理，其基本形制主要有"衣裳制"、"深衣制"、"衣裤制"三种。

---

[1]　参见方哲萱（网名"天涯在小楼"）：《青青子衿，悠悠我心——找寻失落的汉服之美》，载《民族论坛》，2005（11）。
[2]　"明华堂"：《藏蓝·凤鸾云肩通袖妆花织金·交领长袄》，载新浪博客，2015-06-22。

"衣裳制"：顾名思义是上衣和下裳分开剪裁，分开缝纫，分开穿着的衣物。后来，衣裳制发展为冕服、玄端等，这是君主百官参加祭祀等隆重仪式的正式礼服。"衣裳制"还规定"衣正色，裳间色"，也就是说，上衣颜色端正而且纯一，下裳则色彩相交错。这种方式好比是"天玄地黄"，因为天是清轻之气上升而成，所以用纯色，地是重浊之气下降而成，所以用间色。①冕服纹饰的十二章纹，每种章纹都有象征和寓意。其中，日、月、星辰，取其照临；山，取其稳重；龙，取其应变；华虫（一种雉鸟），取其文丽；宗彝（一种祭祀礼器，后来在其中绘一虎一猴），取其忠孝；藻（水草），取其洁净；火，取其光明；粉米（白米），取其滋养；黼（斧形），取其决断；黻（常作亚形，或两兽相背形），取其明辨。②

汉服中常见的"襦裙"是衣裳制的一种延伸款式，襦即短衣，短上衣加裙搭配叫襦裙。主要有齐胸襦裙、齐腰襦裙、对襟襦裙等。这种衣裳制延伸类型的款式没有礼仪制度上的约束，通常适用于女子日常穿着。因此，历朝历代，襦裙一直为女性所偏爱，就连今天的汉服市场中，襦裙的销量也是最好的。

"深衣制"：把上衣、下裳分别剪裁，再缝合起来，衣裳连属形成一体，是汉服中最典型的一种。深衣在古文献中也被明确了形制，《礼记·深衣第三十九》中云："古者深衣盖有制度，以应规、矩、绳、权、衡。"深衣的下摆由12片布组成，代表一年有12个月，体现了强烈的法天思想。衣袖呈圆弧状以应规，交领处成矩状以应矩，这代表做人要规矩，所谓无规矩不成方圆。衣带下垂很长，一直到脚踝，代表正直；下襟与地面齐平，代表权衡。这里面当然包含了很多儒家思想，了解了衣服里蕴藏的含义，也就明白了如何做人。③

"衣裤制"：上衣、下裤分开剪裁，分开缝纫，分开穿着。旧称裈

① 参见"虫二"（网名）：《看，这才是汉服！你穿对了吗？》，载360个人图书馆，2015-06-10。
② 参见方哲萱（网名"天涯在小楼"）：《青青子衿，悠悠我心——找寻失落的汉服之美》，载《民族论坛》，2005（11）。
③ 参见方哲萱（网名"天涯在小楼"）：《青青子衿，悠悠我心——找寻失落的汉服之美》，载《民族论坛》，2005（11）。

漢服歸來

褐，俗称短打。可作里衣，亦可日常穿着，是汉族庶民日常居家劳作之服。

▲ 2011年广州双玉瓯海报宣传图，穿襦裙的女子（摄影：双玉瓯）
  注："双玉瓯"汉服品牌提供原图，授权使用。

　　除此之外，汉服之美不仅体现在衣服中，也体现在发式、穿戴、配饰等诸多方面。女性发式，汉代有"倭堕髻"，北朝有"十字髻"，唐代有"灵蛇髻"、"飞天髻"，宋代有"朝天髻"、"同心髻"等等，甚至都不能说清究竟有多少种类。在穿戴方面，要求女子插副笄，男子戴发冠。另外，蔽膝、绅绶、组玉、丝履不可缺少，如果有条件，男子还应该佩上宝剑，手执笏板。这些烦琐的要求，也都体现了礼的需要。①

① 　参见方哲萱（网名"天涯在小楼"）：《青青子衿，悠悠我心——找寻失落的汉服之美》，载《民族论坛》，2005（11）。

三、千年衣冠文明散记

"云想衣裳花想容，春风拂槛露华浓。若非群玉山头见，会向瑶台月下逢。"这是李白在《清平调》中写的诗句。我们随手翻阅一本古典文集，便可发现里面有关华美衣裳的描述可谓俯拾皆是。服饰的变迁，也是历史的写照，它记录了一个民族文明的兴衰与起落。

衣裳之初：5 000年前，华夏先民就开始了原始的农业和纺织业，开始使用织成的葛、麻布来做衣服，后来又发明了饲蚕和纺丝，使人们告别了以树叶蔓草为衣的初级装束阶段，进入日臻完备的衣冠时代。[①]

夏商定制：夏商之后，冠服制度初步建立，也被纳入"礼治"范畴。在近千年的风雨岁月中，它带领华夏走出巫风弥漫的时代，怀着对衣裳和礼仪的信仰，画出了"衣冠之治"的文明蓝图，而其中的深衣制、衣裳制延续千年，意义深远。

汉承秦制：秦人吞八荒扫六合，海内一统。秦尚法家，简六国衣冠礼制，但华夏衣冠的形态依然如故。[②]再到经济繁荣的大汉王朝，出土文物中那衣襟缠绕的曲裾深衣、飞腾婉转的云纹、织造精美的丝绸面材[③]，这些也都见证了辉煌的大汉服饰风采。

魏晋风度：东汉末年，战乱相循。五胡乱华，以夷变夏，那是一个不堪回首的时代。北方的大地上，胡汉杂居，游牧民族和西域各国文化与汉文化相互影响，使服饰在沿袭旧制中趋于融合。[④]而河洛士族的衣冠南渡，也奠定了如今岭南一带的客家文化基础。[⑤]

隋唐盛世：隋朝结束了300多年的乱世阴霾，匡复河山，同时也修复了衣冠。再到大唐盛世，政治、经济繁荣，对异族文化采取了兼收并蓄的策略，也把服饰推至了鼎盛，不仅色彩趋向鲜艳大胆，而且加入了外来纹饰和胡服元素，造就了唐代服饰雍容大度、百美竞呈的局面。

---

① 参见蒋玉秋、王艺璇、陈锋：《汉服》，18页，山东，青岛出版社，2008。
② 参见"蒹葭从风"（网名）：《衣冠三千年散记》，载天涯论坛，2007-01-24。
③ 参见蒋玉秋、王艺璇、陈锋：《汉服》，21页，山东，青岛出版社，2008。
④ 参见黄能馥、乔巧玲：《衣冠天下——中国服装图史》，101页，北京，中华书局，2009。
⑤ 参见"蒹葭从风"（网名）：《衣冠三千年散记》，载天涯论坛，2007-01-24。

宋明重建：五代十国之后，程朱理学盛行，宋朝的审美发生了变化，含蓄内敛、素雅、婉约的文人风气也成为服饰的主流。[①]在经历了衣冠百年沉沦后的明朝，从初期就颁布诏令曰"壬子，诏衣冠如唐制"，确立了服饰的基本风貌，数百年内冠服制度未曾有变。而这时的丝织工艺也达到了空前的水平，不但出现了科技巨著《天工开物》，且缂丝、刺绣、织金、孔雀羽制作等服装加工技艺也达到了超前水平。

　　后来，清军入关，剃发易服，关于传统意义上的汉服的记忆也便停留在了这里……

▲ 中国古代装束复原小组作品盛唐衫裙
　注：中国古代装束复原小组负责人刘帅提供原图，授权使用。

---

① 参见黄能馥、乔巧玲：《衣冠天下——中国服装图史》，175页，北京，中华书局，2009。

第三节│剃发易服之殇

一、"剃发令"与"易服令"

既然讲到了汉服复兴，也就绕不开汉服的中断历史，那是一段悲壮的血泪史。

1644年明崇祯十七年，岁次甲申，这是中国历史上"天崩地裂"的一年。三月李自成北上攻取燕京，崇祯帝自缢殉国。而后吴三桂向多尔衮部称臣，四月带领清军入关定鼎燕京。[1] 1645年顺治二年，清政府先后颁布了剃发令和易服令。其中剃发令规定："全国官民，京城内外限十日，直隶及各省地方以布文到日亦限十日，全部剃发。"易服令则规定："官民既已剃发，衣冠皆宜遵本朝之制。"[2] 清朝把剃发作为归顺的标志之一，口号是："留头不留发，留发不留头。"

而汉族自古就是一个非常重视衣冠的民族，《孝经》有言："身体发肤，受之父母，不敢毁伤，孝之始也。"一纸剃发令简直犹如晴天霹雳，令本已接受了改朝换代的汉人惊恐万状。这惊恐瞬间化作满腔怒火，他们高呼："宁为束发鬼，不作剃头人！"[3] 于是，江南人民开始了反抗，其中江阴、嘉定两城尤为激烈，可谓是惊天地、泣鬼神。

最悲壮的要数"江阴八十一日"。是年闰六月二日，江阴群众举义，誓死捍卫颅上发。他们坚守城池八十一天。城破，屠城十日，全城十七万百姓殉国，无一人投降。（韩菼《江阴城守纪》）"八十日戴发效忠，表太祖十七朝人物。十万人同心死义，留大明三百里江山。"阎应元的这首诗就是对那时的最好写照。

除此之外，还有嘉三屠、扬州十日，同样都是血流成河，死者逾

---

① 参见"水滨少炎"、"万壑听松"、"溟之幽思"、"吴楚隐侠"、"曲达"等（网名）：《大国之殇——汉服消亡简史》，载汉网论坛，2005-06-24。
②③ 《满清入关与"剃发令"的由来》，载人民网，2004-11-09。

汉服归来

万，繁华都市，化为废墟……也涌现了史可法、阎应元、夏完淳、张煌言这样的英雄烈士，他们英勇就义、誓死不从。最后，在长达三十七年的反抗之后，延续4 000多年的汉服最终从汉民族的主流生活中消失，旗袍、马褂、辫子在血泊中被固定了下来。

汉族，成为一个在屠刀下被迫中止自己民族服装的民族。

二、坊间的"十从十不从"

后来，民间相传在剃发易服令遭到顽强的抵抗后，清朝不得不暂时缓和关系，所以又颁布了"十从十不从"政策。但事实上，正史并未记载该事，介绍此事的是清代天嘏所著《满清外史》。[①]其中具体表述为："男从女不从，生从死不从，阳从阴不从，官从隶不从，老从少不从，儒从释道不从，娼从优伶不从，仕官从而婚姻不从，国号从而官号不从，役税从而语言文字不从。"于是，汉服的记忆便只残存在碎片之中了，那曾经飘逸潇洒的宽袍大袖，也只有在寺庙道观、戏台盛装之中可见了。还有寿衣，人死之后去天国里面见祖先时，才可以再穿，那又是怎样的悲哀呢？

其实，生活中一直还有着汉服的活化石，那就是我们的"婴儿服"，又叫"宝宝袍"、"和尚衫"。还记得孩子出生时穿的第一件衣服吗？它是交领右衽、无扣系带、袍状……这完全是汉服的缩小版啊。听家里老人说："婴儿衫都是这样，这是老祖宗留下来的。"甚至在南方的一些地区还有一种民俗：小宝宝出生后穿的衣服，不能丢，不能送人，要保留下来，一辈子在衣柜中珍藏。这又是什么原因呢？或许是岁月冲淡了记忆，已经没有人能道出真正的缘由了。但是我们的祖先却一直在努力地传承，即使没有了"汉服"这个称呼，也期盼后人不要忘记它——人之初，穿汉服。[②]哪怕屠刀再锋利，依然要给汉服留个位置，一个不起眼，却又最重要的位置：迎接新生儿的，从来都是汉服。

---

① 参见马晓阳：《金之俊"十从十不从"政策初探》，载《湖南科技学院学报》，2013（1）。
② 参见"强汉风云"（网名）：《人之初，穿汉服——这是你的经历》，载百度汉服贴吧，2006-06-01。

▲ "衔泥小筑"家宝宝着汉服照
　注："衔泥小筑"汉服店提供原图，授权使用。

三、东亚邻国落地开花

　　汉服在中国本土消亡了，却在我们的邻邦——日本落地开花。日本
"飞鸟时期"的"大化改新"，打开了全面向中国学习的大门，中国的典章
制度、儒道思想、生产技术、建筑、绘画、雕塑、音乐、文学等大量传入
日本。日本的和服就是在引进、吸取唐代汉式服装的基础上形成的。和服
在世界上也一直被称为"唐服"，虽略有更改，但却保留了传统汉式服装
的基本特点：上衣下裳相连、交领右衽、衣袖宽大、用衣带不用衣扣。[①]
时至今日，日本依旧保留着女儿节、成人礼等传统习俗，就连传统婚礼上
也还有着中华原型婚礼的气质。

　　除此之外，朝鲜、韩国、越南的民族服饰也受到汉服的影响。尤

---

① 参见"水滨少炎"、"万壑听松"、"溪之幽思"、"吴楚隐侠"、"曲达"等（网名）：《大国
之殇——汉服消亡简史》，载汉网论坛，2005-06-24。

其是朝鲜，朝鲜人曾以"小中华"自居。[①]再看看如今的韩国，他们的民族服饰和礼仪传统依旧在延续。还记得2014年韩国总统欢迎中国国家主席到访时的欢迎仪式吗？仪仗队穿的是朝鲜民族服装，他们还要行礼献刀，这是复原的朝鲜王朝时期的卤簿仪仗。照片中还有着四象旗——青龙、白虎、玄武、朱雀旗，五方旗——青、赤、白、黑、黄五色旗，代表东、南、西、北、中五个方向的

▲ 2016年日本早稻田大学毕业典礼一角
注：日本汉服会提供原图，授权使用。

旗帜，六丁旗——丁丑旗、丁卯旗、丁巳旗、丁未旗、丁酉旗、丁亥旗六种旗帜，象征十二干支里代表臣子的六种干支，作为"文"的代表与象征"武"的"四象旗"正好形成呼应。他们在这里，我们又在哪里？一国之芳兮，一国之殇！

四、薄言我衣，见贤思齐

历史的血痕已然消失，时至今日的旧事重提，并不是为了评判历史中孰对孰错，更不是想借此来掀起什么。我们也不想与东亚邻国去争辩，他们究竟是在守卫还是在争夺。毕竟离开了本土，已不是纯正的中华文明。

---

① 参见"水滨少炎"、"万壑听松"、"溟之幽思"、"吴楚隐侠"、"曲达"等（网名）：《大国之殇——汉服消亡简史》，载汉网论坛，2005-06-24。

▲ 在贵州省紫云苗族布依族自治县地区的蔡家桥苗寨着汉服与苗族儿童合影
　注：图中人物周渝（网名"月耀使－檀越之"）提供原图，授权使用。

　　如今的我们，对于汉服，仿佛一个失忆的民族，面对着文化荒漠般的现状，试图在历史书中，寻找曾经的美丽与辉煌，也试图在东亚邻国那里，寻觅残留的记忆与印痕。毕竟，每个民族都应该有自己的民族服装。美美与共，天下大同。

第四节｜民国时昙花一现

一、明末清初残留火种

　　其实，汉服复兴渊源已久，数百年前曾经有过一次。虽然只是昙花一现，但参与者却都是历史中响当当的人，如黄宗羲等。
　　生活在明清之际的黄宗羲，是中国历史上伟大的思想家。他生命中最为尊敬的父亲和老师，为了家国社稷都心甘情愿地付出了生命。后来，他冒死东赴日本，恳求日本出兵抗清，但无果而终。归国之后，黄宗羲选择了剃发易服归顺清朝，但他没有做官，而是讲学于民间。[1]黄宗羲一生著述甚多，其中一篇名为《深衣考》，极负盛名，死后他留下遗嘱"深衣殓"，"即以所服角巾深衣殓"——送走汉族死者的，一定穿的是汉服。但黄宗羲是否冒死制深衣入殓下葬并无记载，甚至还有"裸葬说"（《黄梨洲先生裸葬说》）。后来，有网友在《从黄宗羲作〈深衣考〉想到的》一文中写道："黄宗羲当时为什么选择'活下去'？因为只有活下去，明朝的思想著作才能经他的手保留下来。只有把服装的样式通过文字流传下去，将来才有恢复的可能和希望。"[2]

再到清末民初，人们果真是在一片狼藉中发现了那个被残留的"火种"。

二、民国初期浮光掠影

再到民国初年，那是汉服复兴的惊鸿一瞥。

近代汉服第一人或许是章太炎先生。章氏家族历代要求"深衣殓"——"吾家入清已七八世，殁皆用深衣殓，吾虽得职事官，未尝诣吏部，吾即死，不敢违家教，无加清时章服。"章太炎在日本时，曾经请日本友人缝制交领衣一件，上绣两个"汉"字。此衣是章太炎一生钟爱的衣服，他在1914年抗争袁世凯期间，曾写道："今寄故衣以为记志，观之亦如对我耳。斯衣制于日本……日本衣皆有员规标章，遂标汉字。……念其与我同更患难，常藏之箧笥，以为纪念。吾虽陨毙，魂魄当在斯衣也。……"（章炳麟《甲寅五月二十三日家书》）如今，这件衣服还珍藏在杭州章太炎纪念馆，这是一件让章太炎寄魂的衣裳。

文字改革活动家、文字音韵学家、中国新文化运动的倡导者之一、著名思想家钱玄同，在出任浙江军政府教育司科员时，曾经穿上自制的"深衣"、"玄冠"，腰系"大带"前去上班，结果还赢得大家大笑一场。再到

① 参见张晖：《"反清斗士"黄宗羲：为何坚持死后裸葬？》，载人民网，2012-01-30。
② "有毒元素"（网名）：《从黄宗羲作〈深衣考〉想到的》，载天涯论坛，2006-06-12。

1913年，钱玄同在浙江就职教育司长时，再次穿深衣报到，并发表《深衣冠服考》向社会推广。①

1914年北洋政府颁定礼制七种，包括《祀天通礼》、《祭祀冠服制》、《祭祀冠服图》、《祀孔典礼》、《关岳合祭礼》、《忠烈祠祭礼》、《相见礼》。②《祭祀冠服制》和《祭祀冠服图》规定了民国的祭祀服制和礼制。1914年冬至，袁世凯遵行民国祭祀礼制在天坛举行了祭天仪式，当时很多记者对此进行了拍摄报道，这也成为中国历史上最后一次祭天典礼。③这里需要指出的是，袁世凯宣布恢复帝制，建立"中华帝国"，改元洪宪是在1915年12月，而且洪宪"中华帝国"从来没有举行过祭天大典。长期以来，中华民国在1914年冬至的祭天大典的图片，被误认为"袁世凯称帝祭天"。

除此之外，还有国画大师张大千穿汉服周游欧洲列国，"孔教总会"创始人陈焕章深衣照，1930年燕京大学毕业生身着汉服，1947年辅仁大学集体汉服毕业照等等。而那一次小规模的汉服运动，由于国力衰弱、社会混乱，并未产生大的影响。直到21世纪之初，那颗曾经的种子再次破土而出，这次的复兴运动真正将汉服从历史、从网络中带入了市井凡尘。

借用网友"月曜辛"在《汉服》一文中所写的话："这就好像莲花的种子，在三百多年前的动荡之夜，满池的莲花都被烧尽了，只有落到了淤泥中的莲子保存了下来。一百多年前，发芽了几颗，却没有得到游人的重视和观赏，悄悄地绽放，又悄悄地凋零。又过了一百多年，莲池经过重新修整，环境、气候等等都适宜了，剩下的莲子又再发芽，这次人们看见了，并且为了让荷塘更加美好，纷纷投下更多的种子，这才'接天莲叶无穷碧，映日荷花别样红'，轰轰烈烈，看不到边际……"④

---

① 参见"月曜辛"（网名）:《【扫盲】清末民初小规模汉服复兴历史》，载百度汉服贴吧，2011-05-11。

② 参见"puxinyang"（网名）:《汉服复兴史料》，载苹果论坛，2007-03-13。

③ 参见"月曜辛"（网名）:《【扫盲】清末民初小规模汉服复兴历史》，载百度汉服贴吧，2011-05-11。

④ "月曜辛"（网名）:《汉服》，载百度汉服贴吧，2013-01-03。

汉服归来

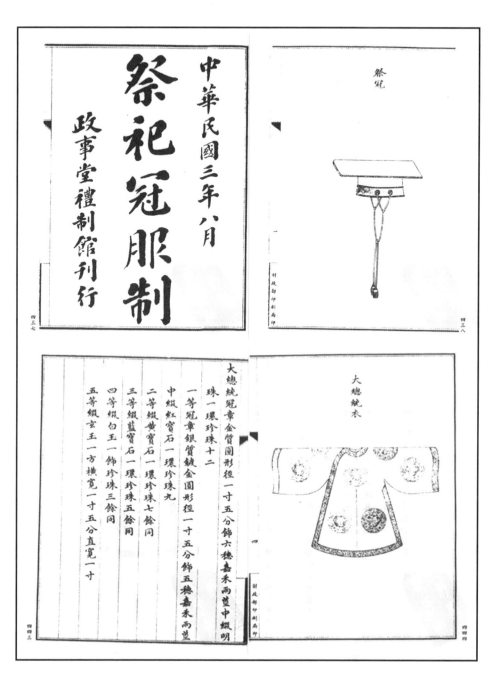

▲ 中华民国《祭祀冠服制》、《祭祀冠服图》

漢
服
歸
來

▲ 2016年4月4日至8日，汉服公益宣传片登陆美国纽约时代广场（图中人物：李凯迪；摄影：美国纽约
汉服社）

注：美国纽约汉服社李凯迪（网名"弋心"）提供原图，授权使用。

《汉服归来》这本书写到了这里，也就讲完了历史书上有关衣冠的那些记录了。再后面，就该讲述当代衣冠重生的故事了。

　　汉服，它等待了近四百年，终于在它被迫消失的那片土地上，再次悄悄地发出了新芽。走过十余载的风雨飘摇路之后，可以说是含苞待放。在21世纪中国传统文化复兴浪潮之中，与国学、古琴等诸多文化现象相比，确实是汉服——这个失落最久的部分，以符号的形式走在了复兴队伍的前列。在此过程中，社会各界围绕传统文化复兴的实践方式也是争议不断，诸如是否会流于形式、是否有商业契机、是否为考核业绩、是否是新闻噱头等等，但在这些非议之中，确实又是汉服运动，成为社会中最引人注目的一道风景线。

　　这场运动发迹于互联网，完全来自民间，期盼以复兴传统服饰为切入点，带动整个民族文化的复兴。在这十余年的发展中，在点滴的蔓延之中，它吸引着越来越多的人加入，做出越来越多的成果，甚至让这件古老的服饰开始回归民众的日常生活。可以说，在当代文化复兴的浪潮之中，汉服运动走出了一条实践之路。

　　但是，这条路上的很多缘由、故事和本质，已经为岁月所模糊。现在的人们看到了宽袍大袖，臆想之中或许会认为是行为艺术，或是"小资"兴趣，抑或是极端偏好。所以，我期待通过《汉服归来》这本书，呈现出这条路上那些有喜有悲、有笑有哭的真实故事，也告诉人们在这里曾经发生过的感人、坚定而又顽强的人生历程，以及汉服运动那单纯、质朴、奉献、无悔的文化复兴之梦。

　　路漫漫其修远兮。如今的我们，虽然看到了希望，却又猜不到结局。所以，期待着未来有更多人能够真切地明白与理解我们所走过的崎岖道路，少一分质疑，多一分鼓励，让大家一起摸索、探寻、实践汉服回归之路。

　　愿尽吾等绵薄之力，再造衣冠上国，重振礼仪之邦！

第二章

再现汉家衣裳

　　时光车轮，悠悠荡荡。到了21世纪的今天，我们似乎迎来了传统文化复兴的最好时光，在这个过程中，随着互联网上兴起的文化民族主义思潮，在 2001 年 APEC会议上"唐装"一词广泛传播后，又引发了对于传统民族服饰的广泛讨论。后来，我国传统文化中最表层、最显著、最容易传播的那部分——汉服，这件尘封了多年的汉家衣裳，也逐渐抖落了厚厚的尘埃，重返大众视野。与此同时，出现在世人面前的，还有那群峨冠博带的年轻人，他们互称"同袍"，希望以汉服复兴运动为载体，让世人可以重新审视我们的民族文化……

第一节｜重塑文明史观

21世纪初，是中国网络社区BBS的兴起年代，西祠胡同、《船舰知识》论坛、天涯社区等，因为有了思想交流、观点碰撞的功能，一下子成为人们的关注焦点。但同时，这也是境外的"三股势力"猖狂的时期，一些境外论坛出现了反华分子的极端言论，并且强化极端族裔认同理论，甚至妄图颠覆中国国家主权，制造民族政治独立。[①]慢慢地，一些国内网络社区上开始有了一些奇怪的观点，比如"文天祥阻碍民族团结"、"孙中山引起中国政局动荡"、"日本侵华是为了建立大东亚共荣圈"等。据旅欧华人"赵丰年"（网名）介绍，他最初看到后，并没有意识到会有什么问题，直到看到有网友开始为这些言论称赞，甚至称分析得有道理后，才开始感觉有些不对劲了。

后来，一位网名叫做"nanxiangzi"（后使用"南乡子"）的旅日华人率先进行回应，针对网络上关于"汉族血统不纯正"、"汉语中有广泛的外来词"、"儒家文明的道德缺陷"等言论开始进行澄清，并发表了大量帖子来阐述观点。比如《再论现代汉语为何不可能是胡化或蛮化汉语》等，文章中从"中古汉语语音"开始介绍，再到"白话"、"南方话"、"北京话"的客观变迁规律，结合朝鲜语、越南语的特征，呼吁大家不要"以我们的处境妄猜我们的祖先"，更不能产生"歧视我们的祖先"、"自认为劣等民族"的感受。[②]在"南乡子"的启发下，有越来越多的网友意识到了这个问题，诸如"赵丰年"、"鸿鹄"、"冠军侯"、"李理"等网友[③]，也开始积极发表自己的观点，呼唤中国网友不要自卑、不要自认劣等民族，要看到中

---

① 参见杨飞龙、王军：《网络空间下中国大众民族主义的动员与疏导》，载《黑龙江民族丛刊》，2010（1）。

② 参见"南乡子"（网名）：《再论现代汉语为何不可能是胡化或蛮化汉语》，载天涯论坛，2006-10-01。

③ 参见"dhws"（网名）：《汉民族主义的白皮书——凌乱残缺的回忆录》，载汉网，2005-10-18。

华文明灿烂博大包容的那一面。①

我国56个民族共同组成了中华民族。56个民族各有不同历史，穿着不同的服装，甚至书写不同的文字，采用不同的生活习惯。但是大家都认同中华民族这个共同体，并且以中华文明为纽带与荣耀。毕竟我们的官方语言叫华语，官方文字是华文，对世界称呼自己是华人，这片土地也永远都是"华"族的根基所在。

我国历史上曾有华夷之辨。华夷之辨又可以称为夏夷之辨，是就华夏族和周边的夷族进行区别，关乎中国古代处理国家、民族关系的基本指导原则。根据《礼记·曲礼下》记载："东夷、北狄、西戎、南蛮，虽大曰子。"也就是说，和中心地区"华夏"相对应，"夷"、"蛮"、"戎"、"狄"分属东、南、西、北四个方向，由此也形成中国人对"中"的重视和崇拜，认为自己就是中国。②

历史上华夷之辨的衡量标准大致经历了三个演变阶段：血缘衡量标准阶段、地缘衡量标准阶段、衣饰礼仪等文化衡量标准阶段。③有学者在文章中指出，华夷之辨中虽然强调了文明与人种、民族、血缘有关系，但不是必然的因果关系。所以，它不是种族主义，不是民族主义。华夷之辨与政治、外交、军事有关系，但以文化为核心和主导，所以不是权威主义，不是霸权主义。如果非要说民族主义，则华夷之辨可以说是一种文化民族主义。同时，夷狄与华夏、夷与夏不是一个确定的界限，可以相交相融，相互转化，并且随着中国文明向周边的延伸，文明的范围在不断地扩大。④又如近代的梁漱溟所说的："这是中国思想正宗……它不是国家至上，不是种族至上，而是文化至上。"⑤或是如钱穆所说的："中国古人则似乎并不拿血统来做民族的界限，而民族的界限似乎就在文化上。"⑥

所以，中华民族的概念不是以血统来划分的，而是更像是一种文明认

① 网友"赵丰年"口述提供。
② 参见韩星：《"华夷之辨"及其近代转型》，载《东方论坛》，2014（5）。
③ 参见柳岳武：《"一统"与"统一"——试论中国传统"华夷"观念之演变》，载《江淮论坛》，2008（3）。
④ 参见韩星：《"华夷之辨"及其近代转型》，载《东方论坛》，2014（5）。
⑤ 梁漱溟：《中国文化要义》，北京，学林出版社，1987。
⑥ 钱穆：《民族与文化》，62页，北京，九州出版社，2012。

同论。

在这个背景下，虽然有一些极端言论，但也一直是支流，而且不能与汉服运动画等号，在后来的发展中渐渐消退了。很多参与者意识到，只有认清并超越极端观点，汉服运动才能健康发展，并慢慢地走出初期的混乱阶段，发展出积极向上的文化传承理念。这也正如中国人民大学康晓光老师所讲述的："自主消化性，这一点正是这个民族的优势之所在，也是中华文明的一个内涵表征。它的包容性，有足够的能力消化掉其中一些极端想法。就好比说，每个社会中都会有着非主流的意识形态，但是它们终究成不了气候。在中国社会中，这些非主流的观点，也不需要外力干涉，在发展过程中就可以自然而然地溶解与消化，这正是这个民族的伟大之处。"[①]

▲ "汉晴画轩"的汉服作品（绘制人："南枝"）
　注："汉晴画轩"网络漫画公益团队提供原图，授权使用。

---

① 中国人民大学非营利组织研究所所长康晓光教授口述提供。

第二节｜寻觅汉家衣裳

一、"唐装"：汉服的"触发点"

对于汉服运动而言，还有一个事件可以称为"触发点"。这就是2001年10月在中国上海举行的APEC会议。APEC会议的看点不仅在于外交中的话语权成就，还有闭幕式上那独具特色的，由东道主国提供的传统民族服饰合影，而这通常会成为会议之外的另一个文化热点。2001年的会议闭幕后，各国家领导人穿"唐装"在上海黄浦江畔的合影，迅速传遍世界。不出所料，"唐装"一词成为2001年的年度热词之一。

但是有网友第一时间提出："该服装是根据清朝的'马褂'设计而成，与真正的唐朝服装没有任何关系，也不属于中国的传统民族服装范畴。"[1]设计师在采访中其实也承认："此'唐装'不是彼唐装，'唐'字取自国外华人居住的'唐人街'，它是根据'唐人'穿的衣服而取名为'唐装'的。"[2]

于是，网络上兴起了对于"中国传统民族服装到底是什么"的讨论，一石激起千层浪，各种讨论随着同期的"国学热"现象一起浮出了水面。

二、文化复兴的符号与实践

在关于唐装的一片争议过后，一些网友开始寻求真相了。如果说唐装不能代表中国，那么什么可以呢？是旗袍，是马褂，还是中山装，或者是其他的什么呢？后来，"汉服"这个尘封在历史书中的名词，终于出现在了互联网上。

网友"华夏血脉"于2002年2月14日在舰船军事论坛上发表文章《失落的文明——汉族民族服饰》。这是当代第一次提出"汉民族服饰"的一篇主题性文章，以图文并茂的形式，介绍了汉民族服装的主要特点、消失原因，以及对日本和服的影响。此文被转载到海内外多家网站和论坛上，

---

① "月舞星城"（网名）：《你认为汉族的民族服装应该是什么？》，载天涯论坛，2004-06-06。
② 赵卉洲：《解读2001APEC的"唐装"文化》，载中华网财经频道，2014-11-06。

两年内点击量接近30万。[①]随后，在新浪军事论坛、铁血论坛、天涯论坛等热门社区，很多人开始对"汉民族服饰"予以关注与思考。

其实，汉服的重提并非时代的偶然。我相信，很多人小时候都曾经问过这样的问题："中华民族的民族服装是什么呢？为什么我们没有见过它呢？"只是课本上并没有告诉我们答案。长大后，也曾经羡慕古装剧、历史书上的那些人，觉得他们的宽袍大袖非常美丽与潇洒，只是也同样疑惑着："那么漂亮的衣服为什么我们不穿了呢？是因为时代进步了我们只穿时装了吗？"再后来，在看到日本、韩国年轻人穿着和他们的古装剧中一样的衣服举行成人礼时，也曾经困惑："为何他们的服装就是民族的象征，我们的服装就是被尘封了的历史呢？"

再到2001年，APEC会议的"唐装"只能算是"触发点"，"汉服"的出现并不是针对唐装而产生的。它的出场其实是在一套思潮的演绎过程中，以符号的形式被描绘出来的，其背后是有一套"形而上学"的价值观在做支撑的。大家后来经常提到的"华夏复兴，衣冠先行"，那是汉服运动的口号，却并不是恢复汉服的目的，更不是它的复出路径。换言之，"汉服"一词的出现，更像是西方的文艺复兴运动中，从思潮建立到符号转换的那一个环节。

事实上，汉服概念的抛出也是由多条线生成的，这里面有着21世纪初的网络民族主义，也有着全球化过程中的身份认同。如果从文化的生命力来看，那么文化的复兴，不是仅仅凭借着天时、地利、人和就可以的，还需要自身拥有的深厚历史传承。如果没有一个伟大的中华文化作为背景，中国也不可能出现一场迅猛兴起的文化复兴运动，甚至根本就不可能出现一场文化复兴运动。[②]所以，很多人也就把汉服运动看作是当代传统文化复兴中的符号复兴了。这个是有一定道理的。

三、汉网——汉服运动的发源地

2001年"南乡子"在国外一个新闻商业网站的免费空间建了国家与

① 参见"溪山琴况"（网名）：《汉服运动重要代表性文章》，载百度汉服贴吧，2005-06-12。
② 参见康晓光：《中国归来——当代中国大陆文化民族主义运动研究》，38页，新加坡，八方文化创作室，2008。

社会论坛。2002年起，一些网友在国内的《舰船知识》杂志的论坛、西陆社区、西祠胡同等网站上，开始开辟论坛版块。网友"鸿鹄"还在通途网的免费空间建了中华复兴网。[①]

2002年7月，网友"中军元帅"建立了第一个相对独立的论坛。之所以称之为独立的，是因为这个论坛首次注册了独立域名，并且租用了网络服务器，不再依托任何网站和公司了，在内容和运营管理上实现了自主独立。而且在随后的两年发展中，也形成了一定规模，但由于对待日本的观点和立场有很多不一致，最终引发了很多争吵，于2004年7月被迫关闭。

2003年元旦，以网友"步云"为首，建立了第二个独立的网络平台——"汉知会"，该网站在建立后的3月份由"大汉"接手，正式注册一级域名为www.haanen.com。同时改名为"汉网论坛"，沿用至今。网站于2004年10月初通过了审核，取得了国际联网备案登记证书。[②]这个网站创立之初以民族思想讨论为核心，并逐步吸引了天涯论坛、强国论坛等论坛上的一些活跃网友，如上文提到的"南乡子"、"赵丰年"、"华夏血脉"等，他们把这里视为网上聚集地，并在这里发表思想类的原创性文章，为后期的发展提供了思想支持。

四、文化认同的身份标志

但这个时候，尚没有"汉服"这个说法，在网络帖子中的称谓只是"汉民族服饰"。那么它究竟应该被称为什么呢？早期的讨论可谓是各执一词，有人认为应该叫"华夏衣冠"或者是"汉衣冠"，有人认为应该与"唐装"相对应，称之为"汉装"，或者是叫做"华服"来淡化"汉"的色彩。在这个各执一词的过程中，最终有人提出了"汉服"的概念。这一概念得到了大家的认可，从而将名称确定下来。[③]

到2003年4月份，汉网论坛决定以恢复汉服作为网站的主要方向，并建立了汉服（衣冠）版块，起初版主一职空缺，后来找到李宗伟（网名"信而好古"）担任版主，专注于汉服的资料搜集、学术研究、制作实践和交流

---

① 汉网管理员、总版主李敏辉（网名"李理"）提供文字资料。
② 刘荷花（网名"汉流莲"）提供文字资料。
③ 结合汉网海外版版主彭涛（网名"puxinyang"）、汉网管理员"逸秋"口述资料整理。

展示等。①此后，网站多次招募、组建志愿性质的宣传组，对汉服进行形制考据与历史资料汇总，为汉服的兴起和传播搭建了交流平台。

由此，这个网络平台，也就成为恢复汉服运动的发源地。而最早的那一批代表人物，纷纷提笔，开始撰写有关汉服的文章。网友"水滨少炎"的《大国之殇——汉服消亡简史》、林思云的《没有自己民族服装的民族》、网友"赵丰年"的《汉服重现与中国的文艺复兴》、网友"兼葭从风"的《汉服——艰难的文化复兴之路》、阚金玲（网名"万壑听松"）的《衣冠国体——华夏服饰之我见》，这些文章中很多涉及哲学框架、历史典故、服饰特点，成为汉服运动发展中的理论框架。

与早期的思想类文章相比，这些文章主要有三个特点：一是多以散文抒情的形式来表现，并充满了悲愤、悲凉和凄美色彩，体现了对于汉服消失的痛惜，以及中国没有传统民族服饰的悲凉，并对后期走入现实的汉服活动带来了主观上的情绪影响。二是2003年中国网民整体反日情绪高涨，在此阶段的一些文章中，夹带了很多对日本文化的描述，希望借助日本保留着传统服饰和文化的现状，呼吁更多的人关注华夏文明。三是文章开始逐步淡化文化民族主义的色彩，更多的是对中国传统服饰的倾情呼唤，并将"意大利文艺复兴"、"希伯来语复兴"的历程引进来，证明汉服复兴的合理性、正当性和可行性。

五、汉网汉服相依相伴

后来，汉网也进入快速发展期，2006年初网站已经有36 000名会员，每天平均发帖量高达2 000篇。②当时汉网的主要结构是：

第一块是入门区，包括新人版、资料版，主要是新人报到、入门知识问答，并提供整理宣传资料。第二块是思想区，包括兴汉版、理论版、历史版、信仰版，主要是历史资料、思想理论的讨论阵地。第三块是关注区，包括时政版、军事版、经济版、人口版，主要围绕热点新闻、国家政策进行讨论。第四块是汉服区，包括汉服版、考据版、交易版，主要围绕汉服、汉服活动报道、形制考据、交易买卖进行讨论。另外还有互助区、

---

① 汉网管理员、总版主李敏辉（网名"李理"）提供文字资料。
② 刘艳：《我们的汉服生活》，载《南华早报》，2006（5）。

文化区、休闲区等，涉及艺术版、文学版、地方社团等内容版块。

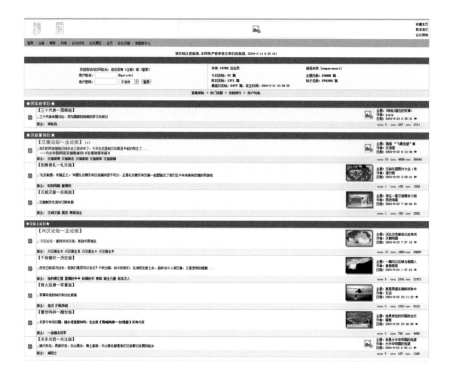

▲ 2004年9月汉网论坛首页截屏
注：2013年汪家文通过镜像网页截屏处理器获得图片。

从网站的结构可以看出来，这并不是单纯的汉服网，而是一个以兴汉为理念的网站，汉服只是其中的一部分和主攻方向。在2003年至2008年的5年中，汉网可以说对汉服运动起了非常重要的作用。这里曾经是汉服运动的思想平台、讨论平台、研习平台、实践平台和产业平台。一是这里的网络写手，很多都成为汉服运动的理论家，他们的一些文章，为后续汉服运动的发展奠定了理论框架；二是一部分骨干分子，开始实践复原制作汉服，并上传照片至汉网，他们中有的成为中国社会中穿汉服网友聚会的先行者，有的成为区域化中汉服宣传的骨干人员；三是这里的产业版，曾经设置了汉服商家的规范化标准，也培育了汉服的产业化市场；四是当时网站中最不起眼的地域交流区部分，却为汉服走出网络，走入现实，以及后期的地方社团活动提供了信息交流平台，提供了网络聚集平台。

那件沉睡了三四百年的汉家衣裳，终于又一次醒来。这一次的它来自互联网的虚拟世界，又从网络思潮走向社会实践，不仅进入了中国社会，甚至还远播海外。在后来的岁月中，其持续时间之长、影响范围之广、传播效果之显著，也令人嗟叹。在潜移默化中，它甚至让部分公众适应了生活中、马路上随处可见的峨冠博带、衣袂飞扬……可以说汉服运动是互联网之子，如果没有互联网，它就不会如此迅速地崛起。这也正是当前汉服运动能够比它在辛亥革命前后更成气候的重要原因。[①]

第三节 ｜ 汉服运动元年

一、一针一线自制汉服

第一个在网上发布自制汉服照的是一位来自澳大利亚的19岁华裔青年，他叫王育良（网名"青松白雪"）。他11岁时随父母移居澳大利亚，所以他对于中国的了解基本也只能靠电视了。那个时候他看了一些中国古装剧和武侠剧，再加上儿时对于《西游记》中镇元大仙的印象，一直以为中国人的样子就应该是宽袍大袖、衣袂飘飘才对[②]，甚至还曾经把床单披在身上，模仿影视剧里古人的形象，陶醉在那端庄大方的气质之中[③]。

到了2001年的APEC会议，他本来满心期待："如果各国元首能够宽襟广袖，以古雅的中国形象亮相国际舞台，那会是多么气宇轩昂的一幕啊！"结果，峰会上的唐装并没有宽大的袖子，反而是一种拘谨的形态。看到唐装出现后，他心里有些失落，觉得不论从哪个角度看，

[①] 参见周星：《汉服运动：中国互联网时代的亚文化》，载 *Journal of Modern Chinese Studies*，2002，4(2)。

[②] 王育良口述提供。

[③] 参见王育良：《天衣地裳 全六期配图》（未公开），2016年初稿，王育良提供电子版授权使用。

那身唐装都实在是太陌生了。[①]但当时也只是觉得蹊跷，并没有明白其中的原委。

再后来，就是2002年的日韩世界杯足球赛，他看到很多穿和服的日本人和穿韩服的韩国人出现在街头，为他们的国家足球队呐喊助威。于是王育良展开了深思，他在笔记《天衣地裳　全六期配图》的第1期《自情结回归情怀》[②]中写道：

如果峰会的服装还只是让人费解，那次年日韩联合举办的世界杯足球赛就不得不发人深省了。在仪典上，邻国人物衣裾翩翩，却似镇元大仙的风采，他们文质彬彬的气度反而更显亲切。一直听闻日本、朝鲜、韩国模仿中国，所以他们像中国人本来不足为奇，可是他们虽像中国人，却不像我们，这如何叫人不诧异？为什么别人

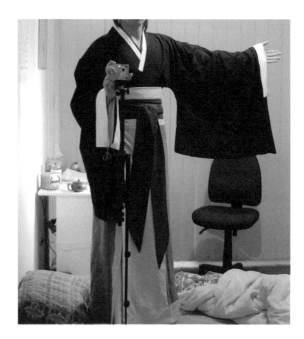

▲ 王育良的第一件自制汉服照
注：我电脑中保存的图片，王育良授权使用。

会像我们，而我们却不像我们自己呢？这太荒诞了，我们不禁要问，这究竟是怎么一回事？

于是，这也使他产生了"复原"汉服并让汉服再次回归生活的念头。后来，他参照比较典型的样式，推测猜想"瞎做了"第一件汉服，并在宿舍对着镜子"随手"拍下了一张照片，于2003年7月21日在汉网上公开，

① 参见史祎、董毅然：《我们为什么加入汉服运动》，载《北京科技报》，2005-07-25。
② 王育良：《天衣地裳　全六期配图》（未公开），2016年初稿，王育良提供电子版授权使用。

漢服歸來

这也为汉服的制作、网络公开写下了新的篇章……

二、始自深衣与束发

　　另外还有一位几乎与王育良同时进行汉服制作的，是一位江苏连云港人，他叫李宗伟，网名"信而好古"，是汉网汉服版第一任版主，也是江苏连云港职业技术学院的政治课老师。他自幼喜欢传统文化，而且一直认为儒学是一种信仰。[①]后来，他还遵古礼一直留着长发并把它高高地扎起来。

　　2003年5月时，李宗伟也产生了复原汉服的想法，并以江永《乡党图考》中关于深衣的图片、文字为依据，自己剪裁、制作出第一件深衣。因为没有剪裁图，他只能根据古书中的记载摸索着进行。从绘图到剪裁纸样，到用报纸制作模型，再到正式剪裁、缝制，一共花费了数月的时间。2003年7月24日，李宗伟在汉网发了第一帖《深衣制作过程》，这个帖子就是根据他自制深衣的经验而整理发布的。他曾经说，有了这个剪裁图，后面的人再做就容易多了。那个时候，他其实已经有了自制深衣，只是因为不会发图而未传照片。[②]

　　对于为何要选择复原深衣，李宗伟说，他一直认为，既然要重振华夏衣冠，就要遵照华夏古代礼制，否则就说不过去了。他选择深衣，因为深衣是最有寓意的。[③]他曾经穿着自制深衣走出过家门，但那是一个晚上，没有被任何人采访与报道，所以不算是公众事件。后来，他看到了王育良贴出来的自制汉服照，在2003年9月1日决定将自己的束发、深衣照片发到网上。他不一定是当代自制汉服第一人，但有可能是第一个束发穿汉服上街的人，而且他选择了最有代表性的深衣。

---

① 参见康晓光：《中国归来——当代中国大陆文化民族主义运动研究》，114页，新加坡，八方文化创作室，2008。
② 参见刘荷花（网名"汉流莲"）：《恢复汉服十年风雨路——汉流莲视觉之践行篇》，见汉流莲博客，2013-11-14。
③ 参见李宗伟（网名"信而好古"）：《恢复华夏衣冠当从深衣开始》，载汉网，2003-07-31。

▲ 2003年9月1日网络上公开的李宗伟束发、深衣照
　　注：网络上公开，李宗伟授权使用。

　　后来，因为汉网的宗旨与李宗伟的志向有些差异，再加上李宗伟自身有创办网上书院的想法，所以2004年1月3日，他创建了自己的网站——华夏复兴论坛。该网站以"弘扬儒学、光大礼教、复兴华夏文明"为主旨，吸引了一些民间的儒学人士前来，并开始了复原实践礼仪活动。

　　这场民间兴起的汉服运动，有一部分是和民间的儒学实践走在一起的。有的人是因为关注了儒学论坛而加入汉服运动中，并穿着汉服复原礼仪实践；有的人是因为知道了汉服而学习儒学，甚至后来开始开办论坛、网络课堂、读经学堂。除了李宗伟外，当时的华夏复兴论坛上还有三个人与他并称为"华夏复兴论坛四大儒"，分别是炎平（段志刚，字炎平）、赵宗来（网名"云尘子"）、吴笑非（吴飞，字笑非，网名"ufe"），他们整理文献、考证制作深衣、复原礼仪流程，并把网络上的集体行动逐步转变为线下的集体行动。①

_____

① 　参见韩恒：《网下聚会：一种新型的集体行动——以曲阜的民间祭孔为例》，载《青年研究》，2008（8）。

三、三百多年后的街头重现

不论是2002年以前的网上讨论，还是2003年网友自制汉服并发布至网络，其实一直都是以互联网为平台进行的，真正标志着这场网络社会运动走入现实，且扩大为公共事件的，是2003年11月22日一位普通的电力工人穿着汉服走上了河南郑州街头，并被新加坡《联合早报》采访报道，此事将汉服运动扩大为公共事件。

他叫王乐天（网名"壮志凌云"），从第一家汉服商家"采薇作坊"处定制了一套深衣。这件汉服其实是根据电视剧《大汉天子》中李勇的服装样式仿制的[1]，由薄绒曲裾式长袍和茧绸外衣组成。2003年11月22日上午11点至下午4点，王乐天身着汉服行走在郑州市区，他还特地逛了街，游了公园，乘了公共汽车。在行人眼里，身着汉服的王乐天仿佛"出土文物"。当他路过一家商场时，听到门口的迎宾小姐冲里边的人大喊："快来看呀，日本人，穿着和服的日本人！"

尽管有人不解，王乐天还是从容、坦然、自信地穿过人群，走在郑州最繁华的街道上。这一行，愈加坚定了他推广汉服的决心，他希望用自己有限的力量去影响他人。[2]

在网络的另一端，还有很多网友坐在电脑前，等着看汉服第一次上街的文字直播。直到2003年11月23日23:55，和王乐天同行的"采薇作坊"坊主邱锦超把照片发到网上，很多网友看了之后"哭倒在电脑旁"。再后来，这个帖子在最短的时间达到了汉网历史上最高点击率，并在欧美的中国人论坛上登上了头条。

有了第一次上街，就有了更多次的上街。王乐天开始奔走于全国各地推广汉服。但是2006年以后的活动，他已经不愿意出现了，因为他本身就不是一个喜欢热闹的人，早期也只是出于一腔热情。后来，我曾问起他当年穿汉服上街时的心情。他为什么要选择直接穿件"古装"上街？为什么愿意主动做这第一人？他坚定地告诉我说："我就是要穿出去啊。这是我的传统民族服装，我就是应该把它穿在身上，告诉所有人，这是我的传统

---

[1] 参见邱晨、珂皓：《中国式学位服设计者叶茂：穿着汉服执教新东方》，载《新周刊》，2006-06-28。

[2] 参见黄进：《隔了360年，他为汉服续上了传承的脉络》，载《莫愁》，2008-02-04。

▲ 汉服重现，王乐天在郑州商业区、公交站
  注：网络上公开图片，王乐天授权使用。

民族服装。"是啊，十多年过去了，他依旧坚守着当年的信念，就连那坚定的语气与神态都未曾变过。

对于本就不喜欢张扬的王乐天而言，他迈出的是一小步，但这一小步却为汉服续上了传承的脉络。他让汉服的传播，不再依赖于网络，而是真正地走入中国现实社会，并被媒体采访报道，走进了海内外的公众视野，让汉服运动的局面为之一新。

四、扩大为公众事件

王乐天这件事情被新加坡的记者张从兴看到后，张从兴写了一篇报道《阔别三百余载，汉服重现神州——访当代汉服第一人王

汉服归来

乐天》，刊登在2003年11月29日的新加坡《联合早报》上。这篇报道刊出后，经由联合早报网的传播，带动了中国境内媒体的跟进报道。这次采访，不仅使张从兴成为海内外第一个报道汉服复兴的平面媒体记者，也使得《联合早报》成为全世界第一份报道汉服复兴的报纸。[①]事隔十余年后，这篇报道的扫描版在互联网上仍然随处可见。

至于张从兴，他一直都是一位传承和发扬中华传统文化的身体力行者。他从2003年上半年起，就一直在关注汉网，看到王乐天的照片后，便写了那一篇报道，这一篇报道也使他成为汉服运动的一名开先河者。此后，张从兴在陪妻子回中国探亲时，穿了一套汉服到天安门广场玩。再后来，他还联络了新加坡的汉服爱好者们，共同举办了中秋拜月、汉服祭祀等活动，并被《人民日报（海外版）》采访报道，刊发了一篇《海外华人兴起汉服热》的报道。[②]

2003年围绕汉服发生的事件并不多，但是该年却可以被称为"汉服运动元年"。因为在这一年里不仅明确了"汉服"的称谓，而且有网友自制汉服并公布至网上，更重要的是有人把汉服穿到了街头并被媒体采访报道，扩大为公众事件。

第四节 | 与子同袍偕行

一、汉服文化复兴运动

有了思潮，有了实物，也就有了汉服运动。网友们展开"复兴汉服"的行动，并把这行动称为"汉服文化复兴运动"，也是希望借由复兴传统服饰弘扬中华传统文化，并让中华传统文化在当代世界中再次绽

① 参见张从兴：《智者的语言——张从兴访谈录》，封底介绍，新加坡，创意圈出版社，2007。
② 参见任成琦：《海外华人兴起汉服热》，载《人民日报（海外版）》，2007-05-01。

放光芒。

汉服运动是一个连绵不断的递进发展过程。参与者们以互联网为聚集和宣传平台，首先提出了"恢复汉服，恢复文明道统"的理念，也就是恢复汉服为传统民族服饰的历史地位，使之稳定地存在于当代社会生活中并且不断发展。[1]后来，依据史书中的记载，复原制作了汉服。他们自发自愿身体力行穿着汉服走上街头，让消失三四百年的传统服饰重现。

2004年天汉网成立。该网最初是叫天汉民族服饰网，站长是网友"荒野孤鸿"，直到2005年7月7日，网站全面改版，更名为天汉民族文化网（简称天汉网），自此它不再是单纯的汉服网站了，而是立足于文化的网络家园。[2]网站的核心定位是传统文化复兴，后来人们常说的"华夏复兴，衣冠先行"、"始自衣冠，达于博远"这两个口号都是由天汉网的总管理员"溪山琴况"（又名"天风环佩"）提出的。于是，慢慢地"复兴汉服"的理念越来越成熟。

根据网络资料，当时汉服运动的主要目标包括以下十个。

一是恢复传统民族服装，让汉服一词再度深入人心，重构当代汉服的概念与范畴。

二是找寻被割断的文明纽带。真正的汉服及传统文化复兴运动，其方向不是指向历史，而是指向未来。服饰、礼仪、精神、文明，层层递进，一脉相承，是文化遗产的理性继承，也是民族创造力的重新勃发。[3]

三是重塑中华文明历史观。重新审视中华历史中的文明价值观，在反思中探索未来的我们该何去何从。

四是探寻传统文化复兴路径。民间的汉服运动实践，可为当代传统文化复兴探索出一套具有可操作性的参考经验，并以扎根于生活的方式，改变人们的行为理念，构建当代中国的"文艺复兴"。

---

[1]　刘荷花（网名"汉流莲"）口述提供。

[2]　参见"溪山琴况"、"子奚"（网名）：《明月照归期，丹霞华彩衣——汉服吧吧友与华夏衣冠的故事》，见《溪山琴况文集》，34页。

[3]　参见"溪山琴况"（网名）：《华夏复兴、衣冠先行——我心中的"汉服运动"》，载百度汉服贴吧，2006-06-07。

五是重建华夏民族人文风貌。这里的华夏民族人文风貌包括华夏的生活方式、艺术与审美、生产经济与科技、制度文明、思想与精神，厚重如斯。[1]

▲ 大连汉服社活动宣传图
　　注：原大连汉服社社长网友"二茶"提供原图，授权使用。

六是汇合其他文化组成部分。汉服的复兴情境，并不应局限于衣服本身，而是应该尝试与其他传统文化部分有机结合，这样才可以相得益彰、相辅相成。

七是实现精神独立创新发展。创新并不是与亚洲邻国争执哪里才是"非遗"所在地，而是要学会独立思考，思考如何真正让优秀的传统文化成为生活的组成部分[2]，使之流芳百世。

八是洗除民族文化自卑阴影。针对将传统文化解读为封建糟粕、卑微

---

① 参见"溪山琴况"（网名）：《始自衣冠，达于博远——再论汉服运动》，载百度汉服贴吧，2007-08-20。
② 参见"溪山琴况"（网名）：《汉服运动：一场"新民"的运动》，载百度汉服贴吧，2006-10-01。

阴暗的一些观点，重新审视传统文化中的优秀部分，找回民族自信，重建文明根基。

九是彰显大国国民自信风度。衣冠，浅则是一个人的气质，深则代表一个民族的风骨。要超脱百年前的民族悲情，重建泱泱大国、煌煌中华的自信、包容、平和的大国气度。

十是肩负大国复兴使命。承担民族文化复兴的责任，担负当代中国年轻人应有的精神使命，撑起国家建设的脊梁。

借用网络上流传的一句话："汉服复兴运动，复兴的不只是一件衣裳，而是一种文化、一种精神，乃至一份信仰！"

二、岂曰无衣，与子同袍

随着汉服运动的广泛开展，穿着汉服的人员数量也在持续增加。依据对汉服的理解程度，以及对汉服运动的参与程度，大家把这些穿着汉服的人群分为三个层次：一是汉服爱好者，也即已接触汉服，对汉服有一定了解，认同汉服复兴的主要观点与理念的人；二是汉服生活者，即将汉服生活化，在日常生活中践行传统中国人的生活方式的人；三是汉服复兴者，即主要进行理论研究或服饰考据，或负责引导社团、举办活动，较大范围地复兴推广汉服的人。[①]

其中的汉服复兴者们，彼此之间互称"同袍"。"同袍"一词出自《诗经·无衣》："岂曰无衣？与子同袍。"其原意是指战友、夫妻、兄弟、朋友等。在汉服运动中，这句诗被解释为："怎么会说没有衣服呢？我和你穿一样的衣服啊。"

这个称呼的由来其实是在2006年之前，很多媒体在对汉服运动的报道中，把这些参与汉服复兴推广的人称为"汉迷"、"汉友"、"汉服爱好者"，因此引发了很多汉服复兴者的不满。后来，网友"秋月半弯"在网上发帖《我们，汉服复兴先行者的统一称呼为——同袍！》[②]，呼唤大家互称"汉

---

① 参见"射阳心猿"（网名）:《【洞见】汉服：文化复古者的孤芳自赏？》，载凤凰文化网，2015-07-06。
② 网友"秋月半弯":《我们，汉服复兴先行者的统一称呼为——同袍！》，载汉网论坛，2006-10-18。

服同袍"。慢慢地，"同袍"这一说法也就得到了大家的认可与传播，表示大家共同为汉服复兴而努力的决心和信念。

▲ 2009年端午节英伦汉风汉服社在伦敦大桥合影
  注：我本人提供原图。

三、庙堂、武林与江湖

汉服运动可以说是当代中国一个复杂的文化现象，它涉及服装、礼仪、民族、艺术、美学乃至信仰等诸多方面。从中华民族的文化复兴来看，汉服只是其中一个载体，其背后涉及传统文化的复兴，对此也是应该一并关注的。[①]

而在那些纷繁复杂的行动事件背后，其实是有着三路人马在共同努力的，这里出现了三套体系，形成了三类模式，衍生了三种效果，用"庙堂"、"武林"和"江湖"三个词概括其实是最贴切的。

第一路是"庙堂"中人，基本上是政府官方人马，人数不多，但是其

---

① 参见韩星：《当代汉服复兴运动的文化反思》，载《内蒙古农业大学学报》（自然科学版），2012（4）。

行动效果显著。这里呈现出的是一套在特定领域中被规范了的礼乐制度，诸如祭祀孔子、集体成人礼、汉式毕业典礼等。这里的人们，把汉服嵌入了场景、仪式之中，使它成为一套在特定领域中被规范了的礼乐制度下的外在符号。

　　第二路是"武林"中人，特指社会中的各大"门派"，包括网络团体和民间组织，这也是汉服运动真正的浩荡大军所在。这里呈现的是汉服与传统文化的结合与相融，比如汉服与节日、汉服与古琴、汉服与读经。这里的人们，把汉服融入传统文化之中，使它成为当代中国传统文化复兴的一部分。

漢服歸來

▲ 苏州淑女学堂
　　注：淑女学堂傅正之提供原图，授权使用。

　　第三路是"江湖"中人，可谓是"三教九流"，很多也是"日常生活党"，很难一一统计。这里体现了汉服流行化、生活化的趋势，比如汉服摄影、汉服逛街、汉服上课。这里的人们，把汉服当做日常的衣服，而且是让它以各种形式出现在各种场合之中，使它真正地回归民俗范畴。

就是在这三部分人的共同努力之下，这场稳步推进的社会运动在不间断地碰触着世人的心，甚至在潜移默化中，深入到了社会中的各个层次、多个领域，对人们的生活方式、行为方式、思考方式带来影响与转变。

服饰产业新篇

第三章

从零开始，白手起家。不论汉服运动的背后有多少理论、思潮、寓意，有什么雄心壮志，但最离不开的还是这件衣裳，毕竟这是一场"穿"出来的社会运动。这些华美的衣裳背后，还有着无数个在摸索中、在非议中、在汗水中前仆后继的汉服商家们，正是在他们的共同努力之下才打拼出汉服产业市场。那些人，看似挣到钱了，实则已是遍体鳞伤、疲惫不堪。毕竟，今天我们所看到的一切，不论是汉服，还是汉服运动，都是从零开始的。经过这数年来的赤手打拼，今日终于算是一身华装……

第一节｜汉家儿女自制衣裳

一、平面剪裁的重现

"汉服资讯"平台的统计数据显示，2015年的汉服产业市场的淘宝交易额已经突破一个亿，虽然仍不是很大，但处于快速成长中。[①]在中国的经济市场中，这一个亿的交易额似乎并不能算什么，但不知道是否还有人记得，十三年前，并没有汉服这一概念，"平面剪裁"这一词语听起来像是天方夜谭。汉服消失得太久了，汉家儿女都已不记得它长什么样子了，更何况是它的制作工艺……

伴随着汉服这一词的再次出现，汉服这一实物，还有中国传统服饰那独特的平面剪裁技术，也再次出现在互联网上。就像第一个自制深衣的李宗伟（网名"信而好古"），本是一位教书育人的三尺男儿，在萌生了自制汉服的想法后，他便根据史书记载，自己绘制图样、剪裁制作、缝制衣裳，历时数月，终于复原了第一套深衣。再后来澳大利亚的王育良、阿根廷网友"莲竹子"、杭州的寒音馆主杜峻、深圳的刘荷花也都开始了自制汉服的旅程。

他们分布在地球的不同区域，而且学的都不是服装专业，但却有着共同的信念——重制汉家衣裳。于是他们纷纷开始购买服装制作的教学书籍，频繁地去布料市场买布匹，甚至家中也都添置了缝纫机，最后把各自的剪裁图、制作心得、实践经验、汉服照片发到汉网上，共同切磋，探讨交流汉服制作经验。

汉服的平面中缝对折剪裁与西装的立体剪裁完全不同。简单讲，立体剪裁是依据人体构造，剪裁后拼接而成；平面中缝对折剪裁则是铺开后，按照人体形态剪裁。在肩袖、领口、后衣之处多能看出差别，

[①] 参见"汉服资讯"新浪微博"秋叶"：《2015年度汉服产品调查报告》，2016-02-15。

比如西装的袖子是在肩膀处缝合，绱袖后呈桶装状；但汉服则是根据布幅宽窄在手臂上相接，可以平铺。西装的领子是剪裁好后"套"上的，但汉服的领子是左右交错，合起来将人包在里面。西装的背面，特别是衬衫，在肩胛骨处会有横着的接缝，为了使后背的线条平整；但汉服是中缝对折剪裁，没有肩线不用绱袖，前后衣片为一个整体，分为左右两个单元，前后（左右）衣片及袖子相连缝合，形成前后衣身中轴对称之美。

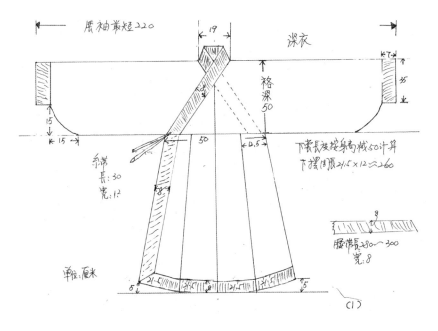

▲ 深衣的平面剪裁图（刘荷花手绘）
　注：刘荷花手绘、提供原图、授权使用。

汉服的平面剪裁技术，也成为当代判定一件衣裳是否属于汉服的唯一、首要标准。除了技术以外，剪裁方式不同也意味着审美与文化的不同。西方以塑形为目的，采用精确的立体剪裁法所缝制的窄衣穿在身上将人包裹起来，无论站立还是行走，都保持着一种相对静止的立体三维几何空间，在精确符合人体三维数据的形式中显示出明晰、稳定的秩序之美；而汉服以蔽形为特点，讲究的是宽松适体，摊开或者挂起来看呈现二维平面风格，随着人身体的行止动静，营造了一个变化多端、气韵生动、浑然一体的多维空间，在错综变化中显示出灵动、流畅的气韵之美。①

二、汉服产业化的起点

后来，有人开始尝试销售汉服了。王乐天第一次上街穿的汉服，便出自采薇作坊，采薇作坊在武汉，是十来个年轻人开办的小作坊，原本以做和服、韩服、Cosplay服装为主。1998年成立之初，成员只有三人。到2002年10月，第一套Cosplay服装完工。2003年，参加武汉第二届漫画节，参加江汉大学泛美漫画节。6月，又拍摄了"幕末の风"外景照。处处是日本的痕迹。其网站上公布的摄影作品，也多为和服照。②

采薇作坊的邱锦超（网名"阿秋"）在朋友的引荐下，于2003年10月8日出现在汉网。10月30日采薇作坊拿出第一套汉服男装样品。当天夜里做成，模特穿好，用数码相机拍了，赶紧就贴到汉网上来。11月11日夜里，第一套汉服女装也上传了。这里的第一笔商业订单，就来自王乐天。当时，邱锦超带着汉服来到了郑州的王乐天身边，参与王乐天上街的全程直播，从郑州回来以后，"阿秋"第一件事是上网。"尽管憋得难受，还是先打开电脑。看看反应，看看有没有订单。结果……唉……反应不错，可是订单……慢慢来吧！"

2003年12月到新年前后，采薇作坊收到的订单来自世界各地，甚至有近半来自海外华人。③对于汉服的产业化，李宗伟（网友"信而好古"）说："有人喜欢，就有市场需求，也就会有商家生产它。儒家不鼓励经商，一般是自己不参与商业活动，但是像这种促进汉装恢复，有益于华夏复兴的活动，任何人都会支持的。"有汉网会员说，采薇作坊是商业组织，重利。比如采薇作坊的几套汉服价格都比较高，一般都在600元到800元。采薇作坊推广汉服，他们感激，不过商家总以利益为先，总不免使人担心。除了担心价格，也担心汉网对采薇作坊过于依赖，这样的隐忧，很多人心里都有。④

---

① 参见李梅：《"身份化"、"艺术化"与"象法天地"——中国古代服饰的美学特征及深层原因》，载《文史哲》，2009（2）。

② 参见姚渊：《从这里开始，再造一个时代》，载《东方早报》，2004（1）。

③ 参见张从兴：《阔别三百余载，汉服重现神州——访当代汉服第一人王乐天》，载《联合早报》，2003-11-29。

④ 参见姚渊：《从这里开始，再造一个时代》，载《东方早报》，2004（1）。

不过随后就陆续有别的商家在慢慢行动了。

三、家庭式汉服作坊

再后来便是杭州的汉服发起者之一的杜峻（网名"寒音馆主"）。杜峻和汉服的故事要从古琴说起，2002年她师从一名老师学习古琴后，有时会被邀请去演出。为了配合琴韵的古朴，她们常为演出服装而烦恼。

2003年她无意中发现了汉网，也认识了汉服，汉服体现的天人合一的哲学思想与古琴精神暗合，于是她穿汉服的梦想也随之萌发。[①]当时网上关于汉服的资料很少，而且她还得思考不同款式汉服的"可出门性"，因为她从一开始就打算把汉服穿到生活中去，而不是单纯作为演出服。最后参考了沈从文先生的《中国古代服饰研究》以及《中国服饰史》，选择了短襦长裙作为她的第一套汉服。这套汉服袖子比较窄，不似唐朝以后汉服的博冠宽袖。[②]2003年10月18日，她在汉网上传了自制简易襦裙。

后来，她开始经营起自己的汉服公司寒音馆。甚至还在身边朋友、同事的各种猜测与质疑之中，放弃了公司按部就班的行政工作。这些年来，她销售汉服三千件，并参与到杭州地区的上百场汉服活动中。此间，她还帮助大学的汉服社团举办成人礼仪式，甚至在杭州地区协助新婚夫妇举办起了传统的汉式婚礼。[③]

2011年时，杜峻的故事被拍成了纪录片《我为汉服狂》，于2012年3月14日在中央电视台纪录频道播出。这部纪录片的氛围看似有些惨淡与无光，而旁白更是透露出这场运动的渺小与脆弱。[④]故事描述了杜峻和她的寒音馆在社会中的步履艰难、处境艰辛的状况，如果说那个时代穿汉服需要勇气，那么经营汉服店则更需要魄力，当把一件几乎被世人遗忘的衣服当作谋生手段时，那种生存压力，外人是难以想象的。

随着汉服的普及，寒音馆的状况也好了很多，甚至周末的时候也会有大学社团的学生们到她家里来交流、学习。2016年杜峻告诉我说，因为

汉服归来

---

① 参见王云、韩杨：《宽衣大袖召唤远走的文明》，载《中国电子商务报》，2006-09-28。
② 参见张磊：《寒音馆主：由服章而至礼仪》，载《杭州日报》，2006-12-08。
③ 参见中央电视台纪录频道纪录片《我为汉服狂》，2012-03-14。
④ 网友"回灯"注释部分：《汉服运动大事记2013版》，载百度汉服贴吧，2013-10-14。

家庭的缘故，她已经有几年没有精力组织汉服活动了，但是最近她打算再继续做，未来也一定会继续走下去的。[①]

第二节｜兴起于电商平台

一、汉网商家认证阶段

汉服的产业化发展过程缓慢，主要是由汉服运动的氛围决定的。早期的践行者都秉持着一种坚持，不敢造次，最多是帮着网友做衣服，真正的经营阶段是从2006年开始的，起因是某些纯商家在汉网兜售粗制滥造、汉服形制不符合规范的产品，践行者们这才不得已而为之，用更加具体的行动参与汉服运动。[②]汉网在汉服运动区开辟了"汉服买卖——交易版"，供汉服商家们在这里发布汉服商品、联系方式、淘宝店网址，并且允许网友们在此探讨交易情况。此外，汉网还特意建立了汉服商家认证机制，由几位汉服研习者共同制定认证标准，判定这些衣服是否属于汉服范畴，比如是否有Cosplay风格，面料是否属于影楼装范畴，汉服制作是否符合平面剪裁理念。当时汉网曾经严厉禁止使用拉链、纽扣，因为"无扣结缨"是汉服的主要特征。此外，还要调解商家之间的纠纷、商家与买家的权益，维护汉服买卖的公平、合理进行。

汉网中的"经汉网认证的汉服商家"帖子显示，最早开始认证的时间是2006年4月15日，第一个被认证的商家是"月阑珊"，店铺创立时间为2005年10月，地区是辽宁省沈阳市，店主的真实姓名、联系电话俱在，同时还要求填写至少一次汉网汉服活动。[③]再后面的几位分别是二号"ufe"、三号"飞燕衔泥"、四号"潜龙"、五号"瞳莞"、六号"宁武子"……帖子最后一次更新时间为2009年，认证到了八十八号"叶落无心"。

① 杜峻（网名"寒音馆主"）口述提供。
② 刘荷花（网友"汉流莲"）口述提供。
③ 参见"东门"（网名）：《经汉网认证的汉服商家（2009年更新）》，载汉网，2006-04-15。

汉服运动初期，在影楼装、Cosplay装和汉服难以区分的时候，确立汉服认证标准确实是很有必要的。遗憾的是，早期的一些认证体系并不完善，基本是采用理事会之间论辩、舌战的方式来解决。而认证体系最后甚至成为商家与商家之间、商家与网站之间、商家与网友之间相互打压和攻击的工具，于是慢慢地很多商家便离开了汉网，专心于淘宝网店或者是实体店铺了。

▲ 衔泥小筑汉服店的不同曲裾风貌

　　需特意提一句的是，汉服的审美与款式，这十几年来变化是很大的。毕竟它是服饰的一种，有着流行、时尚的元素。比如"飞燕衔泥"的衔泥小筑汉服店，它所设计的汉服，不论是款式、面料还是工艺都有了飞速发展，而且它也成为第一批汉网认证商家中唯——个在淘宝交易量过万件、总产值过百万的商家。对于衔泥小筑的评价，网络上可谓褒贬不一，双方各执一词。有人称靓丽，则有人称花哨；有人称新颖，则有人称错误；有人称便宜，则有人称廉价。在各种争议与质疑中成长，似乎也是汉服商家的必经之路，毕竟这条路上的一切，都是在摸索与尝试中推进的——艰难困苦，玉汝于成。

二、淘宝网的交易增长

淘宝网其实发挥了很大的作用，它给汉服的产业交易提供了一个极好的交易平台。慢慢地，很多商家也都把汉服交易、推广平台转移到了淘宝网上。在淘宝上第一个突破皇冠交易额（1万件）的是创立于2007年7月18日的如梦霓裳汉服店，在2011年2月20日率先成为皇冠卖家，当时店铺还举行了一系列的折扣活动。①如梦霓裳的店主网名叫"月怀玉"（又叫"冷雨螺"），毕业于服装设计专业，2007年她开始参加北京地区的汉服活动，最初就是先给自己做了一套汉服，然后很多活动参与者就觉得她的衣服好看，开始让她帮忙做衣服。当时她自己也感觉，很多汉服其实是网友自己制作的，缺乏专业设计特征，而且剪裁、制作工艺欠佳，这会影响汉服推广进程。所以她就开始帮别人做汉服，慢慢地走上了汉服商家的道路。②后来，如梦霓裳以性价比高、制作精良、款式新颖赢得了诸多网友的好评，促使她的汉服销量遥遥领先。

后来，淘宝网上的汉服销量呈井喷式增长。根据"汉服资讯"对淘宝网的交易数据的估值，截至2015年12月，淘宝网上汉服交易总产值的前十家店铺分别为如梦霓裳、清辉阁、汉尚华莲、华姿仪赏、重回汉唐、衔泥小筑、流烟昔泠、司南阁、春拾记、宴山亭，累计交易金额为47 475 261元。③除此以外，还有大量的汉服、汉服元素、周边饰品的售卖店铺，也可谓形成了一个新的格局。

根据2016年"汉服资讯"的"秋叶"整理后的最新统计资料显示，截至2016年4月淘宝网上的汉服商家已超过400家。其中在2004年度、2005年度最早开店的一批，其中有七家汉服商家至今还在营业。

十年淘宝网上汉服店铺数据变化如下图所示：

由图可以看出，从2005年开始，每年新开的汉服商家都呈递增之势，最初是缓慢递增，2009年后是快速递增。自2005年至今这11年，在汉服同袍

---

① 参见"胡烟冉"（网名）：《祝贺如梦霓裳——第一个汉服皇冠店诞生！》，载百度汉服贴吧，2011-02-20。
② 如梦霓裳店主"月怀玉"（又叫"冷雨螺"）口述提供。
③ 参见"汉服资讯"新浪微博"秋叶"：《2015年度汉服产品调查报告》，2016-02-15。

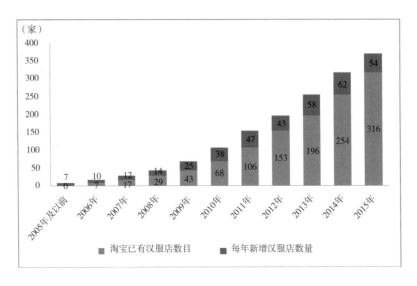

（家）

淘宝已有汉服店数目　　每年新增汉服店数量

▲ "汉服资讯"负责人"秋叶"提供统计数据
注："汉服资讯"负责人"秋叶"提供最新数据，授权使用，特别感谢。

快速增长的同时，汉服商家的增长也保持一个同步的状态，这也预示着未来整个汉服市场的竞争将会是非常激烈的。但需要特别说明，统计是以淘宝认证的时间为准的，有些虽然是2015年才建立的新商家，但他的淘宝店如果是前几年认证的话，就归入前几年而非2015年。[1]如今的淘宝首页的淘宝头条推荐中，也经常可以看到有关"着我汉家衣裳系列"、"穿汉服的女孩，一定是世界上最美的"这一类的推荐，这些都是十年前完全不敢想象的……

三、销售与活动相结合

在早期的汉服推广中，汉服商家扮演了非常重要的角色。一方面，很多商家本身就是汉服运动的践行者，他们做衣服的初衷也是为了缓解活动中汉服不足的现状，所以他们一直在参与组织汉服活动；另一方面，在早期的活动中衣服匮乏，很多社团也在向商家借衣服，活动中间经常有商家大包小包地拎着或拉着装满了汉服的包裹或箱子来参加活动，在汉服运动中他们功不可没。

---

[1] "汉服资讯"负责人"秋叶"口述提供。

2006年时，除了之前提到的杭州的寒音馆外，还有广州设计师罗冰（网名"白桑儿"）的双玉瓯。罗冰是广州汉服第一人、广汉会创始人之一，现任广汉会副会长，一直以来都在业余时间组织汉服活动。[①]广州早期的汉服活动中，尤其是大型表演、舞蹈的活动中都有着双玉瓯的身影，而且双玉瓯在广州的实体店，也承担着广汉会的办公室、会议室和仓库的角色。

北京雅韵华章的创始人高静（网名"翾儿"）是北京地区早期汉服活动的参与者和组织者之一，后来又积极参与到"雅韵华章"同名艺术团的活动中，协同古琴老师杨青等人在古琴界推广汉服，并编排了《小雅·鹿鸣》等汉舞，在北京朝阳文化馆的清明琴诗雅集、北京孔庙国子监的清明活动、汉服北京汉舞研习小组活动等中表演、教学。

▲ 第二届西塘汉服文化周如梦霓裳汉服合影
注："如梦霓裳"提供原图，授权使用。

北京的如梦霓裳也是如此，店主"月怀玉"经常大包小包地帮助高校社团活动，如2007年中国传媒大学子衿汉服社的招新活动，"月怀玉"带

---

① 广汉会会长唐糖口述提供。

了18套汉服和几位朋友赶到招新现场，义务帮忙宣传。[1]后来，她还在周杰伦演唱并主演的《天涯过客》MV中无偿提供了所需服装。

诸如这样子的案例数不胜数，尤其是在2008年前，可以说绝大部分汉服商家几乎都是地区社团的主力推动者，像四川的重回汉唐、南京的清辉阁、上海的九州衣冠，都是如此。那时的店主其实有着更多更好的商业机会可以尝试，而把汉服作为谋生手段，真的不是一个好的选择。在社会中认同汉服的人不多，汉服市场还没有培育起来，发展前景尚不明朗，在甚至完全未知的前提下就贸然进入，这的确需要勇气和胆识，所以商家压力都非常大，他们更多的是要依托情怀做支持。

记得2016年4月重回汉唐北京店开业的时候，店主吕晓玮（网名"绿珠儿"）在讲话中说："十年前我在成都开第一家实体店时，就梦想着有一天能够在北京开店，希望汉服能够在首都重生，让更多人能够接触到汉服。让我们一起携手努力，为汉文化的复兴贡献自己的力量！何惧道阻且长，看我华夏儿郎……"这一席话，就是早期那一批汉服商家心境的真实写照。

四、全现货的产业革新

早期的汉服网店几乎都是以单件生产为经营模式，也就是顾客在网络上确认订单后，商家才开始制作，而且是根据顾客的身高、体重量体裁衣，一般在下单15天至30天之后发货。所以，缺少现货也成为制约汉服普及的一个重要因素。后来，这个局面也在慢慢改变，一些商家在网店中开始放置部分现货，并将衣服分为S、M、L码，供那些急需购买汉服的网友挑选。

在汉服并没有普及的时候，开始尝试全部现货销售，即批量生产，是需要勇气的。就像率先开始的汉尚华莲，2013年起开始了全现货的经营模式，对于这里面的压力，店主叶沼若说："最初库存没问题，但是后来补货做的多就有问题了，经常挣到的钱还不够补货，而且资金短缺也是现货模式的弊端。至于解决办法，也如很多时装商家那样，尚未找到适合处

---

①　如梦霓裳负责人"月怀玉"口述提供。

理库存的方法，甚至有2013年的款式到现在还没有卖出去的情况，有的就干脆全部赞助社团，也是一种宣传吧。"[1]

但是，这种提供现货的方式，也给汉尚华莲的发展带来了新的商机。2015年10月，汉尚华莲的淘宝月信用值以3 747的数值开始占据汉服商家的榜首位置，且这个月信用值在不断递增。就像汉服最终回归到日常服饰一样，不再局限于"高端定制"市场，而是转向"成衣"市场，这也是一件衣服流通的必经之路吧。

五、生活化的汉服推广

回首汉服运动，其推广者主力军一直都是学生，所以对于汉服产业而言，最畅销的款式一直都是日常化、生活化的那一部分汉服。"汉服资讯"根据淘宝数据统计，2015年汉服成品年度销量，排名前三位的都是齐胸襦裙款式，前两位全部来自汉尚华莲，第三位则来自重回汉唐，价格分别为199元、259元、240元，销量分别为1 529、1 199、1 069件。统计数据显示，排名前十位的汉服销量成品平均价位为253.8元，累计销量共计10 324件。[2]这里可以看出，汉服产业市场中价位在200元至300元之间的汉服是最受欢迎的。

而在这些汉服商家之中，成长最快的可以算是2014年4月成立的流烟昔泠，它就是以生活化的汉服情侣装吸引了众多学生，在两年之内，迅速地挤入了淘宝汉服商铺中的前十名行列。这个店铺的风格犹如这个名字一般——清淡的美，夜凉如水，氤氲淡薄烟气，愿我意，入你心。其配色、图案有着特别的素雅和清丽。之所以设计汉服情侣装，缘于店主"琉璃酱"和友人开玩笑："如何让更多的人知道汉服呢？当汉二代越来越多的时候，汉服就普及开了。"据此灵感，"琉璃酱"希望把情侣服作为一种姻缘衣，这样可以让陌生的汉服同袍们拉近距离，打破尴尬，给彼此最简单的问候话题。

这种定位于生活和现实的服装，再加上200元左右的平均售价，受到了学生们的广泛好评。与那些高高在上的汉服奢侈收藏品相比，很多学生

---

① 汉尚华莲店主叶迢若口述提供。
② 参见"汉服资讯"新浪微博：《2015汉服资讯汉服成品年度销量排行榜》，2016-01-28。

可以说是挚爱这种面料舒适、简洁绣花的汉服。随着汉服的推广，这个小小的团队也就迅速地成长了起来。

▲ 流烟昔泠汉服商品照
　注：流烟昔泠提供原图，授权使用。

第三节｜实体店与产业路

一、全国连锁的梦想

近年来，在电商平台发展中，网店对于实体店的经济冲击，几乎成为社会生活的热门话题。而且越来越多的服装品牌，在实体店与网店之间犹豫徘徊，也让众人对实体店经济与未来发展唏嘘不已。但偏偏，在汉服产业化过程中，有一个人却不畏未知艰险，她一心想做的是全国连锁形式的汉服实体店铺，在十年的发展中，她经营的重回汉唐汉服店，已经在全国四座城市开设了五家连锁店了。

对于为何要选择实体店，重回汉唐的店长吕晓玮说："一是因为国内

▲ 重回汉唐上海实体店
注：徐珞（网名"拾遗"）现场拍照。

的商业街区都没有汉服实体店铺，网络上的图片并不能直观、完整地呈现出汉服之美，所以希望能通过实体汉服店，让大家真切地感受汉服的魅力；二是，在网络上买面料、选款式再到发货或者修改都有风险，而且不方便，所以还是希望能有实体店铺。"

近十年来，重回汉唐开始了中国国内汉服实体店铺的开设之旅：2006年12月17日，重回汉唐汉服实体店在成都仿古商业街文殊坊正式开业；2014年7月20日，第二家实体店开张；2015年1月1日，上海店开张；2015年10月1日，四川锦里店开业；2016年4月17日，北京店开业。吕晓玮一直说，她还会推动开设广州分店，她的梦想是要重回汉唐汉服连锁店遍布全国每一座城市，让汉服成为一种日常的存在，让汉服在中国大地重生……

二、产业化之路崎岖漫长

在汉服发展中，有很多人是主推汉服产业化的，毕竟这是一个市场化的时代，而且脱离了汉服这件衣裳的汉服运动，恐怕也只是有名无实的浪漫主义想法。所以，在大规模的汉服活动、汉服宣传背后，还有着那么一些人，他们脚踏实地，以汉服为主体开始了产业化之路。

上海汉未央文化传播有限公司便是产业化的推动者之一，对于最初的创办缘由，创办者姚渊（网名"逆流"）曾经说："2005年时的考虑主要有两点：一个是现实化操作。当时汉服复兴的舆论环境，总体上是意识形态的，应该说是一种信仰推动，更像是一种理想主义，有着一种否定现实的情怀在内，所以需要把汉服通过生产经营引入现实社会。另一个是物质化操作。再远大的理想情怀也是基于物质文化做保障的，只有做到大众能接受，才能带动文化的复兴，被保护起来的叫'非遗'、'工艺品'，只有流通起来的才是文化，我们要让它活下去。这个过程，产业化才是解决根本。"[1]

姚渊的网名叫"逆流"，2003年时便在汉网注册了。他曾经是一名记者，2004年1月时写了一篇文章《从这里开始，再造一个时代》，刊发在

---

① 上海汉未央文化传播有限公司姚渊口述提供。

上海《东方早报》的新闻周刊上，这是中国传统媒体对汉服运动的第一次正面报道。在那个对汉服充满质疑与不信任的时代里，他选择坚定不移地站在汉服复兴这一边。后来，姚渊便怀着这种使命感、民族情怀的初心，辞去了记者工作，开始了汉服产业化之旅。

前景美好，看近实远，走起来更是漫长坎坷、九死一生，毕竟对于一个20多岁初入社会的年轻人来说，这里的一切都需筚路蓝缕，白手起家。2006年10月，汉未央第一次产业化探索基本失败，公司身份完全放弃，此后多年中，以纯粹民间组织形态，推进着汉文化复兴事业。直到2011年，历经七年，汉未央才迎来重大转折。那一年，汉未央在上海市静安区石门二路街道的大力支持下，注册为正式NGO——上海汉未

▲ 2015年汉未央七夕乞巧节汉文化体验活动

注：上海汉未央传统文化促进中心提供原图，授权使用。

央传统文化促进中心，并且拥有了第一个稳定的办公场所，拥有了第一位稳定的全职人员。2012年，也就是时隔八年之后，汉未央再一次发展出公司形态。从此，NGO、公司和民间自组织三者并存，匹配不同的文化身份，承担不同的文化职能，确保汉未央在各条文化战线的全面推进。[1]

但对于未来姚渊还是满怀期待的。他说，在汉服推广中，重点还是要走向社会，不断地拓宽外部市场。毕竟汉服复兴不是自娱自乐，重要的是把汉文化的精神推向中国社会。在这个过程中，只有积累品牌力量、积累公共资源、积累政府信任、积累媒体关系，才有可能更好地做强、做大，使它真正地在当代人日常生活中重生。

也如汉未央的寓意一样——长乐未央，长毋相忘，薪火相承，永生不灭。

三、新兴的汉婚市场

在汉服的产业化发展过程中，除了汉服本身，效果最好的便是汉式婚礼了，甚至在婚庆市场中形成了一个新的格局。坐落于北京SOHO现代城的汉衣坊就是一个例子，它的全称是北京市汉疆文化发展有限公司，汉衣坊是其中的一个服饰品牌。2006年3月1日公司正式在北京紫竹院路开业，它的经营之路也不是一帆风顺的，初期主张实现"工业化"推广汉服，曾盲目投入生产，经济损失20万至30万元人民币，给企业的后期发展带来极大的经济压力。再后来，汉衣坊转变发展理念，不再主营汉服礼服，而是针对社会人士开始推广汉服、礼仪和汉文化。直到2008年底，才实现扭亏为盈。[2]经过十余年的发展，汉衣坊品牌以"汉式婚礼"为代表的"华夏传统礼仪/庆典业务"遍布全国，还形成了"汉民族服饰研发定制"体系、"汉民族礼仪组织策划"系统、"华夏美学（VI视觉系统）体系"三项文化创意业务。再到2013年7月9日，公司将店面搬至北京市SOHO现代城。[3]

---

① 参见上海汉未央传统文化促进中心官方网站相关介绍。
② 汉衣坊坊主任冠宇口述提供。
③ 参见汉衣坊官方网站相关介绍。

▲ 汉衣坊婚礼图
　注：汉衣坊提供原图，授权使用。

　　汉婚市场可以说发展迅速，不仅一些汉服企业拓展了婚礼业务，就连传统婚庆公司也开始引入了汉式婚礼主题。根据汉婚策礼仪工作室王辉（网名"大秦书吏俑"）提供的文字资料，汉式婚礼可以由六个主要部分组成①，分别是：

　　正装入场：新人一同穿着华夏民族正装礼服入场。凝重磅礴的编钟鼓乐，高声诵读的朗朗《诗经》祝词，是对新人最好的迎接。

　　亲迎醮子：现场会安排新人双方的父母依次为新人赐酒，并嘱托新人婚后要担负起的责任。同时赠予新人礼物，有所寓意。

　　沃盥入席：新人揖谢父母以后，新郎揖请新娘入席，由男女从者为新郎新娘引水沃盥，净手焚香。以郑重的准备表达对双方婚礼仪式的尊重。

　　同牢合卺：新人入席后，由侍者端上酒爵，酹酒爵中酒告谢天地。天地赐福，新人同食一牲之肉，同饮一匏中酒，象征从此福寿同享，甘苦与共。这是婚礼中最为庄重神圣的环节，与西方的教堂宣誓有异曲同工之处。

---

① 汉婚策礼仪工作室王辉（网名"大秦书吏俑"）提供文字资料《去其繁琐取之内涵精彩绽放——汉式婚礼的当代实践》，授权使用，特别感谢。

解缨结发：在庄严的婚礼仪式后，新郎新娘俩人各取自己一缕青丝，系结在一起，作为爱情永远的象征与纪念，这可以理解为中国传统婚礼的婚礼誓言环节。

告谢父母：大礼终成。新人要拜谢双方父母，让父母与自己同享婚礼这幸福的时刻。

由于婚礼市场拓展迅速，在婚庆行业中甚至出现了"乱象"。有的从业者对于汉服、汉式婚礼一知半解，便开始给人筹备婚礼。在如此举办的新人婚礼中，不仅少了华夏婚礼的庄重典雅，也失去了人生大礼的精神灵魂。比如，汉服最重要的特征是右衽，左衽则意味着入殓或是异族，但在婚礼中新娘婚服的左衽，却被某些从业人员解释为"男左女右"。

所以，还是要再次强调汉服复兴的主题，尤其是产业化路上的改变、创新与取舍。复兴不是复古，枝节可以改变，但核心绝不能丢弃。我们对待传统文化要有敬畏之心，以负责任的态度传承祖先的文化与智慧。婚礼市场化，并不意味着可以毫无顾忌地玩"花架子"。穿上汉服，唱几句戏曲，再行上跪拜礼，那就是传统的人生大礼了？莫忘初衷，方得始终。

第四节｜复原、复古与复活

一、原汁原味故国衣冠

在汉服产业链形成之初就有着这么一批人，不计利益、不计得失地"烧钱"，为的是心中的那个理想——复原原汁原味的华夏衣冠，还原华夏真正风貌，其代表人物是刘帅。他们立志要做出完整的服饰，还原全貌并将之重现，包括首饰、鞋帽巾冠、发型妆容配饰等等。由于复原衣冠对面料要求比较严苛，所以他们尽最大的可能从博物馆、各地丝绸市场中寻找。当时大家都有工作或学业，只能利用空闲时间来做，因此，第一批复原作品历时两年才完成。

2009年10月28日，中国古代装束复原小组在网络上发布了首批复原的汉、东晋、唐三套衣裳和妆容，分别是根据西汉马王堆辛追墓出土的曲裾袍复原的西汉长寿绣曲裾袍、根据甘肃花海毕家滩26号十六国墓出土实物并参考甘肃酒泉丁家闸墓壁画人物以及东晋十六国出土陶俑形象复原的魏晋襦裙、根据阿斯塔纳出土衣俑以及唐墓壁画陶俑复原的初唐联珠锦半臂绿襦间色裙三件作品。[①]

　　这三件作品的出现无疑是令人惊喜的，这是首次将文物及妆容复原的大胆尝试，这种将华夏审美表现到极致的尝试，很快在网络上引起社会各界的广泛关注。这些作品的纯粹和高度以及服饰内在的华夏衣冠气息，是此前分散的汉服商家制作的风格各异的产品所无法达到的。此后，这种马王堆式的曲裾、魏晋风格的襦裙、初唐时期的间色裙类的汉服样式，很快在汉服商家之中流行起来。因此，他们的作品起到了整体提升汉服制作工艺水平的作用，也在无形中引领着汉服运动参与者的审美偏好。

▲ 复原小组的中唐衫裙
　　注：复原小组刘帅提供原图，授权使用。

---

① 《关于"中国装束复原小组"》，见"装束与乐舞"的新浪博客，2009-10-28。

七年来，尽管这个公益团队的成员有所变动，人数也只有十几个，大多数是兼职且分散在全国，但复原团队的工作从未间断过，他们一直坚持每年至少复原十套装束，诸如明末道袍、唐代纱罗襦裙、唐初宫女襦裙等等。团队在复原的过程中也带动了丝织、织锦、锁绣、生丝捣练、印染、刺绣、缬缬等传统工艺的恢复。2014年1月、2014年12月，该团队出版了作品集《中国装束》《汉晋衣裳》。与现代化、日常化的汉服设计相比，复原这条路更加难走，也承受着更大的压力，几年来投入远远大于收益，这种坚持是真正需要情怀支撑和家人的物质支持的。对于网络上有人评价"复原出来的汉服太夸张、吓人"这个问题，复原团队的创立者刘帅曾经笑着回答我说："做好的不会吓人，吓人的话是没做好。"最近他们还开设了体验博物馆，以祈通过亲身体验让大家感受传统文化的魅力，感悟先祖之精神面貌，同时带给大家心灵的震撼。至于未来，他们还会继续前行。

二、传统服饰工艺的复活

作为一件民族服饰，汉服的重现不仅给审美带来了变化，也带动了非遗工艺的复活。复原制作一套汉服，看似简单，其实是一个系统工程。首先是面料的选择。随着汉服一起消亡的还有传统面料的织造工艺，以及那自然流畅的织物纹样等等。在复原小组的尝试中，重现的还有冷染工艺。冷染工艺是选用活性强的绿色植物，捣碎后提取浓汁，依据面料质地的不同，按一定比例调制，直接将织物浸泡在染汁中，经漂洗去掉浮色再晾干，如此反复多次，直至得到满意的颜色为止。

汉服对于剪裁也有要求，虽然平面剪裁技术有所保留，但衣服的形制不同，其处理方法也就有了差异。与现在相比，如果说剪裁工艺还有几分留存的话，那么缝纫制作工艺的差异就更大了。汉服制作中，缝纫的关键点是领缘，因为传统工艺的领缘采用的是暗线缝合，正面无线迹。缝制好的衣服，无论衣身还是袖子，其织物都是经线垂直向下，纬线则左右伸延。这一点是与西式服装最大的区别之处。另外一个细节是剪裁制作系带收口方式。以宝剑头为例，顾名思义，系带垂下处呈宝剑状，传统基本无须剪裁出箭头形状，而是在缝纫时两边对折缝合一道直线，反过来即可形成宝剑状的箭头。

再有一个就是工字褶的运用，在有襕的上衣、直裰（道袍）、下裳、裤子上都会运用这种活褶，其作用是加大下摆，增大活动幅度。一件有襕上衣，其面料与里子的活褶是整体相通的，这种工艺结构在西式服装上是根本不存在的。[①]

三、复原与复兴的两难

很多接触过汉服的人都有感受，对于汉服的审美其实是在变化的。很多初次了解汉服的人，不自觉地会偏向于曲裾、唐式大袖衫这类款式，或者说更像是"古装剧"、"武侠剧"的风格。但时间久了便开始转向明制袄裙，且趋向于那种端庄、沉稳的风格。对于这一点，重回汉唐的吕晓玮深有体会，她说："网店和实体店的购买偏好区别就挺大的。在仿古商业街的实体店，经常有游客进来，他们很多喜欢直裾、曲裾这类在网络上有些争议的款式。而网店的顾客很多都算是汉服同袍，他们会在形制上要求多些，也会综合考虑做工和性价比。"[②]

所以，这一点就很考验汉服商家了，这也恰恰是汉服商家认为最难的一点。一方面，他们要对外拓宽市场，依托那些靓丽的款式吸引更多人来关注汉服、关注传统文化；但另一方面，又要面对互联网上无情的指责，被网友斥为制式问题或是"影楼风"。但如果再细问，当代的汉服衡量标准是什么，又无人能回答。那些汉服商家，恰恰是在没有标准、没有规则的情况下，坚持着考据、复原、改进，打下了汉服运动的物质根基——汉服制作。

第五节 | 中式礼服时尚

一、汉服礼服的市场

钟毅于2007年初在广州创立明华堂，开始了研究与制作汉族传统服饰

---

① 刘荷花（网名"汉流莲"）提供文字资料。
② 重回汉唐吕晓玮提供文字资料。

的事业。2008年7月，明华堂汉民族服饰研发中心在香港正式注册成立。为了重现真正意义上的汉民族服饰，钟毅根据形制要求并参照传世实物，对汉服各部位的主要参数进行了周密的统计与系统的研究分析，绘制图纸、打样制版、剪裁方式皆严格遵守传统缝纫工艺，经过大量的实践工作，最后制作出了直裰、袄、马面裙、披风等一批民间服饰中最具代表性的款式，并于2009年3月25日在新浪博客发布。

在面料方面，选择最普遍且最具有代表性的一批民间纹饰进行了优先复原与开发。"四合如意云纹"、"缠枝莲纹"、"缠枝葡萄纹"、"遍地如意云纹"等一批丝绸，以纬显起花的织金工艺织就的"花卉缎地遍地如意云纹五谷丰灯织金裙"等一批织金暗花缎，在世面上消失了将近二百年之后，终于得以重现。这些代表汉族纯粹风格与审美的面料与接续传承的汉族服饰工艺相结合，共同跨越了历史的断层。

同时还复原了汉族传统的"蝶恋花子母扣"。子母扣由金属材料制成，钉在披风前胸起固定衣服和装饰的双重作用。"强调传统工艺的延续性与严谨性，并认为这是民族服饰的灵魂与价值之所在：不提供随意设计之服装"，钟毅一

漢服歸來

▲ 明华堂大红·子孙蟒云肩通袖·四合如意团云暗地·圆领袍
注：明华堂钟毅提供原图，授权使用。

直严格遵守这一理念。①

综合起来，这批复原定制汉服产品有三个方面的突破：一是承接剪裁制作工艺；二是面料纹样、织花和纬显起花的织金工艺；三是辅料配件方面的金属子母扣。

2008年时值全球金融危机，明华堂的研发让纺织业的先行者重新获得了商机，随后江浙一带的纺织业者相继加入传统工艺纹样的织造行列，为汉服产业化升级提供了技术保障。明华堂也是汉服礼服市场的先行者，在汉服普遍定价为几百元的时代，明华堂的一套明制袄、裙、披风套装定价为4 000元人民币。当时曾经掀起了轩然大波，衣服虽美，却只能望洋兴叹。这再次引起了一些网友的激烈讨论：汉服应该日常化，还是礼服化？慢慢地，明华堂以它精良的做工、考究的面料、华美的外观等因素，赢得了大量好评，并且将汉服的制作工艺推向了更精致的范畴。

二、做读书人的衣服

再后来，以汉服为设计蓝本的中国礼服也登上了中国时装周的舞台，甚至影响了服装界的流行风尚。2012年3月31日中国国际时装周期间，"诗礼春秋·楚艳／张晶"2012品牌发布会在北京饭店举行。诗礼春秋创办于2011年，以"为中国读书人设计服装"为宗旨，本着"整顿衣冠，重建礼乐"的文化使命，希望以衣冠为载体，将诗书礼乐的精神传递给天下所有读书人。诗礼春秋的创始人，也就是上海孟母堂的创始人周应之先生，一直都志在诗书经典之传播、礼乐文化之复兴。

诗礼春秋的服饰不是汉服，但却含着汉服运动的身影，也包含了时尚界所追捧的中国风，但是有别于二者而走中道，诚如孔子所言"吾执其两端而竭焉"。对于设计理念，周应之先生曾经说："寄希望于西式服装来演绎中国礼乐文化，无疑是痴人说梦，因为中国的衣冠和礼乐文化早已融为一体，不可分割。既然它是永恒而长新的，它理当永远为时尚的领袖，时尚来自传统，传统对一个民族而言，是永不过时的。将这样美好的传统发扬光大，并传之久远，中国读书人理当先觉而荣先负任……"②

① 参见刘荷花（网名"汉流莲"）：《明华堂的重大突破》，见"汉流莲"新浪博客，2009-03-28。
② 诗礼春秋创办人周应之口述提供。

▲ 2012年中国国际时装周诗礼春秋服装
注：诗礼春秋提供原图，授权使用。

汉服归来

诗礼春秋一直在不断推出新的服饰与理念，如2012年9月28日以9·28孔子诞辰日为福符，以孔子之字仲尼命名，诗礼春秋推出新的系列"仲尼装"。[①]2015年4月22日在中国传统的三月三上巳之日，诗礼春秋在苏州举办了2015年中国衬衣秀。[②]其实，诗礼春秋的衣服并不属于传统的汉服，但是它却在时装周上形成了一道独具特色的风景线。就像一篇报道中写的："我们很幸运，今日之中国，已不再以追欧抄美为尚，有一批坚守传统的'人文服装'设计师，他们始终坚持根植传统的创新理念，不盲目求新求变……为我们展示了中国读书人应有的大雅衣着和风貌。"[③]

慢慢地，汉服元素在时尚界作为"新元素"开始受到广泛关注，于是后来便有了"新中式"的概念。

三、新中式的传承与创新

汉服运动十余年的发展之中，汉服这种传统审美已经开始被引入服饰时尚领域。所谓的"中国风"、"中国元素"不再以大红大绿的织锦缎、紧致的立领衬衫为载体，以性感张扬的披肩为理念，而是开始在质感、色彩、装饰之中追求原生态的东方服饰文化。

这里最令人惊艳的是每一年度中国国际时装周"楚和听香·楚艳时装发布会"了，其衣服也如其名字一般，"人淡如菊，楚和听香"。在2015年10月28日的发布会上，楚艳她们沿袭先前纯天然植物扎染的手工技艺，运用精织细作的古典面料（如云锦），演绎她们一贯坚持的绚烂而平淡的东方美学。这一套服饰的图片也在各汉服网站中广为转载。

对于新中式服装的理念，楚艳曾经在演讲中提到："新中式服装有新的地方，是在传统中汲取力量，但是不拘泥于某一历史时期、某一民族服饰的方向，而是试图将几千年的中国服饰特征融会贯通，体现了温润、儒雅、包容的大国风范。"2014年楚艳在接到为参加APEC会议的领导人设计服装的邀请时，曾经在采访中提到："从100多位国内顶尖设计师中脱颖

---

① 参见应珊：《"诗礼春秋"——9·28"仲尼装"新闻发布会》，载中国服装网，2012-10-08。
② 参见《"诗礼春秋"2015中国衬衣秀》，载凤凰网，2015-04-22。
③ 王华彬、梅子、梦海：《诗礼春秋——为中国读书人设计服装》，载《服饰商情》，2012-04-01。

而出，倒不是有多厉害，而是一直以来坚持的新中式风格有魅力……"①
对于汉服运动，楚艳一直是支持的，她曾经说，新中式、汉服都属于中国
的服装。一抹绝色，一抹倾城，相辅相成，相得益彰。

第六节｜不要非遗要活着

一、汉服的形制之争

汉服从诞生之初就有形制之争，而且随着汉服运动的发展，争论也是
愈演愈烈。最初的争议在于汉服与影楼装，毕竟抛开电视剧中古装的话，
现实中可以看到的"汉服"身影就是影楼里的古装了，所以经常有人在活
动时被人指认——某某穿的是影楼装，而不是汉服。

后来有了更多的形制之争，比如明朝的立领、魏晋时期的浅交领、曲
裾中的入字底，很多属于服饰史的专业术语，也都被带到了汉服运动的舞
台。在这个过程中，种种指责或上纲上线"挂"到网络的行为，不仅在针
对衣服本身，甚至还会针对穿衣服的人。这种方式吓到了一批初次接触汉
服的新人，唯恐自己穿错了衣服而被人抨击，结果选择远离"汉服圈"而
疏于汉服运动。形制之争演化为伦理之争，穿汉服成为汉服圈，汉服复兴
运动转变为汉服"圈人"运动。

对汉服有争议是正常的。毕竟，在每个朝代，国家都会推出舆服制这
类的行政诏令来规定本朝的衣冠制度。诸如明朝初年，先是废弃了元代的
服饰制度，并对服饰进行了一系列调整，一直到"不得服两截胡衣。其辫
发椎髻、胡服胡语胡姓一切禁止"。但当今中国的汉服，更像是民间流行
起来的一种服装，在没有行政手段干预的情况下，肯定是没有参考的标准
与明确定位。

有人提出了以历史资料或者出土文物为依据。汉服运动需要考证，但

---

① 巩育华、王锦涛：《新中装引领新时尚（让传统文化活起来）》，载人民网，2014-
11-14。

是考证结果必须是要服务于汉服运动，而不是反过来，甚至绑架汉服运动为私人服务。[①]这是原则，不能退让。在有些人眼中，世间没有汉服运动，只有"汉服圈"——以衣者群体而论。还有人提出了承接明制，因为汉服是从明朝断裂的。那么这里问题就又如礼仪的实践一样了：汉服运动究竟是在复兴，还是在复古？口口声声说传承华夏文明，却为何总要求自己和服饰史、考古学、历史典籍保持一致呢？明明自己没有共识，看到哪里举办了一次汉服活动，张口便是影楼装或形制错误，这依据又是什么呢？

特别是官方和组织机构举办的大型活动，考虑到经济成本、资源利用、人心顾虑等多方因素，难免会选择价格较低、看似有着"影楼"风格的汉服。活动消息被媒体报道后，在外界的各种"复古"、"形式主义"的质疑声音中，那些"深入了解"汉服的网友也跟风而上，甚至有过之而无不及，以"影楼装"、"形制错误"等缘由，把一场又一场本是意义大于形式的活动推向万丈深渊，置于万劫不复之地。要知道，这种集体行为，不等于个体的上街行动，推广者往往是顶着各方压力才迈出这一小步，这时最需要的是广大复兴者的舆论支持。那些揪住衣服本身不放，对活动性质、事件意义置之不理的人，到底是要复兴汉服，还是要复辟古装呢？汉服复兴者总是期盼外界能予以包容、理解与支持，可是对于内部的一些身不由己，却又完全不能接受，动辄便是上纲上线，这样子怎能争取更多人士来支持汉服，帮助汉服运动呢？那些借形制之争而"圈人"的人，到底是在推动汉服运动，还是要借机将汉服运动囊入怀中呢？

二、构建当代汉服体系

最后，要想解决形制问题还是要回到汉服运动本身。虽历经十余载的岁月变迁，但请不要忘记汉服运动的初衷——复兴汉服。汉服复兴不是复古，这里必须有所继承，也要有所创造，使它成为传统文化复兴中的一个有机组成部分。复兴不是一个轻薄的概念，它有严肃的内涵，如果仅仅是从传统文化中汲取某些成分或是泛泛地说"取其精华，去其糟

---

① 参见"月曜辛"（网名）：《汉服》，载百度汉服贴吧，2013-01-03。

粕"，那不是我们的"文化复兴"。所谓复兴，是对文化核心精神的保留、继承、发扬光大。文化的枝节可以抛弃，形式可以改变[①]，但核心精神不能丢掉。

这里的复兴包含着两个层面。一是推动政府制定规范，正如全国政协委员张改琴在"两会"《关于确定汉族标准服饰的提案》中所提及的："由国家成立研究、设计汉服的专门机构。使用专业人员和委托拥有资质的企业进行服饰的设计和生产。"特别要强调的是，这里需要推动的是行政机构作为，不是服饰史界，不是考古学界，更不是影视文艺界。二是协同制定民间的准则。汉服运动需要建立自己的知识团队，但不能一味地考证或批判，重要的是摸索与尝试，编写出真正属于当代的可行性方案与标准，并且能够在民间的汉服运动团队内达成共识。这一点天汉网的总版主"溪山琴况"是先行者，他一生为之努力的便是制定一套可以被当代人接受的衣冠、礼仪、文化实践方案。但遗憾的是，斯人已逝，令人扼腕。

百度汉服贴吧吧主"月曜辛"也提出："我们祖先留下这么多服饰资料，如今复兴汉服，当选择从各方面来说可行之的而行之，并且将要以及必须形成当代的规矩和风格，早日消除唐款、明款之类的前缀，淡化朝代古服意识，增强当代民族服饰意识。并且不可避免地将出现季节、地域、场合、行业的考量和分化。而当这个分化达成，汉服运动在服装这一项上，才算功德圆满了。"[②]

马来西亚汉服运动也想到了这一点，并在2014年初提出制定当代汉服体系的设想，委托刘荷花拟制。鉴于汉服体系本身于过庞大，绝非一人之力所能完成，于是她动员了多位资深网友——吴笑非、张梦玥（网名"溟之幽思"）、迟月璐（网名"欧阳雨曦"）、王育良（网名"青松白雪"）、阚金玲（网名"万壑听松"）、刘帅、"逐雁听琴"、王闻达等参与这一课题。经过近半年的商讨论证，形成了比较统一的意见，由刘荷花统筹、"逐雁听琴"执笔完成了《浅谈当代汉服体系》讲义和PPT文档。在2014年8月底至9月初马来西亚第七届华夏文化生活营和第四届汉服裁剪

---

① 参见康晓光、刘诗林、王瑾等：《阵地战》，56页，北京，社会科学文献出版社，2010。
② "月曜辛"（网名）：《汉服》，载百度汉服贴吧，2013-01-03。

漢服歸來

课程上对参与的营员和学员讲授，学员意见反馈表明，讲义内容清晰明了，收到了预期的效果。因此，马来西亚汉服运动决定将《浅谈当代汉服体系》作为生活营和裁剪课程的固定科目保留。

由于互联网自身的匿名性、虚拟性、缺场性，所以它可以作为交流、实践与探讨平台，却不能主导一场社会运动。后面的汉服复兴者需要做的，是寻求一套可以被"武林"门派与"江湖"中人认可与接受的当代汉服体系标准，并且使之成为"庙堂"之中的参考方案。这才是解决形制之争的根本。

三、我们要汉服活下去

对于文化传承，就像一些人经常提到的："被保护起来的是非遗，活下去的才是文化，我们要让它活下去……"是的，作为文化的一个组成部分，它最需要的就是——活着。但对于汉服来说，其任务比"活着"更艰难，因为它必须先要"复活"。

我们的文明重生之路，看似风生水起，实则却是步履维艰。追根究底，这里所提的文明符号——衣冠，是消失极久、断裂极深的那一部分。我们今天要"复活"的，看似是最表层、最浅显、最易触碰的那一层，事实上，它却是距离我们最遥远、记忆最淡薄、遗失最深刻的那一部分。

鸿鹄之志，任重道远。"复活"的这条路上，首先需要的便是大批商家的前赴后继、奋力向前。在这个过程中，既要有小批量的汉服作坊，也要有大规模的产业投入；既要有布料市场中挑选布匹的现代版商家，也要有在非遗市场里找寻传统工艺技术的复原版商家；既要有大包小包赶赴汉服活动现场的日常化商家，还要有精心制作力推高端定制的礼服化商家……

回归生活才是最好的保护，接轨现代才是最好的传承。然而，汉服产业"复活"的路上遭遇了多少辛酸与艰难，恐怕只有那些商家自己知道。在国家大力保护非遗项目的时代，针对那些民间手工艺提供了大量的"输血"与"供养"保护，各个领域对于非遗"活着"的理论解释、市场分析更是数不胜数，但真正能实现现代化，并与互联网、旅游、科技、文化创新相结合的只怕也寥寥无几。

与"劫后重生"相比，我们的汉家衣裳更需要的其实是"死而复生"。而且，这件消失最彻底、完全来自民间的衣服，在没有外力援助、没有理论框架的前提下的"绝地重生"之路，也必然漫长与艰辛。这里不仅需要付出与实践，还需要情怀与信仰。但是，不论是"复活"，还是"活着"，都是我们文明复兴的必经之路，我们责无旁贷，别无选择。只有大家携手并进，让它与时偕行地融入现代社会，与其他文化部分形成整体，它才能活得滋润、活得长远。我们要的不是非遗，而是活着。活着，才有希望，才有复兴的曙光……

汉家衣冠归故里，人间丹霞华彩衣。

▲ 西安博物馆拍摄（图中人物：王茜霖）
注：王茜霖提供原图，授权使用。

汉
服
歸
來

重振礼乐之邦

第四章

　　泱泱中华，礼乐兼修。中华礼乐文明，在几千年的王朝统治中成为社会身份、等级的一个重要标志。礼也是人区别于禽兽、君子区别于小人的标志，更是修齐治平的工具。汉服运动初期，有很多民间儒学人士在共同推进，也多次强调"衣礼偕行"。但初期的礼仪推广，其实更像是借助设计、举办、参与某些仪式，突出汉服作为礼服的功能，并增加汉服的曝光率。[①]然而随着时间的流逝，礼仪复兴逐步开始在某些领域取得突破。首先是家族中的婚礼，具有了应用型的实质效用；再后来是中学、大学的成人礼和毕业典礼，以及宗族中的祭祀典礼，这时的"汉服礼仪"已经不再是为了汉服而设计的场景了，它所呈现出的是这个特定领域中被规范化了的礼乐制度。

① 参见周星：《本质主义的汉服言说和建构主义的文化实践——汉服运动的诉求、收获及瓶颈》，载《民俗研究》，2014（3）。

第一节│华夏重在祭祀

一、华夏礼仪隆重登场

16世纪葡萄牙传教士在《南明行纪》中写道："中国人是很讲礼节的百姓。一般的礼节是，左手紧握，包在右手里，在胸前不断上下移动，表示他们彼此都包容在心里。随着手的移动，他们都互致问候的话，而普通互致问候的词句是'食饭未'，犹言吃过饭没有，因为他们认为现世的一切好处都取决于吃饭。"①

▲ 穿汉服行揖礼
　注："汉服北京"提供原图，授权使用。

---

① ［葡］伯来拉克路士：《南明行纪》，北京，中国工人出版社，2000。

这就是外国人眼中的中国传统礼仪。可是由于种种原因，这种传承了几千年的揖礼、拱手礼、颔首礼，被后人遗失了几十年后，开始带着本不应有的幼稚模样重新登场，随着汉服的复兴，以及在经典书籍中的重新被拾起，从古老岁月之中悠悠传回。

穿汉服时最常见的是揖礼，大家见面之后相互拱手问安，毕竟宽袍大袖的着装会让人情不自禁地举起手来。在行揖礼时，男子需左手压右手（女子右手压左手），手藏在袖子里，抬手至眉间，鞠躬九十度，然后起身，同时手随着再次齐眉，然后手放下。①

随着汉服实践活动的展开，礼仪实践也加了进来，首先被引入的便是祭拜。祭是贯穿中国文明历史的最重要的仪式。无礼不成中国，无祭便无华夏。千年风云，勇士的刀剑在捍卫中国，慎终追远、民德归厚的信仰更奠定了中华历尽风雨日益深厚的文明。②

中国古代的礼分吉、嘉、宾、军、凶五礼，吉礼就是祭礼，为五礼之首。③"凡治人之道，莫急于礼；礼有五经，莫重于祭。"《礼记·祭统》之中已经把祭祀活动看做是国家礼典中最重要的事。"国之大事，在祀与戎，祀有执膰，戎有受脤，神之大节也。"《左传·成公十三年》更是把祭祀与战争并列，上升到了关系国家存亡的地位。中华文化中的儒学不是宗教，它讲祭祀是要通过祭礼的形式推行教化，以达到"治人"的目的。④所以说，华夏历史，也是一部祭祀的历史。

2004年10月5日在北京举行的第一次全国性的汉服网友聚会中，来自北京、天津、上海等地的33名网友，身穿汉服祭拜了袁崇焕，并看望了为袁崇焕守墓300多年的佘家第17代孙佘幼芝，希望借助于汉衣冠这一特殊的形式，来推动传统文化和忠义精神的复兴。⑤300多年来，佘氏家族恪守祖训，为袁将军守墓。从1970年开始到2002年，佘幼芝一直在为修复被破坏的袁祠和继承家族的使命而努力，以至于有人骂她"佘疯子"。对于守墓的缘由和信念，佘幼芝曾在采访中回答："世代守灵，不为别的，就

---

① 参见蒋玉秋、王艺璇、陈锋：《汉服》，84页，山东，青岛出版社，2008。
② 参见"溪山琴况"（又名"天风环佩"）、"蒹葭从风"（网名）：《慎终追远、民德归厚——汉民族传统礼仪"祭礼"操作方案》，载天汉网，2006-07-09。
③④ 参见吴贤哲：《治人之道　莫重于祭》，载《西南民族学院学报》，1997（10）。
⑤ 参见张从兴：《青年着汉服祭民族英雄》，载《联合早报》（新加坡），2004-10-06。

为忠义二字。"[1]

其实，很多地区性的活动中也都加入了祭拜环节，比如2005年4月3日杭州的乙酉清明祭[2]，2005年10月22日南京祭拜明太祖的明孝陵，2006年2月11日江阴祭拜"三公"等等。但这些活动基本上是以穿汉服的祭拜为主，没有形成配套的祭祀礼仪方案。

后来的祭祀实践活动，主要有两类类型：一类是和儒学研究团队一起做的，方法是依据史书记载，遵循明代礼仪方案，以复原为主；另一类是依据天汉网和百度汉服贴吧联合制作的《民族传统礼仪·节日复兴计划》开展的活动。网友"溪山琴况"（又名"天风环佩"）等人在2005年至2006年期间，曾根据史书记载，结合当代的社会特性，编写了一套礼仪方案，包括祭礼、成人礼、射礼，以及上巳节、清明节、端午节等，共计50余万字。

以礼为纸、以敬为笔、以心为砚、以诚为墨，那似曾神秘的仪式，也就这样子缓缓地走来……

二、祭孔是思想与信仰

在当代中国新一轮的文化复兴中，祭孔是一个重要组成部分。祭孔，两千多年来，成为世界祭祀史、人类文化史上的一个奇迹。对于汉服运动而言，民间儒学团队在这个过程中的参与起到了重要的作用，如复原明制深衣、祭服，为实践祭祀礼仪提供了参与平台。除此之外，很多儒学界人士，其实也是汉服运动礼仪实践活动的指导者。

2005年3月13日，段炎平（段志刚，字炎平）、吴笑非（吴飞，字笑非，网名"ufe"）、赵宗来（网名"云尘子"）等在济南千佛山顶举行"新儒深衣释菜礼"。[3]释菜礼是古代学生与教师初次见面时的一种礼节，也就是拜师之礼。此次活动中的服饰、仪程、祭文等都尽量按照明代规则制作，同时此次活动也成为同年"乙酉春祭"的预演。

---

① 马静、张柳：《汉服发烧友游走二七广场声称为寻文化源头》，载《郑州晚报》，2005-03-11。
② 杜峻（网名"寒音馆馆主"）口述提供。
③ 参见康晓光：《中国归来——当代中国大陆文化民族主义运动研究》，107页，新加坡，八方文化创作室，2008。

▲ 2005年4月22日乙酉春祭图

　　注：吴笑非提供原图，授权使用。

2005年4月22日，段炎平、赵宗来、吴笑非、李宗伟、傅路江等30多人在曲阜孔庙和孔林举行"乙酉全国民间儒者圣城秋祭先师孔子"活动，这也是当代中国第一次真正意义上的儒生按照传统礼仪自主祭祀先师孔子。[1]在祭孔过程中，祭文、贡品、服装、仪程等都采取了尽量沿袭明代规则的方式。服装方面，吴笑非根据古代典籍，复原制作了明代祭服；仪程方面，也是大家一起根据《礼记》等诸多典籍中关于"释奠礼"的记载，研制了一套完整的明代祭祀古礼，并结合现实，进行了调整。再后面，经过几次实践后，他们还整理出了《儒家学子及传统文化同人祭奠至圣先师孔子释奠礼仪程指导推荐方案简编》，主要介绍了传统"简礼"和"新礼"相结合的实践方式。[2]自此，每年两次民间春秋祭孔的活动就成为传统沿袭下来。

在祭孔这个过程中，政府和民间的合作也是一步步深入的。自2004年开始，祭孔活动由民间祭祀改为政府公祭，各级政府官员亲临孔庙大成殿前祭奠，这是新中国成立以来官方首次举行的公祭孔子仪式。[3]在明制祭孔仪式和汉服复兴的呼声下，2005年9月25日河北正定文庙率先将祭孔仪式改为汉服和明制流程。再到同年的9月28日山东曲阜公祭孔子，不仅规模扩大为"全球联合祭孔"，孔庙也将服饰、礼乐全部改为明制。此后，吉林长春、上海嘉定、天津等地区的文庙祭孔典礼也都陆续采用明制礼乐。

正如中国人民大学教授韩星老师所说的："礼乐的核心在于内在精神和道德教化功能，怎样由服饰推动礼乐制度复兴，重现礼仪之邦，也是值得考虑的。礼乐复兴的最终成绩，取决于官方礼乐制度的建设，这大概也是目前最大的制约。由民间推动，实现官方制作礼乐制度，那才是最后的成功。"[4]汉服，或许可以充当其中的那个引子。

① 参见段炎平：《乙酉春祭的回忆》，载《读经》，2013（9）。
② 参见康晓光：《中国归来——当代中国大陆文化民族主义运动研究》，303页，新加坡，八方文化创作室，2008。
③ 参见上书，348页。
④ 中国人民大学国学院韩星教授口述提供。

▲ 2016年3月河北正定文庙举行春季祭孔大典

　注：活动由河北省儒教研究会与正定县政府联合主办，河北省人大常委会委员、省儒教研究会常务副
　　　会长高士涛提供原图，授权使用。

三、古墓前的汉家衣冠

除了与儒学团队联合实践的祭孔、祭祀活动外，其实在汉服运动中还有另外一套祭祀实践方式，就是天汉网与百度汉服贴吧联合编写的《慎终追远、民德归厚——汉民族传统礼仪"祭礼"操作方案》，共由十个部分组成：祭礼作用、当代的意义、祭礼分类、传统祭义、祭礼要素、家祭礼、释奠礼、复兴展望、家祭礼方案、民间祭礼方案。[1]

这一套方案也是根据明代书中的记载，结合现代恢复祭祀的意义所特别编写的，其中就服饰设计、器具摆放、人员站位、献礼流程等也都有描绘，包括每一个环节的实际意义，也成为很多社团实践祭祀礼仪的重要参考方案。比如在民间祭礼方案中就包括使用对象、祭祀人员、祭服示意图、祭器准备、民祭仪程（择期、斋戒、陈设、就位、迎神、奠币、初献、亚献、终献、饮福受胙、送神、分胙、洒扫里程）等内容。而且在恢复汉礼祭祀的实践过程中，不同地区的践行者都会根据典籍记载依照现实情况有所损益，再拟订出适合本地的祭祀仪程来实践。如杭州汉服团队的《祭祀仪程》、吴笑非的《通用公祭祭祀仪程》、深圳的《赤湾殉国祭仪程》、上海团队的《松江夏氏祭丁程》等。

其中，在网上广泛流传的是2006年1月8日50余位网友在上海松江首次采用汉服、汉礼的方式祭祀了夏完淳。夏完淳是南明抗清将领，被捕后拒绝投降，被害时年仅十七岁。在南明政权时，夏完淳曾四处奔走，联络抗清志士。同时，他还写了大量的诗篇，抒发忧国忧民的心情。如今，每每读及夏完淳的诗文，也不禁会想：十七岁，对今天的少年人究竟是一个什么概念呢？而当十七岁的夏完淳吟出"三年羁旅客，今日又南冠。无限河山泪，谁言天地宽！已知泉路近，欲别故乡难。毅魄归来日，灵旗空际看"（《别云间》）时，谁能品味出昔日少年英雄的悲壮与豪迈？谁能体会出十七岁与历尽沧桑竟有着对等的含义？[2]

为了做好此次活动，汉网的管理团队提前三个月便开始准备。2005年

---

[1] 参见"溪山琴况"（又名"天风环佩"）、"蒹葭从风"（网名）：《慎终追远、民德归厚——汉民族传统礼仪"祭礼"操作方案》，载天汉网，2006-07-09。

[2] 参见"长乐未央"（网名）：《组图：着汉服祭拜夏完淳，有漂亮妹妹哦》，载新浪博客，2006-01-10。

汉服归来

10月19日，黄海清（网名"大汉之风"）发出祭祀夏完淳倡议帖。再后来几个人分工合作，祭服由王育良（网名"青松白雪"）负责设计，他根据史书记载并参考韩国宗庙祭的服饰[1]，首批共制作了34套，每套价格285元，网友自愿定制，这也开创了汉服团购的先河。同时，王育良还负责祭祀的礼仪设定、祭文撰写、器具准备等工作。[2]此外，网友"大汉之风"、"东门"、"江南秋水"、"曾德刚"几位组织者分别承担了踩点、制作木制道具等准备工作，历时三个月完成。

祭礼活动是仿照明代祭礼设计，但简化了一些步骤，整个祭祀约一小时。后来，在2016年1月9日的《吴报》特稿《古墓前惊现古礼又见我大汉衣冠》中有一段对于此次祭祀的流程描述[3]：

在服装更换完毕后，队列成形。辅祭者站在队前，手执一件古朴的铜盆，铜盆盛有清水。祭祀者分左右依次出列，手执笏板向辅祭人施鞠躬礼，而后将笏板插入腰间白色腰带内，在铜盆内净手，再取出笏板，执于胸前，缓步前行，走进碑亭。待后一位祭祀者依上述程序净手后进入碑亭，再并肩走到夏完淳墓前。全部祭祀者经此程序在夏墓前排成了三排。

随着主祭人员一声"拜"喝，所有人员整齐划一地跪地伏拜，又随着主祭人员一声"起"字，所有人员手执笏板肃穆而立。依此三次后，主祭人开始宣读祭文。祭文宣读后，辅祭人员取出由鱼鸡猪组成的三牲、用铜爵盛的祭酒、黄纸祭钱。首祭为祭天，而后祭地，再祭夏完淳。三祭过程中，所有参祭人员低头跪地而坐，其间有祭者弹奏了古琴，吹奏了箫。随后，主祭人焚了祭文、祭钱。在祭钱全部焚烧完后，随着主祭人员宣布祭祀活动完毕，所有参祭人员分为两列依序退出主祭地。

这就是那一次祭礼的活动描述。后来，我有一位在英国的朋友告诉我说，他曾经把这次祭祀的活动信息拿给剑桥大学的一位人类学教授做学术研究资料，老师看完后非常震惊，认为中国民众居然可以通过网络召集，且自筹经费、自制衣服、自研礼仪、自行举办祭祀活动，这简直就不可思议[4]……

---

① 王育良（网名"青松白雪"）口述提供。
② 黄海清（网名"大汉之风"）口述提供。
③ 参见"捕鱼"（网名）：《古墓前惊现古礼又见我大汉衣冠》，载《吴报》，2006-01-09。
④ 彭涛（网名"puxinyang"）口述提供。

▲ 2006年1月祭祀夏完淳，图一就定，图二大礼四拜，图三乐工

　　注：参见王育良（网名"青松白雪"）:《乙酉正祭夏完淳》，载汉网，2006-01-08。活动负责人黄海清（网名"大汉之风"）授权使用。

是啊，这群严肃认真的年轻人孜孜以求的又是什么呢？他们中间有律师、高校学生、教师、媒体从业人员，普遍有着较高的文化层次和社会地位。他们来自五湖四海，但却在一个寒冬的早晨，在这荒郊野外的一个古墓前，穿着汉衣冠向一个300多年前的古人磕头行礼。他们要招引的究竟是谁的魂魄？这又是怎样的精神与信仰？

四、祭祀泛滥再惹争议

再后来，全国各地区的汉服社团也都开展了如火如荼、声势浩荡的祭祀活动。

2006年2月11日，6位网友在江阴祭祀抗清"江阴三公"。"江阴三公"是指明朝末年在"江阴八十一日"中殉国的阎应元、陈明遇、冯厚敦。2006年11月19日举办第二次祭祀活动，共有来自全国各地的60多人参加。自此之后，每年的11月底或12月初都会定期举办"江阴三公"的祭祀活动。2013年后，活动改由江阴汉服协会负责。[1]迄今为止，共举办了十届，这也成为汉服运动中的一个标志性祭祀活动。

与此同时，各地的祭祀活动可谓比比皆是。比如2010年3月28日起，北京地区每年春季都会与北京市文天祥祠文物保管所、府学小学联合举办祭祀文天祥活动。在传统祭祀仪式完成之后，府学小学的学生们在文天祥先生的祠堂前齐唱《正气歌》。迄今为止已经举办了六届，在北京市东城区也有一定影响。

在祭祀过程中，也呈现出了标新立异之势。除了按惯例花朝节祭祀花神、端午节祭祀屈原、中秋节祭祀月神等，甚至还演化出了祭拜上古的比干、西汉薄太后或近代张之洞等人的情形。[2]尤其是清明节期间，各地汉服组织几乎都会有祭祀活动，有的活动在举办之后会在社会上、网络中引起各种争议，比如着汉服祭祀广州起义烈士、历代帝王，这些是否真的应该穿汉服行古礼来祭祀呢？如果祭祀的话，穿什么衣服合适，行什么礼仪才可以匹配呢？

---

[1] 江阴汉服协会口述提供。
[2] 参见周星：《本质主义的汉服言说和建构主义的文化实践——汉服运动的诉求、收获及瓶颈》，载《民俗研究》，2014（3）。

▲ 2010年3月28日汉服北京祭祀文天祥

　　注：我在活动现场，汉服北京提供原图，授权使用。

　　这种祭祀仪式的反复、频繁乃至泛滥，都将消解仪式的神圣性。中国共产党信奉无神论，对仪式祭典倾向于不作为，民间祭祀又容易出现混乱或泛滥倾向，此种情形若不能改变，通过仪式祭典塑造汉服的庄重感或通过汉服重构国民仪式生活的意义均将难以实现。汉服在和古代仪式典礼结合的过程中，自然会显现出原本可能附丽于其上的古代身份等级制之类和现代社会格格不入的要素，汉服复兴者们津津乐道的以服饰为载体的古代礼仪，其实在很多地方并非如网友想象的那么浪漫。①

　　而且古代礼仪规范和汉服穿着是类似的，都是有一套阶级等级制在内的，包括衣服的样式、站立的位置、行礼的方式等都是有着特殊含义的。何人担任献官，何人充当赞者，何人才是主宾，也都是根据社会等级和身份决定的。但是当代的祭祀礼仪中，复古和表演的成分却颇为明显。在很多祭祀活动中，往往是礼仪研究者、颜值较高者、服装高档者为主，他们

———————

① 参见周星：《本质主义的汉服言说和建构主义的文化实践——汉服运动的诉求、收获及瓶颈》，载《民俗研究》，2014（3）。

的定位和"身份"更接近"上层领袖"的样子，其他的一般社团成员，更像是辅助角色，甚至打扮成古时丫鬟、侍从的样子。这种祭祀礼仪，其实是一种角色扮演的场景。

另外，汉服运动的一个核心宗旨是：汉服是复兴，不是复古。那么在礼仪实践中，是否就一定要照搬古书呢？如果不照搬古书又该怎样操作呢？照搬古书的话，有一个很现实的问题，就是在当代的汉服社团中，实际是女性比例居高，但明朝古书中对女性参加祭祀并没有明文规定。那么女子应该如何穿衣，如何站位，如何行礼，都是当代汉服运动参与者应该考虑的，并不是一味地排除在外，完全依据古书记载，便可以规避风险与矛盾的。这不仅与汉服运动的初衷相悖，更与当代中国的"弘扬优秀传统文化"定位相矛盾。优秀，并不意味着全部。中华传统文化博大精深，在这个弘扬过程中，我们应当提高辨析能力，防止把糟粕当做精华来吸收。在传承中谋求发展与创新，寻求与当代中国的合理融合之路，这才是我们所应该追求的。比如2007年5月2日在深圳市宋帝陵举行丁亥赤湾殉国祭，刘荷花（网名"汉流莲"）为这次祭祀发起人兼总负责人，并将参祭人员的祭服分男女两种形制。[①]这种当代的礼仪复兴尝试，其实也是我们最需要探索的。

随着汉服运动的发展，汉服是设计和制作了的，各汉服商家也在各种争议中制作了一套又一套、一类又一类的汉服，并且打开了汉服产业化的市场。可是民间礼仪这一部分，其实是一片空白。那么，究竟应该怎么做？这个需要汉服复兴者们共同编写出一套具体可行的民间礼仪方案，明确规定特定场合中的服饰穿着、礼仪流程。如果初期很难达成共识，不妨从小范围开始，从特定的活动开始，并逐步推广，直至被更多人认可，使之成为当代民间规范的祭祀实践方案。

这并不意味着要完全借助外力，等着有志之士来推动，或是等待政府官方主动接纳。民间团队也可以尝试依托汉服的文化资源，对礼乐文化进行新的创造性实践。除祭孔大典之外，在诸多汉服的祭祀活动中，其实已经产生了一个现实的、应用型的祭祀活动了，那就是中国的宗族祭祀。或

---

① 刘荷花（网名"汉流莲"）提供文字资料。

许，这也属于汉服运动发展的一个成就，这种被规范了的祭祀活动可以给大家提供一个参考……

五、郭氏宗亲祭祖大典

宗族观念是中国文化的一个重要组成部分。宗族祭祖是中国传统礼仪的一个重要组成部分，它是建立在血缘基础上的对同一祖先表达崇拜和敬意的仪式。[1]孙中山早期写道："中国有很坚固的家族和宗族团体，中国人对于家族和宗族的观念是很深的。譬如有两个中国人在路上遇见了，交谈之后，请问贵姓大名，只要彼此知道是同宗，便是非常亲热，都是认为同姓的伯叔兄弟。"[2]钱穆也曾经指出："家族是中国文化一个最主要的柱石，我们几乎可以说，中国文化，全部都从家族观念上筑起。"[3]

如果把汉服、汉礼、汉乐引入到当代宗亲祭祖制度中，其实是完全可行的。中华郭氏宗亲祭祖从2012年起，开始使用汉服，并借鉴了周礼制定出一套家族礼仪。[4]网页资料显示："虢国是周代重要诸侯封国，郭源于虢，采用周礼祭祖对于郭氏家族来说具有重要意义。"[5]在2014年11月17日的海峡两岸郭氏宗亲祭祖大典中，整个祭祀议程包括了盥洗、祭供、升位、初献礼、亚献礼、终献礼、献香、读祝、燔燎、赐胙等环节，历时一个小时。[6]

此次活动的主祭官、陪祭官分别由河南省政协原党组副书记、副主席郭国三，中华文化促进会常务副秘书长郭杰，河南省高级人民法院副院长郭保振等郭氏宗长担任，并分别负责献鲜花时果、读祝和三献礼，赞礼官是广西柳州电视台著名主持人郭琛。[7]

---

① 参见樊瑞、李桂平：《宗族祭祖活动——乡土社会秩序建构的一种力量》，载《长沙铁道学院学报》，2007（3）。
② 孙文：《三民主义》，56页，台北，三民书局股份有限公司，2009。
③ 钱穆：《中国文化史导论》，51页，北京，商务印书馆，2007。
④ 中华郭氏宗亲理事会秘书长、中华郭氏网创始人郭在权口述提供。
⑤ 郭在权：《甲午年海峡两岸郭氏宗亲祭祖大典在河南三门峡市举办》，载中华郭氏网，2014-11-17。
⑥ 参见郭在权：《甲午年海峡两岸郭氏宗亲祭祖大典在河南三门峡市举办》，载中华郭氏网，2014-11-17。
⑦ 参见郭在权：《甲午年海峡两岸郭氏宗亲祭祖大典在河南三门峡市举办》，载中华郭氏网，2014-11-17。

汉服归来

▲ 2014年11月17日的海峡两岸郭氏宗亲祭祖大典

　　注：中华郭氏宗亲理事会秘书长、中华郭氏网创始人郭在权提供原图，授权使用。

其实从流程和参与人员就可以看出，这类祭祀活动是真实有意义的。一方面，这类祭祀本身是存在的，祭祖是有着特定含义的，而汉服也是融入宗族祭祖制度当中的，它背后有着配套的当代祭祖流程；另一方面，祭祀活动的参与者确实都是郭氏宗族中的显赫人物，且他们担任的角色是与社会地位相匹配的，从服饰的不同可以看出他们社会身份的真实差异。这与汉服活动中那些独特的祭祀活动，与由社团领袖或者熟悉礼仪的人来担任"贵族"身份的实践有着实质性的不同。

对于祭祀典礼，千万别忘了我们的初衷——"爱、思、敬、诚"四个字的教化核心。祭者，不是走过场，而是为了感召心灵；礼者，不是矫揉造作，而是为了表达心境；衣者，不是与众不同，而是为了身份认同。祭祀是追忆，是感怀，是示敬，也是后人的警醒。

第二节 | 再行冠笄之礼

一、华夏族的成人礼

记得曾经看过一则新闻《看世界各国的成人礼》，除欧美国家的名媛交际舞会、社交联欢外，印象最深的是日本与韩国的成人礼：

在日本，每年1月的第二周的星期一是成人节，这一天全国放假，各地为这一年进入20岁的年轻人举行仪式、送上祝福。当天，适龄的青年们会穿上华美的传统和服，发表宣言、感谢父母与师长，有的还要到神社拜谒，感谢神灵、祖先的庇佑。[1]

在韩国也很类似，在每年5月第三个周一举行。韩国宪法规定，19岁到20岁之间的青年都可以参加当年的成人礼。仪式当天，女子们身穿韩服，将头发挽成髻，插上簪子，行过"笄礼"后，再行跪拜之礼；男性行"冠礼"，并学习怎样用扇子。[2]

---

[1] "Grace"（网名）:《日本成人节受中国"冠礼"影响》，载新浪网，2009-01-03。
[2] 百度百科词条"韩国成人礼"，2016-04-14。

而且，在那些漂亮的服饰图片、礼仪介绍之后，还都缀着一句话——这是由中国传统成年礼冠礼和笄礼发展而来的。可是我不禁想问，什么是中国的传统成人礼呢？记忆中的我是悄悄长大的，国旗下集体宣誓的记忆都未曾有过。但为什么那些报道又不约而同地指向了中国的成人礼呢？于是，我再一次翻开了历史书，原来华夏族的成年礼，男子称冠礼，女子称笄礼。

《礼记·冠义》中记载："凡人之所以为人者，礼义也……故冠而后服备。服备而后容体正、颜色齐、辞令顺，故曰：冠者礼之始也。"也就是说，华夏文化是礼仪的文化，而冠礼就是华夏礼仪的起点，冠礼也是嘉礼的一种，它是一个新的成人第一次践行华夏礼仪，也是冠者理解华夏礼仪、进入华夏礼仪系统的起始。《礼记·内则》中写道："二十而冠，始学礼"，二十岁在冠礼的引导下，真正进入华夏礼仪的语境。

原来，我们的先辈早已安排好了一切。先民为跨入成年的青年男女举行这一仪式，是要提示他们，从此将由家庭中毫无责任的"孺子"转变为正式跨入社会的成年人，只有能履践孝、悌、忠、顺的德行，才能成为合格的儿子（女儿）、合格的臣下、合格的晚辈等各种合格的社会角色。唯其如此，才可以称得上是人，也才有资格去治理别人。因此，冠礼就是"以成人之礼来要求人的礼仪"[1]。

只是三百多年前，随着剃发易服一起消失的不只是汉服，还有我们的成人礼。庆幸的是，它们并没有毁亡，在沉睡了三百多年后，随着汉服的归来，终于重见天日了。

二、冠者礼之始也

冠笄礼习俗始于周代，衣冠情结的礼俗也是华夏文明的特色，礼仪中最重要的便是"冠"，也就是首服，又叫元服，广义上包括"头的服装"和"最重要的服装"。一共有三种，分三次戴上，称为"三加"。按照周礼，首服分类为缁布冠、皮弁、爵弁；而按照明代的制式，则分别是幅巾、儒巾和幞头了。[2]缁布冠、皮弁、爵弁对应的意义分别是成人、参政、

---

① "天风环佩"（网名）：《冠者礼之始也——汉民族成人礼"冠（笄）之礼"操作方案（新版）》，载百度汉服吧，2006-12-02。

② 参见"天风环佩"（网名）：《冠者礼之始也——汉民族成人礼"冠（笄）之礼"操作方案（新版）》，载百度汉服吧，2006-12-02。

漢服歸來

▲ 2005年5月6日冠礼图（或为近代第一次正式传统成人礼）

注：吴笑非（网名"ufe"）提供原图，授权使用。

参祭；幅巾、儒巾、幞头对应的意义是束发、进学、出仕。"三加"之后，还要有父亲或其他长辈、宾客在本名之后起一个"字"，正如《礼记·曲礼》所说："男子二十冠而字。"只有"冠而字"的男子，才算真正成为一个成年人。所以《礼记·冠义》又说："已冠而字之，成人之道也。"

2005年5月6日，由河北行唐明德学堂组织，礼仪研习者吴笑非为吉恩煦（网名"周天晗"）着汉服加冠，或为汉服消失300多年来的第一次正式的传统成人礼。[①]成人礼完全按照周代礼仪的"三加"进行：初加缁布冠，次加皮弁，再次加爵弁，并赐字与嘉。仪式上所用的服装、冠等物品均依据史书记载制作。

对于这次活动，后来方哲萱（网名"天涯在小楼"）写道："没有正式的房间，就画地为室，没有精致的冠，就用自制的，一切皆不华丽，但是有一颗虔诚的心。心境是最重要的，哪怕你一无所有，依然可以安之若素。譬如，吴笑非为吉恩煦举行的这一次加冠礼。随着这第一次，立刻就有了第二次、第三次、第四次，乃至大规模的……"

虽说这第一次并不属于父亲或家中长辈给晚辈加冠，但是在后来一次又一次的实践中，冠礼的流程逐步开始走向正轨。2009年7月12日"汉服北京"为张宇林举办了一次冠礼，此次礼仪的主人便是张宇林的季叔（冠者之父已逝，按家族排序其季叔为家长），宾客为吉恩煦，赞者、傧者、执事分别由"汉服北京"的骨干成员担任。本次冠礼根据明代史料记载，共有告庙、迎宾、束发、初加、再加、三加、醮酒、冠字、宾出、拜赞、谒庙、拜尊长、见乡先生及同道友人、送神撤馔、焚烧牌位、分福果、礼成十七个环节组成。

汉服运动就是这样，一步步在传承、摸索、改进中走了下去。礼仪不是文物，实践也不是复古，重要的是尊重"礼"的内涵，把握行动中的恰如其分。或许有人说这里有复古的痕迹，也有人对服装、配饰提出质疑，但这个尝试的过程是必须经历的。路漫漫其修远兮，文明的传承者，只有在学习传统的情况下，结合当代时代特征做设计，制定出切实可行的民间礼乐方案，才是真正汲取先民之精华，注入新民之精神。让汉服运动与时代合拍，为当代的传统文化复兴探索出一条可行之路，这才是我们应该追寻的。如切如磋，如琢如磨。

---

① 吉恩煦（网名"周天晗"）口述提供。

▲ 2009年7月12日张宇林冠礼图（自上至下，自左至右分别为：迎宾、束发、初加、再加、三加、拜尊长）
注：我在活动现场拍照，图中人物张宇林授权使用。

三、女子行及笄之礼

笄，即簪子。笄礼，即汉族女孩成人礼，古代嘉礼的一种。笄礼仪式
其实非常美，它是专为女孩子设计的成人礼：一头长发，一根发笄，细心
梳成秀美的发髻，郑重簪上发笄。虽然笄礼的古义建立在男尊女卑的基础
上——是女子订婚（许嫁）以后（《礼记·曲礼》）出嫁之前所行的礼，有明
显的时代烙印，但今天的我们，可以摒弃曾经的局限，赋予它新的意义。[1]笄
礼和男子冠礼一样，是对人生责任的提醒，女子也一样可以撑起这个世界。

① 参见"蒹葭从风"（网名）:《【成人礼通俗版】之笄礼——成长的美丽与责任》，见《溪
山琴况文集》。

尽管有大量的文字记载证实了我国古代笄礼的存在，但由于古代女子的社会地位不高，因此关于女子笄礼的仪式细节等详细内容并没有太多记载。目前可查的记载多集中于周朝和宋朝对笄礼的相关规定。据《朱子家礼·笄礼》和《宋史》等记载，古代女子笄礼的过程与冠礼大致相似，也有三加、二加之分。例如《宋史》中记载公主的笄礼仪式正式而隆重，笄礼为三加，即初加冠笄，再加冠朵，三加九翚四凤冠，帝后亲临笄礼，公主笄后要聆听皇帝训词。与冠礼不同的是，古代笄礼的参礼者（宾、有司、赞者）主要由女性担任。[①]

▲ 2006年1月3日严姬笄礼图（或为当代举办的第一次传统女子成人礼）
　注：严姬提供原图，授权使用。

---

① 参见孙翠香：《历史上的"成人礼"："冠礼"、"笄礼"及"度戒"》，载《山东省团报校报》，2014（3）。

2006年1月3日，或为当代的首次笄礼在武汉东湖之滨的梅园举办，笄礼者为严姬（网名"残夜魅"）。礼仪流程根据天汉网和汉服吧《追寻失落的成年礼计划》设计，采用"三加"的形式进行。活动流程主要包括开礼、宾盥、一加襦裙、二加曲裾、三加花钿大袖礼服、醮子、礼成几个环节。[①]

　　由于条件所限，衣服或许看似简陋，但却都是笄者一针一线自己缝制出来的。而且从照片中也可以看出来，在场地布置中是中华人民共和国国旗与华夏人文始祖轩辕黄帝并列，这也是添加了时代的特色。在三加的过程中，是从木制发簪，到普通发簪，再到簪钗，象征着女性成长过程中的变化，这一点与古书中的记载也有所不同。另外，此次成人礼的主宾是由笄者的一位会做头发的同学来担任的，原因是给女性梳头、盘发需要一定技巧。[②]

　　随后，在北京也举办了一场笄礼。2006年4月6日来自中国人民大学历史系的大三学生张丹丹，在校内孔子像前行古代女子的成年仪式。她的父母专程从西安赶来，为她主持此次笄礼仪式。这一次的仪程是按照《朱子家礼》设计的，正宾由方哲萱（网名"天涯在小楼"）担任，仪式包括正宾诵读祝词、加笄、醴酒、取字几个环节。[③]

　　两场笄礼，两种风格。一种是带着时代精神的更改，另一种是遵循古籍的复原，汉服运动中所努力的又应该是哪一种呢？这也正如一些学者提到的，汉服是复兴不是复古，那么这其中的复原限度又应该在哪里呢？在传承与创新之间，是否意味着便要一味恭敬呢？相信在不断实践中，这个问题能越来越清晰。礼是中华传统文化的核心要素，也是一种文明教化方式，礼乐文化强调的是秩序与和谐，我们所追求的礼乐复兴，其实更应该是当今中华文明中的雅正新风……

四、集体成人礼的可行性

　　正如"蒹葭从风"在《【成人礼通俗版】冠礼——顶天立地从头开始》一文中所写的："当今的成人仪式大都集体举行。在学校的安排下，

---

① 参见"蒹葭从风"（网名）：《『追寻失落的成年礼计划』首次实践活动——"笄礼"图片报道》，载天汉网，2006-01-04。
② 网友"蒹葭从风"口述提供。
③ 参见郭少峰、张晓玲：《中国人民大学女生孔子像前行笄礼》，载国际在线，2006-04-06。

站在广场上或学校主席台上，右手握拳，庄重宣誓……集体礼仪最大的好处就是，节省资源和时间，效果是累加的。传统风俗如何与现代习惯相结合，这点日本其实做得很好，比如穿着和服，同时也可以打着手机，显得非常自然、融洽，因为我不是在玩复古游戏。"①

毕竟，当代中国年轻人的教育重任几乎都落在了学校身上，如果再以家庭作为成人礼的主体似乎与时代不符。所以，集体成人礼真的是个很好的选择。如果说早期的冠礼、笄礼都有着展演、复原的特色，那么由教育部门系统组织的集体成人礼，则是一种实际应用了。与宗族祭祀典礼类似，这里面不仅有着汉服和汉礼，还有着现实中真实存在的身份属性——学生、老师和家长。

2006年3月，湖北教育学院大二女生杨静致信市长李宪生，建议举办汉服成人礼。李宪生非常重视，迅速将信转至团市委。该建议与团市委召集专家研究的意见不谋而合，于是活动得以迅速举行。②5月16日，一场汉服成人仪式在东湖磨山楚城广场举行，来自武汉市的516名18~20岁的男女学生身着优雅端庄的仿古服装，在编钟鼓乐声中，加衣冠、作成人宣誓、敬师长、敬父母、受冠、行谢礼、吟唱冠歌。③这不仅打破了以往成人礼单一呆板的形象，更标志着"汉服"的概念开始走进官方，此次活动被当时的汉服倡导者们称作"汉服运动的里程碑"。

还记得2006年活动之后，这一场成人礼在社会中引起广泛争议和讨论。没想到的是，2007年5月16日武汉市再次在东湖磨山楚城广场举行第二届汉服成人仪式，516名18岁的男女青年，身着整齐的汉服，在编钟乐鼓声中高颂冠歌，宣誓进入成年。武汉市市长李宪生还发来贺信："热烈祝贺年满18岁的青年朋友跨入成人的行列！步入成年，将承担起对国家和社会的责任……"随后，领导和师长为每位青年戴上了象征成年的冠帽。青年们高唱冠歌，拜天地父母，敬先贤师长……完成了庄严肃穆的成年加冠仪式。④

---

① "蒹葭从风"（网名）：《【成人礼通俗版】冠礼——顶天立地，从头开始》，见《溪山琴况文集》，198页。
② 参见王前海：《汉服运动：看朱忽成碧》，载《中国信息报》，2007-04-27。
③ 参见《武汉举行首届汉服成人仪式516名学生参加》，载深圳新闻网，2006-05-16。
④ 参见王孝武、宋枕涛：《武汉举行第二届汉服成人仪式》，载《楚天都市报》，2007-05-18。

此后，汉服集体成人礼犹如雨后春笋般在中国各地茁壮成长。2006年6月9日，100名年满18周岁的安徽艺术职业学院学生身着汉服，按照中国古礼举行了成人宣誓仪式。仪式包括升国旗唱国歌、加冠、行冠礼宣誓仪式、整冠、代表发言、院长致辞、行揖礼等程序。①2008年温州市首届青少年汉式成人礼仪式暨63届国际大学生节在温州大学举办，208名年满18周岁的学生身穿汉服参加了传统的成人礼仪式，宣告自己正式"成年"。②

　　2009年12月29日安徽首届汉风成人礼在芜湖举行，芜湖市教育局副

▲ 2009年12月29日安徽芜湖首届汉风成人礼（摄影：服饰承办方凤栖阁）
　　注：安徽芜湖首届汉风成人礼服装承办方凤栖阁郭在权提供原图，授权使用。

---

① 参见《百名学子举行汉服成人礼》，载安徽在线-安徽商报，2006-06-09。
② 参见《温州大学生身穿汉服行成人礼》，载《今日早报》，2008-11-19。

漢服歸來

局长罗智全身穿紫色礼服担任司仪。成人礼中先是由芜湖师范学校吕敬民校长致辞，接着是身着白色礼服的芜湖市关心下一代工作委员会副主任高志远先生吟诵《祭中华民族列祖列宗文》，随后，执事们引导参加成人礼的学生家长们入场，他们一一站在自己的孩子面前，亲手将儒巾、钗冠戴到孩子头上。孩子们则用酒爵给父母敬酒，并跪拜于父母面前，感谢父母的辛勤养育，聆听父母的教诲。最后学生们列队从参加仪式的领导手中接过专门印制的成人证书，并集体宣誓。①

再后来，西安举办了多场大型集体成人礼活动，有中学的，也有大学的，那些宽袍大袖在这些昔日的汉唐建筑之前是那么和谐融洽。2014年5月5日西安外国语大学100名18岁青年学生，身穿汉服，举行成人礼仪式，更有同学男扮女装翩翩起舞，吸引众人关注。②2015年5月2日，陕西西安庆安高中千余名学生在汉城湖景区参加中国传统成人礼活动。学子们身着中国传统服饰，通过加笄加冠、礼拜父母师长、诵读誓词等仪式宣告成年。③2015年5月20日西安盛世霓裳汉文化传播有限公司与西安汉服高校联盟推出"盛世霓裳·礼学复兴"计划，至同年9月，先后在7所高校以汉服社为主体举行了集体成人礼、拜师礼等传统礼仪项目，引起部分学校对传统文化建设的关注。④汉唐古韵，在古都西安再次绽放时代的光芒……

其实，对于礼仪的复兴，这十多年的变化还是很显著的。从民间最初带有复原、展演性质的"自娱自乐"，借助那些同道中人、有志之士的推动，逐步被引入某个真实场景中，在特定区域、特定领域把汉服嵌入其中的礼乐制度中，并设置唱冠歌、代表发言等现代环节，使它成为一套真实的、完整的礼仪流程。而且，这个过程中服装穿着也是有规范制度的，领导、家长、男生、女生所穿的汉服是不一样的，但却是有体系、有符号化象征意义的。所以这种局部领域被规范了的服饰、礼乐制度，应该说是未来汉服运动规范化、制度化的一个前景映射。

星星之火，或许真的可以燎原……

---

① 参见王俊杰、赵亚玲：《安徽首届汉风成人礼芜湖举行》，载《大江晚报》，2009-12-29。
② 参见欧阳：《西安大学生举行汉服成人礼》，载西部网，2014-05-06。
③ 参见刘潇：《西安举行千名学子传统成人礼》，载新华网，2015-05-02。
④ 西安汉服高校联盟王茜霖提供文字资料。

▲ 2014年5月1日西安市庆安高中在汉城湖景区举行的千人成人礼（摄影：西安天星轩服饰文化传播有限公司）

注：天星轩汉服"箸曦"提供原图，授权使用。

第三节 | 学位服与毕业礼

一、中式学位服的探讨

要了解中国学位服的起源，那便要追寻西方学位服的来历。目前中国的学位服几乎都是源自中世纪欧洲罗马教会的僧侣服，还带有浓厚的宗教色彩。[1]

中世纪时罗马帝国灭亡，古希腊灿烂的古典文化遭受摧残，迅速走向了衰亡。罗马基督教会成了文化的主要继承者和传播者。12世纪前后，大量的神职人员涌进了修道院。教会对神职人员和僧侣进行"七艺"（语法、修辞、逻辑、算数、几何、音乐、天文）的教育。这些教师在意大利被称为博士，在巴黎则被称为硕士，欧洲一些早期大学也随之产生。早期大学带有浓厚的宗教色彩，学校的典礼仪式基本和宗教如出一辙，学士服也和宗教服饰息息相关。欧洲教堂高大通风，宗教仪式举办的过程又往往相对漫长，僧侣和神职人员为了御寒，都要穿宽大连带着兜帽的袍服。这种僧侣服就是学位服的雏形，这种衣服不但在学校毕业典礼上要穿，在一些重大的庆典上也要穿。到了15世纪，帽子开始流行，连袍的兜帽反而成了一种装饰。再后来，美国哈佛大学率先使用了学校礼服，接着各大学校相继使用，但式样与欧洲的有差异。[2]

在中国饱受列强侵略的那段岁月里，西方这种学位服也随着教会大学的示范和推广开始在中国各名校落地生根了。或许是千年来看惯了"长袍高冠"的我们，也对那一身黑色的西方袍服产生了憧憬。1994年，学位服重新出现在大学校园。但对于这种来自宗教僧侣服的舶来品，很多人一

① 参见兰州商学院"中外学位服考究与中国现行学位服式样研究"课题组：《对中国现行学位服的质疑与反思》，载《兰州商学院学报》，2007（10）。
② 参见"天风环佩"（又名"溪山琴况"）、"子奚"（网名）：《"中国式学位服"服饰倡议及设计方案》，载天汉网，2006-04-13。

直心存疑议。[1]于是在2007年"两会"期间，政协委员刘明华率先提出议案：在中国的博士、硕士、学士三大学位授予时，毕业生应穿着汉服式样的中国式学位服。[2]

随后，北京大学在2007届毕业生毕业晚会上举行了中华学位服设计大赛，18款由学生设计的中华学位服亮相，引来众人目光。18款服装全部参考"汉服"制作，包含了诸多如交领、右衽的汉服特征，甚至有同学认为直接可以称其为"华服"。这些服装甫一亮相，立时引爆现场气氛。[3]当有人问起是否会采用这些设计作为毕业生的学位服时，时任北京大学校长许智宏表示"会考虑"。[4]这次活动可以说是自2007年"两会"上传出"把汉服作为学位服"的声音以来，社会上围绕汉服进行的各类活动的又一高潮，也是对此前"汉服迎奥运"活动的一个呼应。[5]

时过境迁，北大毕业生虽然没有穿上自己设计的学位服，但是，是否应该以中式的传统服装代替沿用了22年的学位服，迄今仍是一个极热的话题……

二、民间自行实践参考

在此之前，互联网上早已有人摩拳擦掌、跃跃欲试了。2006年4月13日天汉网和百度汉服贴吧联合推出了《"中国式学位服"服饰倡议及设计方案》，发布在天汉网、百度汉服贴吧、天涯论坛等网站上。文中先是介绍了"中国式学位服"的设计方案，包括传统文化的基本理念，学位服中所包含的汉服的主要特征，以及如何汲取和延续现有的学位服元素等，同时还手绘了学位服参考样式，分为学士服、硕士服和博士服三类。在学位缨的颜色区区分学位，在学位领的颜色区区分学位类型。此外，他们还设计了配套的学位授予仪式，包括颁发证书时的配套礼仪。[6]

---

① 参见《学位服舶来品刮起"中国风"》，载《北京日报》，2013-08-21。
② 参见赵文刚：《政协委员提议确立汉服为国服》，载中国新闻网，2007-03-11。
③④ 参见《"汉服"将成北大学位服？》，载《中国青年报》，2007-07-10。
⑤ 参见《中华学位服大赛决赛在北大举行》，载华夏经纬网，2007-07-05。
⑥ 参见"天风环佩"、"子奚"（网名）：《"中国式学位服"服饰倡议及设计方案》，载天汉网，2006-04-13。

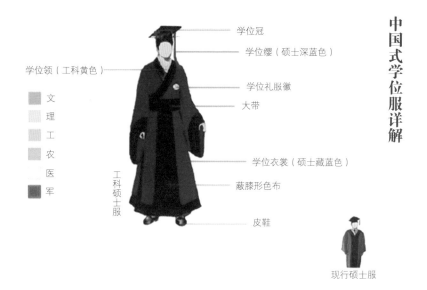

中国式学位服详解

学位冠
学位缨（硕士深蓝色）
学位领（工科黄色）
学位礼服徽
大带
文
理
工
农
医
军
学位衣裳（硕士藏蓝色）
工科硕士服
蔽膝形色布
皮鞋

现行硕士服

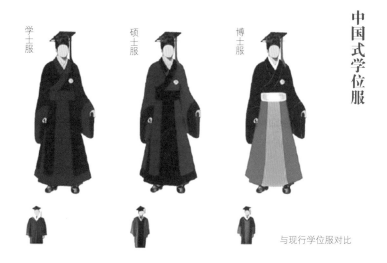

中国式学位服

学士服　　　硕士服　　　博士服

与现行学位服对比

▲ 天汉网、百度汉服贴吧联合绘制"中国式学位服"设计图
　注：天汉网总版主"子奚"绘制，提供原图，授权使用。

　　与此同时，服装系的一些学生也开始自行设计、制作汉服学士服。2009年，浙江理工大学2005级服装设计与工程二班的25位同学统一穿上了自制的汉服学士服，拍了毕业合照。照片传到网上后，被很多家网站转载。学士服的设计师潘静映在采访中表示："因为汉服很热门，加上又是中国的传统，我们就决定设计一款汉服学士服……我们找的是周制太学生汉服，在此基础上进行了改良。最终展示的是红黑白经典搭配、最简单最接近现代的汉服，因为纯手工自制，省去很多费用，每件仅花费布料费用约50元。"[1]2011年3月26日，南京大学哲学系首期国学班毕业典礼、二期班开学典礼在南京大学知行楼举行，来自各领域的企业精英和政府管理者们，身着汉服，以传统的礼仪形式，开启了毕业和开学的传承活动。[2]

但以上这些，其实是对汉式学位服的尝试，也没有配套的礼仪与仪式。毕竟，学位服是当代的产物，不可能有古书记载的礼仪流程供当代人复原或是展演。所以，我曾经一直以为，汉式学位服只是学位服，只能与深衣、襦裙一般，成为当代汉服的一个组成部分。或许有朝一日，汉式学位服会被一群毕业的年轻人穿着去参加毕业典礼，拍拍毕业照，但仅此而已。我从未想过，居然有所学校把它付诸实践了，而且那里不仅有学生的汉式学位服，还有老师们的汉式导师服，甚至校长的致辞都是使用文言文。更重要的是，服装的背后还有一套成型的礼乐制度。

在看到新闻和评论时，我忽然意识到，原来支持汉服、喜欢传统文化的人，竟是那么多。

三、汉式学位授予仪式

江苏师范大学自2012年起，在每年的研究生毕业典礼暨学位授予仪式上采用奏汉乐、着汉服、行汉礼的方式授予硕士学位，迄今为止已连续举办4届。2012年6月20日是对于古风汉韵的毕业典礼的首次尝试。[3]为了这次的典礼，江苏师范大学进行了为期一年多的调研、讨论和设计。典礼由校研究生院牵头，历史文化学院、美术学院、音乐学院、文学院等联合参与攻关，除了设计出汉服之外，还研究出一套融合了汉唐元素的学位授予仪式，诸如"过学位门"的环节和精彩的汉乐演出。

---

① 陈伟利：《大学生自制特殊学士服　汉服版毕业照火啦》，载《钱江晚报》，2009-06-02。
② 参见南京大学国学班新浪博客，2011-04-10。
③ 参见何欢：《江苏师范大学2012届硕士研究生毕业典礼弘扬汉文化》，载江苏师范大学官方网站，2012-06-21。

汉服归来

此后，江苏师范大学连续三年举办了三届汉服毕业典礼。在2014年6月20日的研究生毕业典礼暨学位授予仪式上，由于教育部、徐州市官员着汉服出席，这场典礼在全国引起轰动。6月25日，人民网的《教育部等官员着汉服参加江苏师大毕业典礼》新闻中大致是这样写的：

上午九时，三声金锣礼号齐鸣，汉代威风八面鼓隆隆擂响，编钟箜篌恢弘汉乐奏起，男生身着朱子深衣汉服，女生身着曲裾深衣汉服，全体校领导、校学位委员会成员、导师代表均着汉服肃然而立。典礼仪式采取穿汉服、行汉礼、奏汉乐的形式，古风汉韵贯穿全程，现场

▲ 江苏师范大学2014届研究生毕业典礼暨学位授予仪式
注：江苏师范大学官方网站下载图片，江苏师范大学宣传部授权使用。

庄严肃穆、气势磅礴。

⋯⋯⋯⋯⋯⋯

校长任平教授致辞。任校长说："同学们在校三年中，学校'更校名，庆甲子，申学位，攻科研，承故庠之传统，书新序之华章'，此次典礼'奏汉乐、着汉服、遵汉仪、沐汉风，以贺诸君毕业。冀以此仪式，发思古之幽情，开文明之新境'。"

任校长说："一愿传中华千古之德，成志向品行之美；二愿传著书立说之志，成为学为业之真；三愿传修身立世之道，成人格心性之善"。任校长表示，同学们毕业后，"母校既铭诸君拳拳之意，亦深望以吾独有之底蕴，勖励诸君德配今古、学究天人、贯通中西、智达四海。国家将兴，必以青年之奋发；学术将盛，必待后学之勉力。诸君携母校殷殷之望，方才云程发轫，万里可期；当于锦绣天地，大展宏图！"

在赞礼的主持下，全体毕业生庄重而深情地向家长、导师及母校行三拜之礼：一拜家长，劬劳育我，孝敬事亲；二拜导师，传道授业，永铭师恩；三拜母校，感恩母校，报效国家。礼毕，同学们庄严盟誓："巍巍中华，浩浩其行。华夏文明，遗我雄风。负笈聆教，为学持恒。鸿儒传道，精益求精。壮我体魄，拓我心胸。博学弘毅，修齐治平。任重道远，海阔天空。星移斗转，校以我荣！"

一石激起千层浪，不仅中央电视台、光明网、新华网、《新华日报》、中国新闻网等重要新闻媒体给予报道，腾讯新闻还以头条新闻的位置予以转发，甚至日本媒体、德国媒体都有了关注。中国教育电视台制作了专题报道，在采访中，江苏师范大学校长任平表示："让他们始终别忘记带着这份情，带着这个文化的基因，能够走向任何的社会工作岗位，为中华民族伟大复兴、报效国家出力，这就是我们的初衷……"[1]

互联网上的发酵与讨论也在持续，据媒体统计，截至2014年7月7日，百度搜索相关结果522万余条。[2]评论中，也是赞扬、反对

汉服归来

---

[1] "Robot"（网名）:《江苏师范大学汉式毕业典礼受到媒体广泛关注》，载搜晒新闻网，2014-07-07。

[2] 参见"Robot"（网名）:《江苏师范大学汉式毕业典礼受到媒体广泛关注》，载搜晒新闻网，2014-07-07。

双方各执一词。据新浪网的投票调查结果显示，支持比例为69.8%，不支持比例为24%，认为不好说的比例是6.3%。[①]另据央广新闻统计，约七成媒体及网友是持赞成的态度，他们多数认为江苏师范大学举办汉式毕业典礼很好地传承弘扬了民族的文化传统。[②]《湖北日报》还刊文称："我们常说要用历史的眼光看待文化，要用世界的眼光对待传统。但是，如果连一个学校对汉服毕业典礼的探索和尝试都包容不了，恐怕也算不得什么历史的眼光和世界的眼光。"

凭栏沧海，又见衣冠。曾经以为，在争议中江苏师范大学会放弃汉式学位服，没想到，2015年6月21日，在汉乐齐奏、汉鼓隆隆声中，又是一届硕士研究生毕业典礼暨学位授予仪式如期举行。随着仪式赞礼高声吟诵，"九万里神州大地花团锦簇，河清海晏；五千年华夏文明源远流长，光华绚烂。看千古彭城龙飞地英才辈出，赞今朝师大新崛起共襄盛典"，这也正式宣布典礼入场式开始[③]……

四、衣冠背后的礼乐制度

对于汉服运动而言，这场汉服毕业典礼背后，最重要的是它所规范的那一套礼乐制度，这种经过研究、探讨在特定领域中落实、推行的礼乐仪式，才是我们所应该追求的。正如江苏师范大学一位老师告诉我的："我们这里汉服只是其中一部分，典礼中的汉礼和汉乐也是值得关注的……"汉服，只是符号而已。

最重要的是，这套仪式是真实的。其中的学生、家长、导师的身份都是存在的，且是与社会中的角色定位真实对应的；学位证书上的内容也是如实的毕业信息，在社会上是可以流通的；学生在参加毕业典礼后确实是要离开学校，进入社会的；乐队演奏的汉乐并不是按照古书中的记载，而是经过现实设计与编排的；礼仪流程也不存在于任何史册当中，是针对学

---

① 参见新浪调查：《江苏师大举行研究生汉服毕业典礼，你怎么看？》，2014-06-24。
② 参见"Robot"（网名）：《江苏师范大学汉式毕业典礼受到媒体广泛关注》，载搜晒新闻网，2014-07-07。
③ 参见《我校隆重举行2015届硕士研究生毕业典礼暨学位授予仪式》，载江苏师范大学官方网站，2015-06-21。

▲ 江苏师范大学2015届研究生毕业典礼暨学位授予仪式
　注：江苏师范大学宣传部提供原图，授权使用。

校地处徐州的地理优势而特意研究设计的。一切的一切，都是在当代社会中真实存在的，这与那种拍照式、表演式的学位服意义是截然不同的，与那种展演式、复原式的祭祀礼仪也是有天壤之别的。它的意义，绝对非同凡响。

汉服归来

第四节｜婚礼安静典雅

一、婚礼本义是昏礼

婚礼，是人生中最重要的礼仪，也是最美好的时刻。洞房花烛夜，留给记忆的应是浪漫温馨的氛围。可是纵观近百年来中国的婚礼，舶来的白色婚纱几乎占据了城市中的全部婚庆市场，婚礼的模式貌似"中西合璧"——酒席替代了教堂，司仪替代了神父，调侃替代了祷告，西式婚礼中的虔诚早已荡然无存了，剩下的只有排场、喜庆、嬉闹和趣味。剥离了基督教文化的婚礼氛围，留下的也只有那一袭象征纯洁的白色婚纱……文化的碰撞不应是文明的断裂，当艳丽庸俗替代了典雅端庄，当随意轻松取代庄严隆重，"礼"还有多重呢？

到了21世纪，民族婚礼似乎也有回归之势。旗袍、马褂、凤冠霞帔组成的中式婚礼再次回到了婚礼市场。我们所熟悉的传统婚礼是："一拜天地，二拜高堂，夫妻交拜……闹洞房。"只是，那种婚礼都不是真正的华夏婚礼——那个在黄昏中开始的安静优美的仪式，新娘不施粉黛，面若桃花，步履轻盈……

先秦时的婚礼称为"昏礼"，是在黄昏进行的。《礼记·昏义》中记载："夫礼始于冠、本于昏、重于丧祭、尊于朝聘、和于射乡，此礼之大体也。""昏礼"在五礼之中属嘉礼部分，也是继冠礼、笄礼之后的人生第二个里程碑。

"昏礼"安静典雅，重的是夫妇之义与结发之恩。那时候的"昏礼"很简朴干净，没有后世繁缛的杂耍般的环节，夫妻"共牢而食，合卺而酳"，携手而入洞房；婚服也不是大红大绿，新郎新娘都穿着端庄的玄色礼服（玄色，黑中扬红的颜色，在五行思想中是象征着天的、最神圣的色彩）。天地相合，夫妻结发。从此以后，生死相依，家族延续。安静细致的仪式中有一种震撼人心的力量，直指内心。[①]

---

① 参见"蒹葭从风"、"天风环佩"（网名）：《何彼襛矣，唐棣之华——汉民族传统婚礼复兴方案（图文/新版）》，载天汉网，2006-07-12。

▲ 汉风、唐风、明风三种婚服图

　　注：汉式婚服为我提供，唐式婚服为缘汉汉服汉礼推广中心提供，明式婚服为网友"天蝎凤凰"和
"明敬嫔"提供。

　　再后来，天汉网网友"蒹葭从风"、"天风环佩"制作了《何彼襛矣，唐棣之华——汉民族传统婚礼复兴方案》，方案共由六部分组成，分别介绍了中国传统婚礼的含义、基本面貌，并设计了"蓝本型"的周制婚礼和"发展型"的杂俗婚礼，还手绘了周制、唐制、明制的婚服设计图，制作了当代的宁静端庄型和喜庆热闹型两种华夏婚礼蓝本。[1]

　　这一套方案，也成为后来传统婚礼的实践蓝本。婚礼，其实是唯一一个没有经过展演便直接走入现实的当代礼仪了。这里发展出来的汉式婚礼，也更像是汉服语境下的衍生载体。早期属于汉服践行者的自制阶段，婚庆公司一般只是负责搭建场景、租赁车辆，至于其他部分，比如婚服设计是要自己找裁缝的，婚礼仪程是要自行编排的，化妆师是要联系古装剧组的，甚至道具、器皿和屏风都要在古玩市场中寻觅。

　　但慢慢地，一种新式的"汉式婚礼"走入了中国的婚庆市场，甚至根据风格不同，还被分为"汉风"、"唐风"、"宋风"、"明风"等不同类型，它们有着自行设计的礼仪流程以及完整的配套设备，并在婚庆市场中打开了一片新的格局。

　　桃之夭夭，灼灼其华。之子于归，宜其室家。

① 参见"蒹葭从风"、"天风环佩"（网名）：《何彼襛矣，唐棣之华——汉民族传统婚礼复兴方案（图文/新版）》，载天汉网，2006-07-12。

漢服歸來

二、琴瑟在御，凤凰于飞

2006年11月12日，上海的洪亮（网名"共工滔天"）和钱成熙（网名"摽有梅"）在上海举办了周制婚礼。这不一定是当代的第一场汉式婚礼，但一定是最有影响力的一次，他们的婚礼还成为很多中式婚礼的蓝本。婚礼上新郎新娘都穿着端庄的玄色礼服，婚礼流程也是按照《仪礼·士昏礼》中记载的六个部分进行，分别是纳彩、问名、纳吉、纳征、请期、亲迎。

首先是新娘家中的"亲迎"，新郎捧着象征聘礼的五束丝帛和作为见面礼的木雁。纳征即现在的过大礼，为玄𫄸色丝帛。雁在周礼中是非常重要的礼物。它代表着有信，也代表了忠贞，通常作为见面礼，如今朝鲜民族的婚礼上还在用木雁。傍晚，婚礼晚宴正式开始。先是沃盥，也就是净手洁面，华夏民族注重清洁，在同牢合卺之前一定要净手洁面。

同牢合卺是汉式婚礼中最为重要的部分。"同牢"是指新婚夫妇坐在同一块垫子上同食一牲畜之肉，分为祭、黍、稷和肺四个部分，也就是先祭食，再取三次食物就着肉汁和酱进食。"合卺"是指夫妇交杯而饮。合卺本义是指把匏（葫芦）一剖为二，以瓢之柄相连，以之盛酒，夫妇共饮，表示从此成为一体。这里的交杯也只是碰杯，并不是挽着胳膊。匏是苦的，所以盛的酒必是苦酒，不但象征夫妻合二为一，永结同心，而且也有让新郎新娘同甘共苦的深意。[1]

在此之后，选择传统婚礼的新婚夫妇越来越多，而且赋予了它新的名字——汉式婚礼。它以周礼为蓝本，以典雅、尊贵、庄敬为气韵，追本溯源是体现华夏经典文化的传统婚礼。汉式婚礼在发展过程中逐步增加了解缨结发、互换信物环节，划分为以下几种不同的风格。

汉风婚礼。玄黑暗红，编钟鼓乐。[2]这里承载着华夏文明所赋予的端庄典雅、宁静美好，是很多结婚族的选择。如2009年12月25日杨娜（网名"兰芷芳兮"）和丈夫的汉风婚礼，曾经在百度贴吧首页置顶了五天，引得数千名网友回复留言。再后来，2011年8月20日方哲萱（网名"天涯在小楼"）

---

[1] 参见"蒹葭从风"、"天风环佩"（网名）：《何彼襛矣，唐棣之华——汉民族传统婚礼复兴方案（图文/新版）》，载天汉网，2006-07-12。

[2] 参见王辉（网名"大秦书吏俑"）：《我眼中的中式婚礼》，载《结婚族》，2014（7、8）。

和丈夫在北京九朝会的汉风婚礼^①，为了追求原汁原味，他们的婚礼从场景搭建、服装设计到仪式设计，都是自行操持，倾尽心血。

▲ 2011年8月20日方哲萱与刘翔婚礼
　注：网络上公开，方哲萱授权使用。

　　唐风婚礼。红男绿女，钿钗礼衣。唐风婚礼在保留汉风婚礼特点的同时，也增添了几分雍容华贵，喜悦浪漫。^②2008年5月24日梁煜婕（网名"花雨吟衣"）和其丈夫在扬州举办唐风婚礼。^③2010年10月16日网友"水柔"和其丈夫在西安大明宫举办唐风婚礼。2013年12月25日蔡泽鸿（网名"微笑的面具"）与吴佳娴（网名"幽嘅黑猫"）举办了唐风婚礼，其中催

----

① 参见方哲萱（网名"天涯在小楼"）:《琴瑟在御，凤凰于飞——辛卯年七月廿一·北京九朝会·昏礼》，载百度汉服贴吧，2011-10-27。
② 王辉（网名"大秦书吏俑"）提供文字资料《去其繁琐取之内涵精彩绽放——汉式婚礼的当代实践》并授权使用。
③ 参见"花雨吟衣"（网名）:《千年古城因锁今生——记我的扬州唐韵婚礼》，载汉网，2008-10-08。

汉服归来

妆、却扇等传统环节的加入，见证了大唐诗词的兴盛繁荣，"金蝉附云鸾镜中，星月光采珊瑚红，举袂盈盈慵扶起，帔霞潜度与熏风。"[①]新娘语含娇羞，轻执新郎之手……

▲ 2013年12月25日蔡泽鸿与吴佳娴的唐风婚礼
　注：汉婚策礼仪工作室王辉（网名"大秦书吏俑"）提供原图，图中人物蔡泽鸿与吴佳娴授权使用。

　　明风婚礼。凤冠霞帔，拜堂成亲。随着时代的推移，以及异域风尚的影响，明朝时的婚礼已经有了环节上的增减，比如增加了掀盖头、解缨结发，但却也是华而不俗，喜而不闹。2009年1月21日网友"宋军遗民"在网络上公开了她为自己和丈夫制作的明制婚服，并简要介绍了

▲ 2010年12月4日郭睿和杨雁粤的明风婚礼

　注：郭睿提供原图，授权使用。

婚礼的情况。[①]2010年12月4日郭睿（网名"天蝎凤凰"）和杨雁粤（网名"夷梦"、"明敬嫔"）在重庆举办了一场传统婚礼。在黄昏漫天的霞光中，伴随着轻吟的古乐和淡雅的烛火，穿戴凤冠霞帔的女子款款而至，男子身着麒麟补子冠服，风度翩翩，翘首相盼，红地毯旁的数十人擎起了灯笼，翩然起舞[②]，与此同时，他们的父母早已着好了汉服，在宗室牌位前等待他们，一场美丽、庄重的"明风"婚礼拉开了序幕。

解缨结发，同牢合卺。举案齐眉，相敬如宾。庭燎之光，长夜未央。死生契阔，与子成说。执子之手，与子偕老。这才是我们本来的样子……

三、集体汉式婚礼盛典

或许在汉式婚礼的初期阶段，于单个家庭而言，单独操办有一定难度，不论是服装、器皿，还是仪程都有困难，那么集体婚礼，其实是一个很好的选择。正如汉婚策礼仪工作室"大秦书吏俑"（王辉）在《唤醒婚礼中的古典情愫》中所写的："凤冠霞帔，喜堂幔红，钟鼓声鸣，那一些些中式婚礼中的古典情愫，在一次次的疑问与不解中，正在被不断发掘着，它诠释着婚礼的内涵，同时也在彰显着我们自己的婚礼文化……"

从2006年开始，海南、安徽、陕西、四川、重庆多地开始涌现集体汉式婚礼，这里面有商业公司牵头的，有婚庆公司组织的，也有民政部门参与的，甚至还有旅游公司主办的……参与人数，也从最初的几个人到了几百个人，与汉服运动相类似，集体婚礼方兴未艾，连续延绵。集体婚礼应该算是所有礼仪复兴推广中效果最好的一部分，甚至还带动了婚庆市场"汉风时尚"产业链条。

2007年10月3日，在西安市大雁塔脚下，举行了一场礼仪繁复的汉服集体婚礼，这是中国首场汉式集体婚礼。[③]2007年11月16日，海南航空集团斥资为78对新人举办了别具一格的汉服婚礼[④]，这次的婚礼也是第八届海南岛欢乐节的一部分。但应该说这两次集体婚礼，都偏向于汉服婚礼，

---

① 参见"宋军遗民"（网名）:《【原创】明制婚服入手记》，载百度汉服贴吧，2009-01-21。
② 参见顾晓娟:《80后新人穿汉服拜堂》，载《重庆晨报》，2010-12-05。
③ 参见《盘点在中国举办的汉服集体婚礼》，载久久结婚网，2015-07-25。
④ 参见赵晓兵:《海航78对新人欢乐节着汉服举办婚礼》，载新华网，2007-11-17。

漢服歸來

▲ 2015年乙未年西安汉服集体婚礼（摄影：西安天星轩服饰文化传播有限公司）

注：天星轩服饰文化传播有限公司"箸曦"提供原图，授权使用。

那时还没有集体汉式婚礼的蓝本。但这些婚礼在被媒体不断报道中，为汉式婚礼开了先河。

汉式集体婚礼中持续时间最久、规模较大的，是由西安天星轩汉服婚典团队组织的。2011年5月1日，他们策划执行的首场汉式集体婚礼在曲江寒窑顺利举行，来自中外的62对新人，在这里拜堂、沃盥、对席、同牢、合卺、结发、执手，宣告他们爱的结合。①此后，西安市每年都会举办集体汉式婚礼，并把婚礼地点移至古城墙下。2015年共有130对新婚夫妇参加，其中还有外地的夫妻慕名前来，感受传统华夏婚礼的礼仪流程。②

再后来，互联网上搜索到的"汉式集体婚礼"的新闻数不胜数。诸如2014年至2016年期间，安徽合肥三国遗址公园连续举办了三届青年集体婚礼，每年从数百份申请信息中筛选出三十余对新婚夫妇参加③；2014年5月9日，阿里巴巴集团为102对新人在杭州阿里巴巴西溪园区举行了传统的汉式婚礼，阿里巴巴集团董事局主席马云为新人证婚；2014年8月2日在北京通州大运河畔举办了一场汉式集体婚礼，共有77对新人参加④；2015年5月2日99对新人着汉服、执古礼，在重庆酉阳桃花源共许百年盟约，举行传统汉式集体婚礼⑤。

婚礼，是人生中最重要的一部分，也是一次重要角色的转换。一种婚礼，一份姿态，传统民俗固然可以成为时代风尚，但是婚礼过后，还有个人对于婚姻的态度与对家庭的责任，面对的是那段更长、更远的人生路。我们提倡传统婚礼形式的同时，更希望让真正的礼仪来温润我们的心灵。宁静美好、庄严神圣的仪式之下，寄寓的是华夏文明中那相濡以沫、白头偕老、恩爱不移的信仰——愿得一心人，白首不相离。

---

① 天星轩官方网站公司介绍，见http://www.tianxingxuan.com/abouts.asp。
② 参见《汉式集体婚礼西安幸福上演102对新人南门瓮城礼成》，载西部网，2014-10-03。
③ 参见王浩、李磊：《合肥青年集体婚礼上演秦汉新婚大典》，载合肥在线，2016-03-20。
④ 参见温蕾、吴江：《77对爱人在北京举办汉式集体婚礼》，载《新京报》，2014-08-03。
⑤ 参见《重庆99对新人举行传统汉式集体婚礼》，载新华网，2015-05-03。

第五节│立德正己之射礼

一、礼乐相和忆射礼

提起射礼，我们可能是陌生的。但提起日本和韩国的弓道，我们却并不陌生。与成人礼类似的是，所谓的弓道，其实也来自中国，即射礼。"天子作弓矢威天下，天下盗弓矢以侮天子。"在那个尚武成风的时代，弓箭被赋予了深刻的人文含义，后来还成为一种政治制度——射礼。[①] 这是一种以射箭、比赛、礼乐、宴饮为载体的中华礼仪，"射"只是表，而"礼"才是其追求的核心价值。

在远古狩猎时代，弓箭是人类赖以生存的重要工具之一，与人类有着极为密切的关系。按照《礼记·射义》的解释，射礼不仅用来选拔一般的人才，而且即使贵为诸侯，也要通过射礼来选拔。"是故古者天子以射选诸侯、卿、大夫、士。……故天子之大射，谓之射侯。射侯者，射为诸侯也。射中则得为诸侯，射不中则不得为诸侯。"[②] 射礼文化中蕴含着中国传统的礼法和等级，君臣之分，长幼之序，充分体现在射礼活动中。射礼分为大射、宾射、燕射和乡射。大射是天子、诸侯祭祀前为选择参加祭祀的贡士而举行的射礼；宾射是诸侯朝见天子或诸侯相会时举行的射礼；燕射是天子与群臣宴饮之时举行的射礼；乡射是地方官为荐举贤能之士而举行的射礼。

孔子也以礼、乐、射、御、书、数教授弟子，称为"六艺"，射居其一。面对春秋时期的"礼崩乐坏"，孔子呼吁重建西周初年的"礼乐"，因此他对射礼推崇备至。"射者，仁之道也。射求正诸己，己正而后发。发而不中，则不怨胜己者，反求诸己而已矣。孔子曰，君子无所争，必也射乎。揖让而升，下而饮，其争也君子。"（《礼记·射义》）这一点也看出了中西方文化的差异，与西方的竞技不同，举行射礼时要彬彬有礼，进退之间要宽容和大度。比试过后，胜者要为败者斟酒，败者要用大杯饮酒。对于胜者，提示他们不得骄纵，亦要有敬让之心；而败者饮的是罚酒，因为他们

---

① ② 参见杜君立：《中国的射礼文化》，载博客中国，2013-11-12。

无论是技能还是德性都没有达标，需要警示。这里没有你死我活的残酷较量，这才是中国人的竞技精神吧？射礼所追求的，是通过射箭比赛、礼乐配合实现谦逊和让、道德自省，所以它也被称为"立德正己之礼"。[①]

但射礼何时式微的已经不得而知了。新中国建立以后，中国式射箭曾经是国家认可的正式体育项目，经常有全国性的射箭比赛，一直延续到1959年。此后中国接受了国际射箭的规则和射具，传统的射箭技艺最终在西方体育文化的冲击下失去了生存空间[②]……

二、射礼再现

在汉服活动中，早期出现的是投壶游戏，它来源于射礼，也是传统的汉民族礼仪和宴饮游戏。在历史中，或是由于庭院不够宽阔，不足以张侯置鹄，或是由于宾客众多，不足以备弓比耦，故而以投壶代替弯弓。宋吕大临在《礼记传》中云："投壶，射之细也。燕饮有射以乐宾，以习容而讲艺也。"

后来的汉服活动中，最常见的便是乡射礼了。乡射礼的核心活动是三番射，"番"是次、轮的意思，三番射就是射手之间的三轮比射。第一番射侧重于射的教练。司射挑选六名德才兼备的弟子，将射艺相近者两两配合为一组，一共三组，分别称为上耦、次耦、下耦，是所谓"三耦"，每耦有上射、下射各一名。每番比射都是发射四支箭，所以比赛之前，每位射手都到堂前取四支箭。[③]

当代中国第一次穿汉服的射礼是于2006年4月10日在中国人民大学的"百家廊"前的"诸子百家园"中举行的。此次活动由中国人民大学文渊汉服社主办，明德学堂等人士共同参加，活动中十几位人大学生身着汉服，手持弓箭轮番上阵，再现了乡射礼。这一次的乡射礼也是按照三番射的仪程举办的，同时还有乐者演奏《诗经》中的《采薇》。[③]

---

①② 参见"蒹葭从风"、"天风环佩"（网名）：《【汉礼计划文案】立德正己、礼乐相和——说射礼》，2006-04-14。

③ 参见彭林：《立德正己之礼：射礼》，载《文史知识》，2002(12)。

③ 参见《人大校园昨上演古代"射礼"》，载《北京日报》，2006-04-10。

▲ 陕西西安"妙音缘"的日常投壶活动

注：陕西西安"妙音缘"汉文化传媒"龙旗"提供原图，授权使用。

漢服歸來

▲ 2006年4月10日中国人民大学"诸子百家园"内的射礼
  注：射礼活动参与者吴笑非提供原图，授权使用。

再后来，各地的很多社团都引入了射礼活动。2009年11月2日，西安地区的汉服社组织了20多人穿着汉服在咸阳市举办传统的乡射礼。[①]2011年6月26日和2012年11月11日，"汉服北京"分别在北京玉泉郊野公园和国粹苑举办了两届乡射礼，从2012年起箭阵人员所着汉服由深衣改为曳撒。2013年至2015年期间，"汉服北京"把每年一次的射礼活动，改为在北京历代帝王庙举办明代大射礼模拟展演。

① 参见苗波：《穿汉服行射礼》，载《华商报》，2009-11-04。

▲ 2014年10月24日北京历代帝王庙大射礼展演
　　注："汉服北京"提供原图，授权使用。

　　"君子无所争？必也射乎！"今天的中国，射箭这项体育项目在民间似乎有了回归之势，在很多城市中，都出现了射箭俱乐部、射箭会馆，但是在我们熟习了地中海式的射箭方法之后，也呼唤着，不要忘记在这个东方古国中，还有一套积淀了华夏文明精粹的射礼——立德正己，礼乐相和，发而不中，反求诸己。

三、礼仪复原中的争议

　　其实，在汉服的礼仪实践中，对于射礼等仪式的争议也是由来已久了，一是复古问题，二是品级问题。因为历史之中的礼仪实践都是有着一套规范的礼乐制度在内的，而当代的礼仪实践，要么是复古模仿，要么是自己创新，那么在这个过程中，复古与创新的度应该如何把握呢？在没有一套成型的礼乐方案的情况下，所执行的古代礼仪恐怕只能算是展演与模拟，并不能称之为复兴。那么在这个过程中，人员又该如何分配呢？尤其是史书没有涉及的部分，难道只需要用史书未载来做挡箭牌就可以了吗？

相比其他礼仪都开始出现了特定领域中规范了的礼乐制度而言，射礼的复兴几乎还停留在展演阶段。但是换个角度看，这种展演绝非毫无可取之处。如果回溯汉服运动的发展过程，除婚礼外，其他所有礼仪都是靠模拟得出来的。正如北京市校园传统文化社团联盟副主席姜天所说："祭神不一定神在，但不祭神一定不在。如果不去'演'，就不会有人来关注，只有这样持续地'演'，人们才会知道有人在实践。慢慢地，或许真的就有有志之士可以把它实现。"展演仍需继续，毕竟很多时候，演着演着，便成真了……

愿君莫奏前朝曲，听唱新翻杨柳枝。

这是汉服运动

第五章

峨冠博带，宽袍广袖。有着这样一群人：或是遗世独立，或是成群结队，衣袂翩翩地行走在钢筋水泥构筑的现代城市之间。有时看起来像是表演，或是拍照，或是玩乐，但他们却会告诉大家，这叫汉服复兴运动。他们带着梦想与冲动，希望以复兴华夏衣冠为载体，让世人重新审读华夏文化。而这场以文化为核心的社会运动，其实是"穿"出来的一种独特的表达，无论其背后的理论体系如何，呈现在公众面前的，恐怕也只能是这一场场看不懂、猜不透、讲不清的汉服活动了。事实上，在这十几年的风雨路中，汉服运动的实践团队几乎都已经易主了，而背后的那套组织结构更是更迭了三次……

第一节 | 汉服网友聚会

一、走入现实中的集会

汉服运动发源于汉网，汉网的管理者们一直守护在这里，倾注资金，租用服务器，撰写大量的原创性文章，耗费心血对论坛进行管理和运营。同时，从2004年开始组织策划线下活动，并以网站的名义承担汉服的宣传推广活动。那个年代，也是聊天室、QQ软件流行的年代，所以网友见面、聚会是那时的一种特征。2004年初，全球知道、喜欢汉服的人也就近千人，他们会选择在中国某座城市见面，并举办一次小小的文化活动，让各位网友可以相见，同时引起社会公众的好奇，邀请媒体前来采访报道，并进一步解释什么是"汉服"以及活动的意义。

那时的活动充满了互联网时代的特点——网友们彼此不问姓名与职业，互称网名，选个合适的契机聚到一起，而且可以成为很好的朋友。早期的活动便是通过互联网召集的，确定好召集人、时间、地点和分工，再选择一个城市的公共区域举办，活动结束后放到互联网上展示成果，也就是"线上—线下—线上"的宣传方式，这或许正是当代互联网赋予汉服运动发展的独特之处吧。

2004年1月1日以汉网名义第一次召集线下汉服活动，地点在深圳市荔枝公园和清苑。活动中由版主兼宣传组长"晨澍"主持并宣读《汉服三百六十年祭》，并由汉网站长"大汉"和"晨澍"分别做了《汉服概念及复兴意义的研究》《汉服的发展历史和特点》《恢复汉服运动回顾》演讲，下午为户外宣传及汉服展示。由此正式开启了线上、线下相结合的活动模式。这种以网友为核心的聚会，其实也为后期的社团发展带来了一种有趣的传统，就是彼此之间称呼网名，于是活动期间经常听到大家叫着各种昵称类的名字，如"活动由'黑猫'主持"、"'钢牙猫'担任舞蹈排练"、"会员报名请找'喵喵'"……直到今天，这还经常让来采访报道的媒体或者围观的路人摸不着头脑。

2005年1月22日，来自上海、北京、河南、天津、山东、浙江等地的网友35人在上海聚会，期间参观了上海博物馆周秦汉唐文明大展。因人数较多，为免麻烦还专门请了导游带队。是为全国首次区域性网友聚会活动，值得一提的是，从澳大利亚、阿根廷回国的王育良和网友"莲竹子"也参加了活动。

▲ 2005年1月22日35名网友在上海聚会
注：刘荷花（网名"汉流莲"）提供原图，汉网总版主黄海清（网名"大汉之风"）授权使用。

这次活动不仅给了全国喜欢汉服的网友一个见面的机会，而且为后面地区性的活动提供了组织经验，这些远道而来的网友，也都逐步成为当地地区性汉服活动的发起人或组织者。随着汉网影响力的减弱、汉服宣传网络平台的分散化，以及各地汉服践行者开始着手搭建地区性团队，汉服运动的发展也呈现出明显的区域化特色。

二、有诉求的网络组织

2004年至2007年期间，以网站为核心组织的社会实践过程，其实是有着更高诉求的，这些实践活动倾向于把汉服推向民间礼服、国家礼服的范

汉服归来

畴，其中有着联名签署"恢复汉服"的环节，并尝试着通过一些途径将它递交至当地的政府部门。①

这种诉求，虽然并没有取得实质性的突破，但还是曾经在社会上形成过热点。比如2006年4月傅正之（网名"私塾先生"）上书苏州市领导，建议申报汉服为世界非物质文化遗产，呼吁苏州市政府举办活动时把汉服作为第一选择。在2006年10月6日广州的中秋节活动中，广州市汉民族传统文化交流协会在白云山活动现场设置了"支持汉服为国服签名活动"。

▲ 2006年10月6日广州市汉民族传统文化交流协会的"支持汉服为国服签名活动"
　注：广州市汉民族传统文化交流协会会长唐糖提供原图，并授权使用。

在汉服运动过程中，影响力较大的新闻事件共有两件。其中一件是2006年中国政府网更改汉族着装图一事。2006年7月19日前，中华人民

① 参见周星：《本质主义的汉服言说和建构主义的文化实践——汉服运动的诉求、收获及瓶颈》，载《民俗研究》，2014（3）。

共和国中央人民政府网（简称政府网）"56个民族介绍"的页面中，55个少数民族都穿着传统服装，汉族则穿了内衣"肚兜"，于是众多网友通过打电话、写信、发传真的方式与政府网沟通。后来，政府网撤掉了"肚兜"图片改为空白，网友再次与网站编辑部人员交涉。2006年7月20日，政府网将汉族图片更换为汉服，但大家又发现该汉服为左衽，便再次交涉。7月21日，政府网又为汉族更换图片，更换汉服。[1]这件事情在当时可谓是汉服运动的一个里程碑，很多人认为这是一次实质性的突破。但是2013年1月政府网在汉民族服饰的文章后附加了"唐装"照片，随后有很多人打电话或写信投诉，但无果而终。加拿大多伦多汉服复兴会每年春节前后都会通过中国驻加拿大领事馆、国务院侨办、中国文化部向网站人员转交意见，希望他们能修改内容。[2]当然，现在政府网在"人口、民族与习俗"栏目下对各民族的介绍已是纯文字的，没有了图片。

三、汉服申请奥运礼服

另一件事就是2007年20余家知名网站联合建议北京奥运会采用汉服作为礼仪服饰，并作为中国代表团汉族成员的参会服饰。2007年4月5日零点，天涯社区、汉网、秋雁文学社区等20余家知名网站联合发布倡议书，建议北京2008年奥运会采用我国传统的服饰——"深衣"作为北京奥运会礼仪服饰，将汉族传统服饰汉服作为中国代表团汉族成员的参会服饰，并展现华夏民族的拱手作揖之礼。在该倡议书签名的百人中，有来自北京大学、中国科学院等学府的数十位教授、博士、硕士，也有来自河北明德学堂、加拿大多伦多汉服复兴会等民间机构的文化界人士。[3]在倡议书发布后，有上万名网友在网上签名，表示支持汉服成为奥运会礼服。同年8月12日中央电视台《实话实说》栏目还围绕"北京奥运会礼服选择西装、运动服、旗袍还是汉服"话题制作了一期辩论节目。

---

[1] 参见《2006年中国政府正式认可汉服是汉民族的传统民族服装的始末》，载多伦多汉服复兴会官方网站。

[2] 根据方哲萱（网名"天涯在小楼"）、多伦多汉服复兴会会长钱元祥口述信息，结合网络资料整理。

[3] 参见《组图：百名学者倡议汉服为奥运礼仪服装》，载人民网，2007-04-05。

尽管2008年奥组委公布的结果中，并没有采用汉服作为礼服，但是在2007年有关汉服的讨论此起彼伏，而且这一事件还被新华社、《人民日报》、中央电视台等各主流媒体采访报道，甚至日本读卖新闻、英国BBC等海外媒体都有所关注，这也算是汉服运动开展以来在社会上影响力最大的一次热点事件了。

▲ 天汉网、百度汉服贴吧联合设计的奥运会礼仪小姐服饰、运动员入场服饰（图片绘制：网友"蒹葭从风"）
　　注：网络上公开，网友"蒹葭从风"，天汉网网站管理员、总版主"子奚"授权使用。

随着这两件事情的无果而终，汉服运动中再也没有联合签名、集体上书的行动了。虽然"两会"上有过提案和议案，但是也没有了这种大规模的民间集体响应，汉服运动中的这种诉求几乎算是消失了。而这些曾经的联合行动，也近乎被大家遗忘。

汉服归来

▲ 2008年8月七夕节汉服北京迎奥运活动

　注：活动组织者丰茂芳（网名"小丰"）提供原图，授权使用。

四、第一代汉服运动团队

其实，如果把2003年前的网络思潮讨论期认为是汉服运动、文化认同理论的思想萌芽期，那么可以把王乐天穿着汉服走上街头，将汉服运动扩大为社会公众事件的那一年（即2003年）称为汉服运动元年。

而那些参与搭建汉服运动理论，在互联网上相识，并在网络中讨论，后来选择以网友聚会的集体行动方式推动汉服运动的人，可以称为第一代汉服运动团队。他们在汉网、天汉网或其他汉文化网站上都注册过账号，彼此会看重网上的注册日期或是论坛管理等级。其行动是以发布帖子、维护网站为主要方式，间歇举办现实中的聚会活动。行动框架意在互联网上引起更多网民的关注与响应，甚至早期的评判标准也是论坛或帖子的浏览量和回帖量。最重要的是，那一代的汉服运动团队，是有更高诉求的。

第二节 ｜ 三角区域的先行者

一、百年之后又是上海

首个以区域形式定期聚会的城市是上海。汉服运动真正走入社会的一个标志，是举办地区性活动，使这些活动真正立足于社会中，并且通过集体逛街、民俗展示、文艺晚会、小型祭拜等不同形式的活动，使汉服在公共区域的宣传活动类型变得丰富，使团队的人员形成地区化的固定交流，并逐步衍生为地区性质的非政府组织（NGO）。

2005年时重视传统节日的呼声并不强，七夕节都充斥着西方情人节的味道，所以汉服运动者们选择用传统方式来过自己的节日，唤起人们对古风遗韵的遥思感念。2005年8月13日，由汉网总版主黄海清（网名"大汉之风"）等召集上海的网友一起在黄浦江畔举办了一次七夕汉服活动。初期召集仅限于上海地区，后来有苏州、广州的网友也加

▲ 2005年上海汉服活动照片

注：网络上公开，图中人物钱成熙（网名“摽有梅”）授权使用。

入进来。[1]

此次活动也是汉服第一次和民族传统节日结合在一起。活动参加者均着汉服参加，被媒体报道为年轻的白领。[2]他们从“东方明珠”出发，来到滨江大道，女士们开始“得巧”比赛，模拟“望月乞巧”，男士们击鼓

① 汉网总版主黄海清（网名“大汉之风”）口述提供。

② 参见罗凌、陈里予：《14名白领滨江大道重过七夕着汉服吟古诗望月穿针》，载《新闻晨报》，2005-08-14。

吟诗，以杜牧《七夕》助兴。最后是"晒书"仪式，伴以琴箫合奏《笑傲江湖》、琴曲《良宵引》等古典乐曲。

2005年9月17日和18日，上海的网友和上海市桂林公园一起举办了桂花节"汉服巡游"活动和晚会。18日的晚会表演主要有古琴曲、古筝曲、话剧、武术、朗诵等。[①]此次文艺演出是汉网网友举办的首次全部着汉服的文艺节目，节目的主题很沉重，表演也不是很专业，但却是一次重要的突破，它不仅有官方牵头举办活动的色彩，更重要的是展示出美丽的服饰背后的音符和艺术。

上海地区的汉服运动发展很迅速，而且出现了基于三套不同的汉服复兴理念的团队，因而也相继出现了三种典型的社团。一是在沪的汉网管理团队，其活动组织者有强烈的民族情结，在早期的活动中经常会使用拉条幅、打旗帜等宣传方式，但后来随着汉网影响力的减弱以及部分主力成员离开上海，社团的人员也就逐渐减少了。二是成立于2011年的上海汉未央传统文化促进中心，它的前身是2005年始自民间的汉未央社团，多年来致力于华夏民族服饰文化、礼乐文明、传统节日、生活方式的传承与弘扬。[②]它最大的特点是引入了产业化运作模式，并且以商业公司和民间非营利组织两个体系，开创了市场化运营的商业活动和志愿者共同完成的社会宣传两套行为模式。[③]三是以汉服文化为理念的团队，如2009年7月组建的上海汉之音华夏文化社团、2011年10月成立的上海凤凰雅韵文化社[④]，也都是典型的线上交流与线下实践相结合的汉服社团。这些社团在网络上聚集在不同的QQ群或微信群中，在传统节日里举办相关活动，一直持续至今。

如果放到中国近代史的整个环境中看，就会发现历史总是惊人地相似。正如百年前的新文化运动，思潮形成于上海，公认的起点是陈独秀在上海创办《青年杂志》，上海成为新文化运动的主要阵地。除此之外，还有百年前的旗袍，也是从这里开始，后流传至世界，成为海外华人的一种

---

① 参见"荒野孤鸿"（网名）：《乙酉年中秋——天汉网上海桂花节汉服活动综合报道》，载天汉网，2005-09-21。
② 参见上海汉未央传统文化促进中心：《长乐未央长毋相忘》。
③ 上海汉未央传统文化促进中心姚渊（网名"逆流"）口述提供。
④ 上海汉之音负责人袁志林（网名"叶落无心"）提供资料。

独特装扮。可能也是这种独特的区域属性与人文气息，带动了这一次的衣冠复兴历程。与百年前的那一次"剪辫子"历程出奇地相似，这一次的演变又是这样——以一个城市为出发点，陆续引起长三角、珠三角地区践行者竞相加入，再后来逐步深入川渝、西安、京津等地区，最后甚至扩展到了海外有华人聚集的地区。13年来，从最初的网友线下的集体行动，到如今的地方非营利组织聚会，再到新生代的高校汉服联盟的文化活动，真的已经完全不一样了……

萤烛之火，愿与日月同辉。

二、西子湖畔的初识

▲ 2004年10月23日杭州汉服活动——祭祀岳飞和于谦
注：杜峻（网名"寒音馆主"）提供原图，并授权使用。

汉服归来

起步较早的城市是浙江杭州，一勺西湖水，千年沧桑泪，这也是一个让人追思怀古的地方。2004年3月14日的下午，美丽的西湖畔一位身着曲裾深衣的女子摇曳而行。这个人就是杭州汉服发起者之一的杜峻（网名"寒音馆主"），此次西湖行，使她成为"杭州汉服第一人"。[1]

2004年10月23日，杭州的网友组织了一次汉服琴乐祭祀民族英雄于谦、岳飞的活动。[2]那一次活动，有来自杭州、上海、北京三地的30位网友参加，在举行完拜祭礼仪后，还现场弹奏了古琴曲《满江红》，以此来悼念中国的民族英雄。[3]对于此次活动，《钱江晚报》《中国古琴报》以及浙江电视台影视文化频道均有报道。

13年来，杭州的汉服活动其实一直从未间断过，不仅有社会组织"钱塘汉学"，还有很多高校汉服社，比如杭州千秋月汉学社、杭州忆雪江南汉服文化社等，它们都是起步比较早的汉服组织，而且与当地的社会组织有着联系与活动交集。

三、金陵城中的记忆

在上海的网友自发组织了活动后，南京的网友也开始筹划汉服聚会。2005年10月22日，上海和南京的网友一起在南京举办了一次祭拜活动。在这次活动中，他们穿汉服拜谒了明太祖的明孝陵，并打出"恢复汉服，再造华夏"的条幅，吸引了很多游客。[4]2006年3月11日，南京还与上海网友们共同举办了花朝节活动，并尝试了冠礼、笄礼、祭孔等礼仪活动。[5]

到2016年，南京地区形成了三个主要的汉服社团，即华夏文化传承社、金陵汉服文化社和上月社。其中的华夏文化传承社、金陵汉服文化社在2013年时分别在雨花区和秦淮区注册了街道直属的民间NGO，开始承办

---

① 参见王云、韩杨：《宽衣大袖召唤远走的文明》，载《中国电子商务报》，2006-09-28。
② 参见"楚客"（网名）：《汉网汉民族服装运动大事记(2003.11-2006.2)》，2006-02-27。
③ 参见"寒音馆主"（网名）：《记2004.10.23汉服杭州行（甲申年）》，载忆江南论坛，2006-05-17。
④ 参见"东门"（网名）：《我的乙酉2005汉服人生》，载汉网，2006-01-07。
⑤ 参见"与子同裳武明空"（网名）：《南京汉服活动编年史》，载百度汉服贴吧，2011-10-22。

▲ 南京华夏文化传承社活动拍照

　注：南京华夏文化传承社提供原图，授权使用。

政府和商业机构的文化活动①，继续前行着。

　　金陵城内、夫子庙旁、秦淮河畔，汉服美女，再配上独特的江南烟雨，演绎出别样的汉服情境。

四、广州地区的雏形团队

　　受到天汉网《民族传统礼仪、节日复兴计划》的倡议启发，2006年3月起，中国很多地区都开始了穿汉服过传统节日的线下聚会活动，在这个实践过程中，广州率先出现了成体系的组织团队。2006年下半年，一群热爱传统文化的人，在唐慧辉（网名"唐糖"）、罗冰（网名"白桑儿"）等人的组织下，着手筹备组建广州市汉民族传统文化交流协会（简称广汉会），并于2008年3月4日正式对外公布成立②，组织团队设立了外联部、财务部、活动部等六个部门，实现了活动策划、组织的分工合作，这一点为广汉会的后续发展打下了基础。在2006年至2009年期间，广汉会的活动内容主要分为三个部分，有对外的宣传活动，还有内部的舞蹈排练、读经等学习交流活动，同时开展定期的小型聚会，以便增进大家的感情。③组织团队还会每周固定召开一次例会，可以说是具备了非营利组织团队的雏形。

---

① 　徐珞（网名"拾遗"）口述提供。

② 　广汉会会长唐糖提供文字资料。

③ 　2009年4月11日我在广州双玉瓯汉服店与广汉会核心成员交流时，唐糖口述提供。

2007年开始，广汉会策划组织了大小活动百余场，经媒体持续报道，引起广州市民较大的关注。比如2008年初以《汉服汉礼》参与珠海春节联欢晚会录制；连续两年与天河区团委合作，以汉服汉礼完成天河花市"亮

▲ 2008年珠海电视台春节联欢晚会《汉服汉礼》

　　注：广州市汉民族传统文化交流协会会长唐慧辉提供，授权使用。

灯仪式"；连续四年与珠村合作，在"乞巧文化节"中举办女子集体笄礼，策划表演时长两个半小时的汉文化主题演出等等。

广汉会的一些汉服的宣传和表演形式，也引起了其他汉服社团的竞相模仿。比如2008年1月26日广汉会参加了珠海电视台的春节联欢晚会《汉服汉礼》节目录制，节目中以汉服展示的形式介绍了汉服和汉礼，并将汉服按照深衣、曲裾、襕衫、襦裙等款式进行分类，在此过程中还穿插了揖礼、拜礼等日常礼仪的演示。这种按照款式分类的展示方式，规避了汉朝、唐朝、明朝等朝代划分模式，避免形成"中国古装服饰展"的刻板印象。从服饰本身，更强调了汉服——汉民族传统服饰这一概念，从意义上也区别于《南非行中国历代民族服饰展》、《巴黎中国历代服饰展》等按照历史划分的中国古装展演，可以说是汉服在展示中的一次突破。

这种按照款式分类的方式，也被广泛应用到各地社团的汉服宣传中，如2010年中央电视台少儿频道《智力快车》汉服展、2010年温州大学汉服展、2011年美国堪萨斯大学汉服展都采用了这种展演方式。当时为节目所拟写的汉服解说词，也成为其他社团编排汉服展示节目的解说范本。[1]

广汉会在2014年5月10日正式注册，唐慧辉再次担任会长，有专职人员负责协会的日常运转，在广州开展传统文化宣传活动的同时，还经常参与到政府组织的文化或相关公益活动中。此外，2011年8月广州市还成立了另一个汉服组织"广州汉服群"，2013年11月2日更名为广州岭南汉服文化研究会（筹），简称"岭南汉服"，会长由崔佩红（网名"凤凰传说"）担任。该组织在广州市举办汉服相关活动的同时，更侧重在文化、思想和学术层面做宣传活动，比如在广州图书馆、广东省立中山图书馆及各大高校中开展汉服讲座，甚至还有在线的学术讲座和交流。[2]两个不同的协会在同一个地区共同发展，活动内容和方式各有侧重，可谓是相得益彰、相辅相成。

五、以家庭为载体的传承

深圳地区的汉服活动，离不开一个人，那就是刘荷花（网名"汉流

① 参见杨娜等：《汉服运动大事记2013版》，载百度汉服贴吧，2013-10-14。
② 广州岭南汉服文化研究会（筹）汪家文（网名"独秀嘉林"）提供文字资料。

莲")。她是梅州客家人,是一名会计师,很多人都亲切地称呼她为"汉阿姨"。记得2012年时,我曾经听一位深圳的同学说:"我知道汉服,我见过媒体报道,我们那里有一个客家人,她自己喜欢汉服,然后她整个家族都在穿汉服……"她说的这位客家人,便是刘荷花。刘荷花在2003年认识了汉服,并逐步把汉服引入家庭和家族之中[1],而且在深圳的汉服活动中,也总是能看到刘荷花全家人的身影。

2003年底,刘荷花给两个女儿定制了两套汉服,后来两个女儿也成了"汉服迷",而且成为刘荷花宣传汉服时最好的模特。2004年春节假期刘荷花制作了一批汉服,自此开始穿汉服上班,汉服正式进入她的日常生活,直到今天。2006年3月1日《深圳晶报》以《汉服,让我们重温传统》为题报道了刘荷花的汉服生活。她成为首位见诸报端穿汉服过日常生活的人。

▲ 2005年春节刘荷花全家合影
　　注:刘荷花提供原图,授权使用。

---

[1] 参见刘荷花(网名"汉流莲"):《恢复汉服十年风雨路——汉流莲视觉之践行篇》,载汉流莲博客,2013-07-12。

2005年2月8日除夕夜，刘荷花全家邀请方哲萱（网名"天涯在小楼"）、王琢夫妇共同穿汉服在深圳大梅沙海滨迎接新春的到来。后来，刘荷花一家又都身着汉服前往梅州老家，给父母拜年，并为父母带去了亲自制作的汉服，两位老人穿上汉服后激动不已，不停地说："我们赶上好时候啦，还能在有生之年穿上自己的祖宗衣。"[①]于是，每年的春节，刘荷花一家都会穿上汉服给父母拜年，或者全家一起着汉服在深圳过年，不久之后，她的整个家族几十口人都接受了汉服。

　　她的家里也摆满了各式各样的汉服，就连女儿和女婿的婚礼，也是按周礼举办的。整个过程都按照书上记载的周制士婚礼进行，连人员的安排、人员的站位、对答的话语也是仿古的。参加婚礼的所有人都穿着汉服行汉礼，俨然古代世家大族的婚礼。[②]

　　此外，她还一直致力于在深圳地区推广汉服，不仅组织汉服活动，给自己、给家人、给其他朋友制作汉服，还利用假期教女儿汉服裁剪制作，甚至经常帮助深圳的网友挑选布料、研究剪裁、制作衣服。另外，在很多深圳地区汉服活动中，她都是偕全家一起参加的。比如2004年汉网组织的汉服消亡360年祭活动，刘荷花全家都全程参与了活动；2005年6月1日与深圳大学的学生们共同举办了端午节祭祀屈原的活动[③]。

　　后来，刘荷花从2011年开始，每年都要去马来西亚参加那里举办的"华夏文化生活营"，为马来西亚的华人教授汉服剪裁制作技术。弘扬传统文化为什么要选择穿汉服？她说，既然是传承传统文化精髓，就要有实际行动。她能做的就是以自己穿汉服的行动，通过身体力行的方式，尽可能影响更多人。而"汉服热"不应该仅仅局限于穿汉服，而是应当进一步挖掘其背后的礼仪和价值，那才是中国人应该做的。

　　现在刘荷花仍在坚守着，并以各种方式持续参与到汉服运动中……

　　值得一提的另一个人，是刘荷花的父亲，老人已在2013年5月1日过世。他在生前曾留下遗言，希望身着深衣下葬。后来，他的全家也选择了

---

① 刘荷花口述提供，综合网络资料整理。
② 参见王纳、鲍文娟：《深圳一家人热迷汉服　仿周礼结婚穿汉服拜年(图)》，载《广州日报》，2007-03-12。
③ 参见孙妍、张定平：《深大学子端午着汉服祭屈原》，载《深圳晶报》，2006-06-01。

汉家礼仪为他尽孝，并以深衣下葬的方式完成其遗愿，实现了华夏儿女的自然回归。

后来，刘荷花在博文《从革命者到传统汉人的自然回归》中写道：

2013年5月1日敬爱的父亲安详地离开了我们，走完了他九十六年的人生旅程……2005年的12月上旬在父亲遭遇中风脑梗前，向朋友介绍我时如是说："这是我的大女儿，她是汉服设计师。"父亲明明知道我是会计师却偏偏不提，可见汉服在老人心中的分量有多重啊。

我们的父亲是有福之人，他的青年及壮年能够为自己的理想而奋斗，及至晚年又能够顺应历史潮流回归自己的民族。在他生命的最后阶段，还亲自审定我制作完工的中单和中衣绔，为百年后的妆容做最终认定。我们的家庭是幸福的家庭，在父亲离开尘世时，我们儿孙后辈们可以身着汉服用汉家礼仪为父亲举孝。

▲ 刘荷花在马来西亚第一届汉服剪裁课上的教学图
　注：刘荷花提供原图，授权使用。

让汉服回归家庭，这也是很多人的呼声。尤其是对于中国传统节日而言。像春节、中秋节，强调的就是阖家团圆、拜祭先祖，全家一起包饺子、赏月、抚琴，其乐融融，尽享天伦之乐，这才是中国的家庭本质与宗族延续的核心吧。随着早期的那一批汉服推广者的成长，很多人也都有了家庭与孩子——他们把这批孩子称为"汉二代"。虽然他们参与汉服活动的时间减少了，但他们却把汉服引入了家庭，让孩子从年幼时就开始穿着汉服，诵读经典，并在传统节日里穿着汉服过节，这种家庭式的回归或许是汉服运动的一个新的开端吧。薪火相承，此生不负。

六、福州走向合法化之路

2004年时，除了上述提到的几个城市之外，济南、成都、重庆、天津等地也陆续开展了汉服活动，活动人数在逐步增多，活动规模在逐步扩大。但是，当集会的人数从个位数扩到十位、百位数后，新的问题和困难也就到来了，这就是汉服运动中最大的困难——合法化的问题。

在我国，举办街头集会或者社会活动是需要提前向公安机关申请备案的。这种以个人为单位组织的社会活动，其实很难获得集会许可，所以很多汉服活动都遇到了这样的问题：当大家穿着汉服在街头或者公园见面时，由于在那个时代很多人认为这是"奇装异服"，所以汉服活动参加者的停留不仅会引起路人的围观，也会吸引街道管理人员的注意，于是很快就会有安保人员前来询问是否已经申请到了集会许可。如果没有许可的话，则可能被勒令马上取消活动或者要求换地方再举办。事实上，即使换了一个又一个地方，结局也还是一样的……

所以，2006年至2008年期间，中国各地的汉服社团其实呈现出两极分化的局面。一种是采取了内部组织学习传统文化、诵读经典、才艺表演的方式，他们通过互联网相识后，选择在教室、茶楼、家中等封闭空间内举办活动，是一种"文人雅集"的模式；另一种则是尽可能地向合法化方向努力，寻求在当地的民政机构申请注册成为合法社团，以民间非营利机构的形式组织活动，并渴望得到当地政府部门的认同、支持和合作。率先实现组织合法化登记的是福建汉服天下社团，2007年5月经由当地文化局批

准成立，并在民政局正式核准登记。^①

　　福州地区的汉服运动其实也开始得比较早，从2005年起，就已经有了一群身着汉服的网友开始举办活动，并成立了汉服天下社团，但他们也多次遭遇被排斥、被要求停止活动的情况。比如2006年9月汉服天下的6名成员身着汉服在福州白马河畔举办祭孔活动，却被视为着"奇装异服"而要求停止活动。^②

　　福建汉服天下的会长郑炜（网名"王富贵"）曾经提起过，他是偶然间在媒体上看到了这一条汉服活动被拒绝的新闻的，他感到很震惊，为什么这些喜欢汉服、热爱传统文化的人的行动却不能得到相关部门的支持呢？他觉得只要自己有能力，就一定要帮助他们。于是，他通过互联网联系到他们，并加入到汉服天下的队伍，并通过努力使汉服天下成为福州市仓山区传统文化促进会的内设机构，成为全国首个得到官方认可获得合法身份的汉服协会。^③

　　后来福州地区的汉服活动逐步摆脱了街头宣传的方式，从内容到形式，从人员组成到规模，都开始变得不一样了。在核准登记后，汉服天下开始积极承办政府组织的文化活动。比如从2007年开始，汉服天下连续四年承办闽侯县青年集体传统成人礼活动，并多次在端午、七夕、重阳等传统节日承办乌山、西湖、三坊七巷等福州名胜古迹的民俗文化活动，此外还开始承办福州文庙孔子祭祀典礼。

　　截至2016年3月，福建汉服天下共有会员5 000余名，其中全职工作人员20余名，并在福州仓山区设有办公室，协会也几乎每周都有汉服活动，涵盖了传统节日、祭祀礼仪、文化体验等多个领域。2016年1月24日，由汉服天下牵头成立的福建省汉服文化促进会在福州举办了第一次代表大会，并选举郑炜担任首任会长，洪湖、蔡飞飞为首任副会长，许家宝为首任秘书长。该汉服文化促进会集合了福建省汉服文化推广社团的力量，不仅包括泉州、厦门、龙岩、莆田等地的汉服社团，还特别邀

---

①　参见"吟诗作乐"（网名）：《福州市仓山区传统文化促进会招收会员》，载福建汉服天下网，2007-08-13。
②　参见刘玲玲：《福建汉服文化受到更多关注》，载新华网，2015-01-08。
③　福建汉服天下会长郑炜口述提供。

漢服歸來

▲ 2009年福州文庙祭孔·诵读《论语》经典
注：福建汉服天下提供图片，授权使用。

请了近十位来自我国台湾传统文化促进协会等文化机构的台湾代表出席。协会主要在福建省范围内开展大型汉服文化推广活动，并以汉服文化为载体，拓展闽台文化交流空间，让两岸同根同源的传统文化得以共同发扬光大。[1]

正如大多数的社会文化运动一样，汉服运动非常渴望得到国家层面的承认和支持。福建汉服天下的发展模式，也成为很多地区汉服社团的发展蓝本，又或者说，在很长一段时间内，是一种美好的发展憧憬——先是取得合法的社会身份，然后与政府合作举办活动，后来还成立了自己的文化产业，为协会提供资金支持，并逐步联合福建其他地区的社团，将汉服文化的影响力从一个区、一个市逐步扩展到一个省。

幸运的是，随着汉服概念的深入人心，2007年以后，成都、南京、洛阳等地区的汉服社团也都开始与政府合作举办文化活动了，并申请向民政部门注册取得社团的合法地位。甚至上海、广州、北京这种一线大城市的汉服社团，也都顺利地在区级乃至市级机构备案，或者挂靠在其他国家一级协会下面，在合法化的道路上取得了一步步的突破。

这或许也是汉服运动发展的必然吧。这种对于传统文化的真切的、质朴的、深情的呼唤与身体力行，真的很容易感动局外人，甚至经常会把局外人感染为局内人。汉服运动的口号之一是"华夏复兴"，这和"中华民族的伟大复兴"、"中国梦"等表述，虽有不同，却也颇多契合。[2]2013年网络版的《汉服运动大事记》曾说："找回我们的民族服装，重拾我们的民族文化，再现我们的民族自信，这就是我们最好的、最贴切的中国梦。"[3]这一说法，得到了很多网友的认同。

---

[1]　参见刘可耕：《福建成立汉服文化促进会拓展闽台文化交流空间》，载中国新闻网，2016-01-24。

[2]　参见周星：《本质主义的汉服言说和建构主义的文化实践——汉服运动的诉求、收获及瓶颈》，载《民俗研究》，2014-05-15。

[3]　杨娜等：《汉服运动大事记2013版》，载百度汉服贴吧，2013-10-14。

第三节 | 内陆区域的延续

一、儒学传统下的汉服运动

受儒学的影响，山东地区出现汉服集会的时间比较早，2003年曾有李宗伟（网名"信而好古"）自制深衣，并独自穿汉服走上街头。

除此之外，还有明德学堂参与到了汉服运动相关的礼仪实践活动中。明德学堂由傅路江先生于2002年创办于河北行唐，堪称当代北方的第一家私塾。傅路江主张通过读经让孩子打下古文基础，通过家庭式的私塾学习因材施教，回归教育的本质，改变现行的教育模式。在此过程中，学堂积极实践和推广儒家的生活方式，包括为私塾班的孩子们购买深衣，在正定孔庙举行冠礼等活动，可以说是2006年之前最早参与汉服运动的私塾。[①]

其实山东的氛围也很独特，在祭孔活动中或是书院中穿着汉服都很容易被接受，但唯独在马路上穿汉服会让人觉得很难受。方哲萱谈到对于在全国各地穿汉服的体验时曾经写道："济南是我所到过的城市里最难令人忍受的，他们就是观望着你，无论多远或者多近。这两种情形都让你受不了。那种离得很近的，他真的就这么直直地看着你，你回看他，他也不会把目光移开，可是即使走到他的跟前，他也不会问一句你穿的是什么，只是这么不厌其烦地看，用眼神杀人。而远处的呢，远得几乎看不见他是男是女，可是他会忽然停下脚步，站在那里看着你，就是这么看着，没有任何目的，久久、久久地看着。"[②]

但是这里的人也是值得敬佩的，先有李宗伟（网名"信而好古"）自制深衣，后又有吴笑非——中国儒服儒行第一人，自从了解到自己的

---

① 参见康晓光：《中国归来》，88页，新加坡，世界科技出版社，2008。
② "天涯在小楼"（网名）：《[乱弹]那片江湖——关于汉服》，载天涯论坛，2006-06-09。

汉服归来

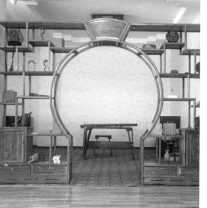

▲ 山东曲阜汉服推广中心

　　注：青岛汉服协会会长、曲阜汉服推广中心总经理、中国汉服博物馆馆长王忠坤提供，授权使用。

民族服饰之后，他就再也没有脱下过，即使是在济南这样的城市里，吴笑非也依旧坚持日常束发穿汉服。他不是一个极端的人，他对别人都非常包容，甚至对那些讥笑他的人也一样宽容，但是他对自己的行动却非常虔诚，全心全意为了实践自己的理想和信仰而努力。

　　除了济南以外，青岛的网友也在行动。王忠坤（网名"齐鲁风"）在采访中曾经提到，他在大学读书的时候便接触到了汉服，而且也热衷于搜集、整理汉服的各种资料。在创立了汉服协会后，除了工作主业和教授古琴外，他把三分之一的时间和精力都用在了研究和推广汉服上。青岛汉服协会发展迅速，会员人数达到了千余人，甚至在中学、高校里也都有了分支组织。①后来，他们还在青岛建立了中国汉服博物馆，并在山东曲阜设立了汉服推广中心。

二、川渝地区的规模化增长

汉服运动发展较早的地区还有成都和重庆，2004年开始就有人独自穿汉服在市区中行走。2005年5月1日成都地区举行了第一次汉服聚会。②再后来，是一位叫李庆龄（网名"我爱大汉"）的21岁女孩，多次带着妈妈从四川广汉赶到成都，召集四川的网友聚会。2005年9月19日适逢传统的中秋佳节，来自四川省各地的20多位网友身着汉服，在成都人民公园内的辛亥秋保路死事纪念碑前举行了烈士的祭奠活动③，后来他们

▲ 2005年10月29日四川德阳汉服祭孔
　注：四川德阳汉服祭孔召集人李庆龄（网名"我爱大汉"）提供原图，授权使用。

---

① 参见"我来说说"（网名）：《青岛汉服爱好者超1000人自制古装每年举行汉婚婚礼》，载《青岛晚报》，2014-10-22。
② 李庆龄（网名"我爱大汉"）口述提供。
③ 参见周益：《"汉服"运动：在误解中谨慎地快乐着》，载南京报业网，2005-09-21。

漢服歸來

还一起去了春熙路和四川锦里公园。2005年10月29日，他们在四川德阳举行了汉服祭孔，并邀请冯学成等龙江书院的工作人员共同参加，合影留念。[①]

　　成都地区的活动发展迅速，2007年8月成立了四川传统文化交流会（简称"川文会"），并投票选出了5位理事会成员[②]，包括冷建平（网名"金沙神鸟"）、"霜冷寂衣寒"等人。2009年5月28日，川文会在成都举行了端午活动，活动主要包括学习汉家礼仪、端午祭龙仪式、分组斗蛋比赛等内容。当日，活动签到人数195人，超过240人参加，观礼人数约400人。最后60多人的汉服表演，涵盖秦、汉、宋、明等全部款式，让到场的市民惊叹万分，而最后200多人合唱《汉家衣裳》，也让在场的很多人热泪盈眶。[③]

▲ 2009年四川传统文化交流会端午活动图
　　注：四川传统文化交流会会长冷建平（网名"金沙神鸟"）提供原图，授权使用。

---

① 参见康晓光、刘诗林、王瑾等：《阵地战》，410页，北京，社会科学文献出版社，2010。
② 冷建平（网名"金沙神鸟"）2009年提供文字材料，授权《汉服运动大事记》系列文章使用。
③ 参见"金沙神鸟"（网名）：《成都肩摩袂接的大型端午活动——照片报道》，载汉网，2009-05-29。

在2009年时，全国很多地区的汉服社团基本就是刚刚起步，自发性参与人数一般为几十个。这种民间团体组织，尤其是基于互联网相识而组成的管理团队，竟然可以创造200多人同时参加现场活动的人数纪录，其中的召集、组织、现场筹划的管理难度可想而知。他们的活动往往会提前一个月开始筹备，从活动道具准备、策划与彩排、现场新人接待到活动秩序维护、媒体联络与沟通等环节，都安排了专门的小组来负责，其中包括新人接待组、仪容风纪组、后勤工作组、秩序维护组、摄影组等。①

三、北京：一个特殊的城市

一提起北京，人们首先想到的一定是中华人民共和国首都，这里也是中国中央人民政府的所在地。由于治安管理甚严，在这里举办汉服活动并不容易，但一旦有了汉服活动，又很容易产生较大的影响，无论负面还是正面。比如2004年10月5日在北京举行的首次全国范围内网友参加的汉服活动，其实也是北京地区的首次汉服聚会活动。不仅活动本身——祭拜袁崇焕、看望世代守陵的佘幼芝一家，被《京华时报》《新京报》《东方早报》《联合早报》等媒体报道，并成为2004年度中国网络大事之一②，就连活动后的逛街花絮，也成为媒体焦点，而且还成为第一起身着汉服出庭的法律官司事件。

在举办了祭祀袁崇焕的活动后，河南的丁晓棠（网名"寒门仕族"）等8人身着汉服在北京王府井大街购物。次日，《京华时报》以《汉服集会》为题发了摄影报道，称："昨晚，8名儒生打扮的青年……身穿'汉服'走向王府井，他们希望能够唤醒大家对汉民族特色服装'汉服'的记忆。"然而，当日晚，国内网站的一些论坛上出现了一条虚假报道，标题为"寿衣上街？改革开放多年，封建迷信上街"，上写："昨晚，8名寿衣打扮的青年……身穿寿衣走上王府井，他们希望能够为恢复传统的殡葬业做出贡献。"同样的排版，同样的图片，然而内容却大相径庭。

---

① 参见"金沙神鸟"（网名）：《成都肩摩袂接的大型端午活动——照片报道》，载汉网，2009-05-29。
② 参见"飞龙52916"（网名）：《附录一：汉服复兴大事记》。

后来，丁晓棠以侮辱人格为由将北京某网站告上法庭。2004年12月20日，郑州市管城区人民法院正式受理此案。在法庭上，几位证人身穿汉服出庭作证，后来这场官司因为被告方的逃遁而不了了之，但这场官司引起了社会各界的关注。河南电视台和上海电视台分别围绕此事做了专题节目《捍卫汉服》和《汉服情殇》。对于这场官司，有文章写道："其实在特定情况下把'汉服'当成'寿衣'并没有错，汉服的确在相当长的时期里就是'寿衣'的代名词。然而嘲笑汉服的人忘了这一切是如何发生的，好端端的汉服是如何变成寿衣的。那场悲壮惨烈的、举世无二的'剃头易服'之痛……它饱含了一个民族的血泪与旷世之痛！我们怎么可以不思民族之痛，反笑民族之伤？怎么可以对试图抚平这创伤的人们肆意嘲笑辱骂？"

这一事件，一方面确实彰显了汉服实践者对于汉服的情感，他们身体力行、团结互助、坚守信念。但另一方面，也确实映射了北京这座城市的独特之处——本是一场对先烈祭祀的礼仪实践行动，结果不仅事件本身成为新闻热点，甚至还持续被发酵、被延伸、被篡改。在这次国庆聚会前，也曾有人在网上发帖子称："有人准备十一期间在北京天安门广场组织一场非法聚会，到时候将有许多人身着日本服装进行反动演讲等活动，望有关部门密切关注，组织者是'天涯在小楼'。"[1]虽然这些恐吓者并没有出现，但也可见北京环境的特殊性。因为定位特殊，所以在其他地区习以为常的汉服聚会，在北京甚至会被攻击乃至被拒绝，也因此北京市的汉服活动一直都没有起色，甚至可以说较明显地落后于其他地区。

2005年10月3日至5日，来自全国各地的40多位网友参加了首届汉服知识竞赛，期间参观了天安门、景山等，这是首次公开以汉网名义召集的全国性汉服知识线下主题活动。[2]2006年，有一位叫丰茂芳（网名"小丰"）的山东女子，几乎是独立撑起了北京的汉服活动。2006年8月她在

① 方哲萱（网名"天涯阁主人"）：《[乱弹]那片江湖——关于汉服》，载天涯论坛，2006-03-12。

② 参见方哲萱（网名"天涯阁主人"）：《[乱弹]那片江湖——关于汉服》，载天涯论坛，2006-03-20。

网上看见关于汉服的新闻后，整整两天没睡觉，沉湎于汉服论坛中不能自拔，原来那件衣裳就是她儿时的"仙女梦"。后来，她开始学习制作汉服、弹古琴，并在北京组织起了各种汉服活动，QQ里还添加了近千名汉服爱好者。最后，她选择辞职，专心投入到汉服活动中来。[1]

▲ 2007年北京世界公园举办的外国人穿汉服体验活动
注：活动组织者丰茂芳（网名"小丰"）提供原图，授权使用。

　　2006年至2009年期间，她一直忙于组织北京地区的汉服活动，不仅有常规的传统节日、礼仪展示、对外合作交流的活动，每天晚上她还要在QQ群里组织语音朗诵《诗经》，甚至周末也组织聚会学习传统经典。2007年起，她开始日常穿汉服，每天穿着长裙，戴着发簪，行走在北京街头。4月19日，她的故事被《法制晚报》以《北京美女穿汉服过现代生活常被人拦住合影》为题报道后，中国新闻网、搜狐网、网易等网站在首页位置予以广泛转载，影响颇广。

　　2009年4月5日，在延续丰茂芳搭建的团队基础上，北京地区的骨干

___

[1] 参见《还魂明朝五百年前的体香》，载《时尚先生》，2008（10）。

漢服歸來

们成立了首届"汉服北京吧务组",并开始使用"北京汉服协会筹备委员会"的称呼,促使这里的活动规范化、规模化。经过多年的发展,除了定期举办传统节日活动外,还发展了诗词研习小组、汉乐小组、"浮

▲ 2012年5月6日"汉服北京"在双井富力广场举办"服饰影响中国"主题活动

　注:"汉服北京"提供原图,图中人物"魁儿"授权使用。

生记"摄影等兴趣小组,并连续举办了历代帝王庙"大射礼"系列活动、文天祥祠"祭祀宋丞相文公"系列活动,协办西塘"汉服文化周"系列活动。

北京市的地理特殊性,也成为汉服在北京发展的一把双刃剑。对于早期的团队而言,可以说北京的限制极多,尤其是在"两会"、国庆等重要活动期间,如果不事先申请,仅在网络召集后即举行汉服聚会,那么不仅在公园举办活动会被要求取消,就连在街头拍照都会有安保人员前来询问。所以早期北京地区的汉服活动规模一直有限,甚至还要选择在室内这样的封闭空间举行。然而另一方面,北京也是个资源、平台、媒体较为集中的区域。随着"汉服北京"团队的成长,组织人员社会地位的上升——从刚刚毕业的大学生,逐步成为社会中坚力量,在资源、人脉、经济等领域都有所突破,慢慢地开始有更多的能力和机会接触到社会的其他阶层——借助北京的地缘优势,他们举行了一些特别的汉服活动,在全国的活动中也是独树一帜了。

比如2013年1月,"汉服北京"部分成员参与拍摄中国国家博物馆百年纪录片《国脉——中国国家博物馆100年》第六集《公器》,纪录片不仅成为国家博物馆的历史性珍藏,还在中央电视台科教频道播出;2014年8月5日,中央电视台纪录频道播出了《新青年》第九季,该期节目以《矢志青春》为题,以"汉服北京"一名普通青年的视角记录了当代汉服复兴者的理想与奋斗历程,同时重点讲述了"汉服北京""大射礼"活动台前幕后的故事。

另外,北京的汉服团体其实是多元理念并存的,除了"汉服北京"外,还有其他三个社会团体,其活动理念各有侧重。成立于2009年的华夏文化研习会(简称"华研会")是一个以继承和弘扬华夏文化为宗旨的民间"汉本位"社团,协会工作地点为"汉家茶馆",在组织民俗节日活动之外,还坚持举办"汉家讲座"。成立于2013年的墨舞天下汉文化传播中心(简称"墨舞天下"),是北京地区传承弘扬汉服、传统文化的线下公益社团,2015年和2016年春节前,连续两年在北京市大观园举办中华传统文化晚会。晚会为公益性质,表演团队及工作组人员均为志愿者,目的是呈现一场原汁原味的文化盛宴。另外,2015年9月17日北京市校园传统文化社团联盟正式成立,该联盟隶属于中国文化网络传播研究会,这也是首个参与到国家一级协会组织的汉服社团。联盟旨在凝聚北京各高校社团中的新生力量，并积极参与中国互联网上的国学文化传播活动，传递网络正能量。

▲ 2015年1月25日第一届中华传统文化晚会在北京大观园梨香苑举办

　　注：墨舞天下汉文化传播中心理事会会长、中华传统文化晚会总策划／导演于梦婷（网名"绽放"）提供原图，授权使用。

　　这就是中国的首都北京，不仅地理位置特殊、组成人员背景复杂、社会关系盘根错节，甚至还有非法组织或个人打着汉服旗号在这里从事不良活动……但不论外部条件如何，真正的核心人员大部分还是在坚持，用他们的一举一动，在这座繁华、错杂的城市中，推动着汉服运动从社会的"草根"阶层一步步、一点点缓慢向上层发展。如果说汉服运动在其他地区的发展再过三年或五年会有一个不一样的局面，那么北京的汉服运动则需要五年或是十年。从进程上看，北京的汉服运动一定是缓慢与落后的，但从效果上看，则一定是显著与鲜明的。

四、区域化的二代汉服运动

其实本节写到的就是第二代的汉服运动团体了。这里，可以从2005年底上海搭建的团队算起，他们是从互联网走入现实社会的一代，他们以某个城市或地区为据点搭建社会组织、落实团队分工、举办社会活动。他们初次见面时不问真名，只称网站ID、贴吧ID、QQ群昵称等网络标识，但他们开始关注出处，比如你是哪个区，你在哪个学校，你的单位是哪里，因为他们的现实生活开始出现交集。

他们的行为模式也是线上召集、线下实践、线上宣传交替进行，与一代类似。第二代汉服运动团体没有政治诉求，却有了团队意识，他们致力于让当地的政府组织机构认可社团，并且尝试以公司、社团、协会的名义在社会当中寻找立足之地，努力扩大团队影响力。

第四节 | 新生代汉服运动

一、云南地区美美与共

提起汉服复兴，经常有人问："那少数民族怎么办？"最好的回答就是——各美其美，美人之美，美美与共，天下大同。最好的例证就是云南地区的汉服活动，这里少数民族多、邻国的番邦友人也多，所以在这里穿汉服也很正常，更不会有其他民族的奇怪目光。或许真的与很多人的刻板印象相反，越是民族融合深入的地区，对于多元文化的包容性就越强。

这里也有一个庞大的汉服协会，而且是第一个省级汉服协会，全称是云南省传统文化研究会汉服文化协会，简称为"云南汉服"。2007年起由

汉服归来

▲ 云南汉服与少数民族活动合影
　　注：云南省传统文化研究会汉服文化协会会长刘丹提供原图，授权使用。

刘丹（网名"霄遥派掌门"）负责至今，现有会员4 000余人，这里的成员来自社会各个领域，有学生、工人、大学老师、专家，还有科技研究人员、艺术家。但不论是何种身份，大家都有着一个共同的信念，就是传承和弘扬祖先留下来的优秀文化与文明。[1]

　　云南汉服在昆明设有两个活动中心，两个免费的传统国学读经班也正在筹建，除此之外还包含44所分会，分布在昭通、玉溪、大理等地区。云南汉服还包括大学和中学的汉服社团，如云南大学汉服社、昆明理工大学汉服社、西南林业大学汉服社、昆明一中汉服社、云南师大实验中学汉

---

[1]　云南省传统文化研究会汉服文化协会会长刘丹口述提供。

服社等。

　　云南汉服的最独特之处，在于它把基于网络产生的社团与大学中学中的汉服社团联系在了一起，就像刘丹说的，汉服协会虽然是网络中走出来的，但一定要立足于现实，如果持续依托互联网，则会给协会的管理带来难度和不稳定性。所以，云南汉服一直注重社会中的活动以及后备人才的培养，有的孩子在14岁时便加入了协会，后来读书、工作也一直都与协会走在一起，帮助共同建立大学汉服社和地区分会。不过这也并不意味着汉服协会一定要放弃网络，诸如网络论坛、手机APP也都是要充分利用的。①

　　云南汉服的汉服活动很丰富，除了举办一般的传统节日和礼仪活动外，还经常与大学和中学的汉服社团联合举办汉服宣传、经典学习等活动。同时，每年都会在大学中举办汉服巡礼活动，协助大学的汉服社团招纳新人。协会内部也会定期举办读经活动，比如穿汉服学经典，提升会员自身的文化修养。另外，还经常与各地分会共同举办汉服文化节活动。

▲ 云南汉服与童蒙私塾的开笔礼活动
　注：云南省传统文化研究会汉服文化协会会长刘丹提供原图，授权使用。

---

① 云南省传统文化研究会汉服文化协会会长刘丹口述提供。

二、古都西安的新一代组织

一世长安，一世繁华。西安原名长安，十三朝古都，文武圣地。这座城里的古韵底藏，随处可见。如果穿上汉服，那宽袍大袖、裙裾飘飘、峨冠威仪的样子，再配上韦曲、大明宫、安远门这些古老的地名，与这座城市的历史风骨、文化底蕴是那么相得益彰，没有丝毫的违和感。

西安的汉服运动起步很早，2006年7月23日，西安地区第一次公众汉服文化活动在南郊的大雁塔举行。[①]再后来，西安的汉服活动发展很快，其中有依托互联网组成的"西安汉服"QQ群，也有以汉服文化传播为主的商业公司，还有以某一项专业项目比如弓箭等为主的兴趣爱好社团。[②]

这里的商业运作、社团组织、文化活动与其他地区有几分相似，但是这里的社团却发展了汉服运动中的新生代力量，也就是汉服运动中的第一个三代组织——2009年基于陕西各大高校汉服社团所成立的西安高校汉服联盟（简称"西高联"）。联盟创始人为王茜霖（网名"琉璃"）、马斌（网名"法相"），目前联盟由22个高校汉服社团共同组成，主要集中于西安市境内。[③]

2009年正值西安汉服运动发展的艰难期，这里不仅没有较强势的社会组织，而且高校中也缺乏真正的汉服社团。虽然有很多人渴望推动汉服复兴，但却信息闭塞，也缺乏组织归属感。为了改变这种状况，西安高校中较为活跃的几位学生共同建立了西安高校汉服联盟。从2010年始到2011年末，西高联共计在西安市十余所高校内举办汉服活动28次，活动的内容包括汉服展示、成人礼、拜师礼等传统文化活动。2012年以后，随着最早一批创建者毕业离校，西高联进入一个相对平缓发展的时期。2014年9月西高联进行了体制改革，不再采用联络各高校零散人员和在各个高校举办巡回活动的活动模式，转变为以高校汉服社团为组成成员，并服务于高校汉服社团的社团联盟定位，同时制定了章程和发展方案。[④]为了强

---

① 参见"黑白风"（网名）：《路在何方？——先行者的迷茫》，载天汉论坛，2007-07-14。
② 网友"长安汉服老狐狸"口述提供。
③ 西安高校汉服联盟王茜霖提供文字资料《西安高校汉服联盟简介及历史回顾》。
④ 根据西安高校汉服联盟王茜霖提供文字资料《西安高校汉服联盟简介及历史回顾》整理。

化联盟的实际作用，章程中特别明确规定，联盟中的高校社团在每一年中必须要协助其他高校举办至少三次活动，否则将不再承认其联盟社团的地位。[1]

▲ 西安博物院"盛世衣冠·汉唐服饰文化艺术展"
　注：西安高校汉服联盟负责人王茜霖提供原图，授权使用。

2014年10月后，西高联一方面依托西安博物院，结合中国传统节日，面向社会公众举办传统文化体验和展示活动；另一方面，积极协助高校汉服社团举办活动，为社团的发展提供助力。2015年11月14日，来自各高校社团的百余名同袍身着汉服参加由西安博物院和装束复原小组共同举办的"盛世衣冠·汉唐服饰文化艺术展"开幕式，又积极参加后续的展览、讲座等活动，整个活动为期两天，是西高联参与的活动中，内容最为丰富和集中的。[2]2015年5月1日，联合西安盛世霓裳汉文化传播有限公司邀请50位同学，身着统一的汉服参加拍摄小雁塔宣传片；2015年7月至8月，联合西安盛世霓裳共同完成了一系列名为"行走

---

① 西安高校汉服联盟王茜霖口述提供。
② 西安高校汉服联盟负责人王茜霖提供文字资料。

的丝路"的公益宣传活动，推广汉服融入现代的生活方式，在前后一个月时间中，大家一起身着汉服，在街头、商场、影院、网吧等生活中的场景完成拍摄。[①]

三、第三代汉服运动社团

事实上，西安高校汉服联盟与之前的汉服社团已经有很大的不同了，其成员是新一代汉服复兴者的代表。他们可以说是真正地走下了互联网的一代，这里的人员多是来自高校的学生，可以认为是基于现实社会中某个共同区域和空间的人群组成的。他们初次见面时更关注的是真名与背景，诸如"你叫什么"、"你是哪个专业的"这一类的在读信息。他们从高校的社团招新开始引入成员，并通过在校园范围内举办文化活动吸引更多喜欢汉服的人，甚至吸引尚未听说过汉服却对传统文化感兴趣的人加入。他们的行动框架侧重于以汉服为载体，举办一些汉服摄影、礼仪展示、舞蹈排练等基于兴趣的传统文化活动，这更像是一个高校范畴内的兴趣爱好社团。

虽然在此之前很多高校甚至中学都成立了汉服社，比如2005年10月成立的中国人民大学文渊汉服社、2007年9月成立的中国传媒大学子衿汉服社、2008年9月成立的河北师范大学溪山琴况汉服社等，但在早期的活动中，由于汉服数量不足、社团成员人数较少、礼仪指导知识欠缺等，这些社团在活动筹划和实施过程中，一般要与当地的社会团体有较多的接触，甚至要经常利用汉网、汉服贴吧等网络平台的协助，提升宣传效果。但西安高校汉服联盟建立后，各高校的汉服社团之间已经形成了信息交流、资源共享、协同发展的运作模式，这为高校汉服社脱离网络论坛和社会上的汉服组织而单独运转提供了帮助，更为高校中汉服运动的发展、为新的里程碑奠下了基石。

四、寄希望于中国青年

据《当代汉服文化活动历程与实践》的不完全统计，目前全球各地的

---

① 根据西安高校汉服联盟王茜霖提供文字资料《西安高校汉服联盟简介及历史回顾》整理。

汉
服
歸
來

▲ 北京莲花池公园拍摄——《等待的归来》
　注：图中人物小玉和妈妈魏丹提供原图，授权使用。

汉服组织、学校社团超过500家①，规模可谓相当庞大。后来，很多一线、二线城市乃至三线城市都有了汉服社团，在云南、贵州、新疆、西藏等少数民族聚居区，也都有了汉服社团。

而且，这第三代社团发展很迅速。特别是在一些二线和三线城市，其当地社会组织的力量不强，反而是高校之中的汉服社团成了地区汉服活动的主要组织。对于整个汉服运动来说，第三代汉服社团的发展似乎并没有出现多少新现象，同样是穿汉服上街、举办汉服活动、进行汉服摄影，但对于实践团队而言，其实变化还是很大的：其内部的组织结构已经变了，包括其政治诉求、行动模式、行动框架等。我坚信，汉服运动的种子13年前已经播下了，而13年中其发展可以说从未断过。至于未来，一定还会有越来越多的人加入，越来越多的地方做出响应，越来越多的事件发生。再到第四代、第五代的汉服组织社团出现时，或许真的就是汉服归来之日了。

少年强则国强，少年智则国智，少年富则国富。把期盼寄托于青年，终究是不会错的……

---

① 参见北京方道文山流文化传媒有限公司编制：《当代汉服文化活动历程与实践》，2014。

第六章　此生不与君绝

　　涓滴之水，汇流成河。在汉服运动十余载的发展过程中，参与的人越来越多，而且几乎所有参与者都在拼尽全力地推动它，甚至在仅有最后一丝余力之时，还要把这件衣裳推向一线光明之处——政府、媒体、学校、社会组织等等，所有的公共领域全部涉及了。但在运动的过程中，难以找到确定的事件作为出发点，也很难通过标志性的事件、核心的人物来呈现它的阶段性变化。它是由点点滴滴的"杂事"积累而成的，因此这一运动也显得有点"波澜不惊"。[①]而这场全心实践出来的文化复兴运动背后，凝聚着的是一个民族的精神与信仰[②]……

[①]　参见王军：《网络空间下"汉服运动"族裔认同及其限度》，载《国际社会科学杂志（中文版）》，2010（1）。
[②]　刘荷花口述提供。

第一节｜进阶中的新动力

一、"两会"上的呼声

汉服复兴的这条路上，并不是真的只有年轻人在"单枪匹马"、"孤立无援"中"举步维艰"，也有很多社会中的精英或是某个领域中的重要人物，在国家或地区层面明确提出建议或呼吁，他们甚至也穿上了汉服，并设计出配套的方案、仪式和活动，以实际的行为举措推动汉服复兴前行。

2007年3月"两会"期间，全国政协委员叶宏明提议确立汉服为"国服"，全国人大代表刘明华建议中国博士、硕士、学士学位授予时穿着汉服学位服[①]，这也是"两会"中第一次出现有关汉服的提案和议案。叶宏明曾经在采访中说："今天，没有一种服装被确认为代表国家民族形象的常式礼服。中山装、旗袍被西方人看作是中国的'国服'，但这些还不够体现民族精神。"

在2013年和2014年"两会"期间，全国政协委员张改琴两次提出《关于确定汉族标准服饰的提案》，她在2014年的会议期间还征得了30多位全国政协委员的联署签名。张改琴在采访中说："在现代中国，各少数民族仍保持了各自的服饰文化传统，但占中华民族主体的汉族却没有标志性服饰。多少年来，作为中国传统文化的书法、绘画、戏剧等都得到了不同程度的保护和开发，政府在这方面也做了大量的工作，但在民族服饰发展方面做得远远不够。就汉服来说，设计和生产并不难，关键是国家要有一个积极的引导信号。"[②]

尽管国家一直也没有对汉服的提案和议案进行回应，"两会"中也没有见到明显的成绩和效果，但是这种来自顶层的声音，又确实是非常重要

---

① 参见赵文刚：《政协委员提议确立汉服为国服》，载中国新闻网，2007-03-11。
② 林晖、邹伟：《找寻失落的汉服之美——张改琴委员倡议确定汉族标准服饰》，载新华网，2013-03-06。

的。一方面给那些参与者带来了鼓励和信心，让他们坚信汉服运动中不是只有年轻人在艰难地摸索和尝试，其实还有更多的人在默默地关注与陪伴；另一方面则让更多的世人感受到，汉服复兴真的不是年轻人的行为作秀或街头艺术，在中国有一群行业精英其实也在呼吁着，找寻着。

二、学界的研究与探寻

还记得那所自2012年起，迄今为止已连续4年在研究生毕业典礼上采用奏汉乐、着汉服、行汉礼的方式授予学位的江苏师范大学吗？那是第一所全校规模着汉服参加毕业典礼的学校，而且每一年举办汉服毕业典礼之后都会在网络上被广泛关注，甚至诸多媒体都以头条的位置刊发相关新闻。虽然称赞之声较多，但也不乏反对之人。综观反对的声音，几乎都是认为"弘扬传统文化应该注重平时的文化熏陶与教育"，"毕业典礼只是形式，而缺乏实质与内涵"。但只要在网上简单地搜索一下，就会发现这些说"不"的声音其实源于对事实知之甚少，如果看到这些年来江苏师范大学在弘扬传统文化方面所做的努力、研究与工作，这些言论也就不攻自破了。

正如江苏师范大学的一位老师告诉我的，这里并不是只有汉服，就像学位授予仪式，那里就有着对应的汉乐和汉礼，在这背后，其实还有着一整套对于汉文化体系的研究、传承与创新。江苏师范大学地处徐州，而徐州是中国两汉文化的重镇，所以也应该弘扬中国"文化根基"的城市内涵。[1]学校先后成立汉文化研究院、汉文化创意产业园，编撰《汉学大系》，开设"两汉文化讲堂"、"润德讲堂"、"国学周"、"汉风学社"等文化项目，还创办汉乐团、汉舞团，并依据东汉名医华佗的五禽戏编创了"中华五禽操"。[2]而最后一步，才是举办大家所看到的汉式研究生毕业典礼暨学位授予仪式。

2010年，江苏师范大学科技园（文化创意产业园）启动建设，园区位于徐州的云龙湖风景区内，在建筑风格上也汲取古典主义与现代主义建

---

[1] 参见陈舒扬：《进击的汉服：从大学到城市的文化招牌》，载《时代周刊》，2015-04-07。

[2] 参见《江苏师范大学实施社会主义核心价值观的"四融入"工程、"三引领"战略建设高校大党建》，载江苏教育网，2016-06-11。

筑的精髓，更重要的是园区一个重要发展领域就是汉文化创意产业——重点研发汉饰、汉服、汉章、汉乐、汉菜等。[1]

　　2012年，学校受到教育部委托，历时两年根据东汉名医华佗创编的五禽戏，结合汉文化的养生知识，创编出"中华五禽操"，并于2014年开始在江苏试点推广。考虑到传统的广播操是原子化的、节拍性的，中华五禽操中加入了古韵的乐曲，通过模仿虎、鹿、熊、猿、鸟五种动物形态，强调集"形、神、意、气"于一体，达到强身健体的功效。与传统广播体操不同，"中华五禽操"没有口令。每一套都在情景音乐伴奏下，配以传统文化素材的吟诵而进行身体互动活动，每一个动作均被赋予一定的故事元素，每一节均有匹配的故事情节，所配置的音乐更加注重音色和旋律的

▲ 江苏师范大学研究生毕业典礼"过学位门"环节
　　注：江苏师范大学宣传部提供原图，授权使用。

---

① 　参见《江苏师范大学科技园：打造最具影响力的创新科技园区》，载《徐州日报》，2016-01-14。

变化，力求在强身健体、陶冶情操中增强文化自信。[①]

　　2013年3月始，彭城书院院长、文化学者"汉风先生"开始为江苏师范大学讲授国学课，先生列出了《周易》《道德经》《诗经》《国史大纲》《中国哲学简史》等24本必读书目名单，以及《礼记》《水经注》《陶渊明集》《儒林外史》等30本选读书目名单，供书院国学班弟子学习。[②]

　　我始终坚信，那些认为"汉式毕业典礼只是形式"的人，如果看到仪式背后的那一套文化研究体系，观点与看法一定会有不同的。流丸止于瓯臾，流言止于智者。

三、社会名流的影响

　　汉服运动除了借助社会公共事件积极发出声音之外，近年来还特别注意利用社会名流的影响力，如2012年端午时，郑州大学生穿汉服扮成屈原和嫦娥给航天英雄刘洋的父母送粽子和鲜花。[③]2009年6月3日，成都第二届非物质文化遗产节分会场请李宇春穿汉服秀蜀绣。[④]2012年4月12日由杨澜主持的《天下女人》节目中，与另外两位主持人王一楠、刘硕一起穿上了汉服共同主持节目。[⑤]

　　除此之外，还有那个因电影《长江七号》走红的"最小星女郎"徐娇，这两年成了汉服推广者。她不仅在2013年6月23日上海国际电影节闭幕式上成为首位穿着汉服走红地毯的影视明星，还现身第三届汉服文化周，一身浅色汉服，手拿摇扇，尽显淑女气质。[⑥]后来，在2015年3月，她身着汉服游走在日本，引来游客围观。5月7日徐娇通过微博晒身穿汉服在美国演讲的照片，并称："毕业项目展示会顺利结束了，后来有美国同学跟我谈天，竟然非常标准地说出了'汉服'，还说很羡慕我生在一个拥有

①　参见《江苏师大推广中华五禽操　多所学校已开展学习》，载人民网，2015-08-06。
②　参见彭城书院新浪博客：《汉风先生为彭城书院国学班及江苏师范大学"卓越人才师范班"开列的阅读书目》，2013-04-08。
③　参见周星：《本质主义的汉服言说和建构主义的文化实践——汉服运动的诉求、收获及瓶颈》，载《民俗研究》，2014（3）。
④　参见《李宇春化身绣娘推广蜀绣新歌演绎唯美中国风》，载新疆天山网，2009-06-03。
⑤　参见《杨澜持团扇穿汉服主持节目只为"做一天古代女子"》，载中国新闻网，2012-04-12。
⑥　参见《袁东方徐娇现身西塘汉服盛宴尽显姿态》，载网易娱乐，2015-11-05。

古老且美好传统文化的国家。自豪欣喜的同时，我在心里说：'谢谢你的赞美，不过我们还需为此继续努力。'不只汉服，还有好多传统等待被保护，被传承。"[1]微博曝出后，得到网友的一致称赞，其中有网友称："真正的汉服爱好者，就要这样大方地去展示、介绍我们的民族文化。为你感到骄傲！"

▲ 徐娇身着汉服在美国基思走读学校（Keith Country Day School）演讲
　注：徐娇提供原图，授权使用。

四、汉服文化周的盛宴

中国台湾著名作词人、文化名人方文山是一名汉服支持者，更是一位汉服运动的推动者。

2013年方文山执导的融入汉服元素的电影《听见下雨的声音》在影院上映，他还与徐娇一起穿着汉服亮相16届上海电影节闭幕式红毯。此后，

---

[1] 《徐娇穿汉服美国学校演讲宣传中国传统文化》，载观察者网，2015-05-09。

方文山在全国30多所高校开展《听见下雨的声音》创作分享巡回讲座，表达了对推广中华传统文化的见解。在北京大学、武汉大学、浙江工商大学、四川传媒大学等高校开讲座期间，与校内汉服社成员进行互动交流。

2014年5月19日，由方文山任总导演的"中国风"大型明星演唱会在河北沧州举行，演唱会以汉服元素作为运作符号，汉服首次出现在流行音乐演唱会舞台上。2014年12月26日，周杰伦第13张专辑发行，其中收录了由周杰伦作曲演唱、方文山作词并担任MV导演的《天涯过客》，MV中特别融入了汉服元素，不仅邀请200多位穿着汉服的人参加演出，周杰伦也穿上了有汉服元素的服装。

2015年方文山现身北京APEC青年创业家峰会发表演讲，并携手汉服同袍进行以"汉·潮"为主题的汉服展示。

2013年至2015年期间，由方文山发起的西塘汉服文化周，连续三年在浙江省西塘古镇举办，参与者逐年递增。汉服文化周以传承传统礼仪文化、传播民族服饰文化为目的，每届均以民众喜闻乐见的形式与内容推广汉服及传统文化之美，吸引数千名来自世界各地的汉服爱好者参加，这也

▲ 2013年11月1日第一届汉服文化周乡饮酒礼
注：北京华人版图文化传媒有限公司提供原图，授权使用。

是迄今为止规模最大的汉服活动，受到各界人士和媒体的关注与好评。

第一届西塘汉服文化周于2013年11月1日至3日在浙江嘉善县西塘古镇成功举办。此次活动，共有370余名汉服同袍共同举杯完成了传统乡饮酒礼仪式，创造了世界最多人着汉服参加乡饮酒礼的纪录。活动期间分别举办了汉服高端论坛、汉服百家论坛，并进行了传统射礼、婚礼展示等。据文化周官方统计，参与活动者突破千人，是汉服运动历程中首个规模较大的聚会活动。

2014年10月29日至11月3日，第二届西塘汉服文化周活动在浙江西塘古镇举办。本届文化周以"朝代嘉年华"开场，开幕式上，方文山与主办方代表一起揭幕，以五色土为基，众人撒下来自世界各地的四方土，种下汉服文化树，合两岸融合之心，含传承决心的深意。[1] 此外，还举办了主题为"与方文山对话汉服"的青年论坛、箭阵表演、耆老孝祝等多项活动，据文化周官方统计，近3 000人次参与。

2015年10月31日至11月3日，第三届西塘汉服文化周活动如期举行，活动保留了以往的环节，增加了水上嘉年华、汉·潮T台秀、汉服集体婚礼、国学四艺展等活动，以及传统射箭邀请赛和汉服好声音两个赛事环节，展现了汉服生活化、多元化的一面。[2] 据文化周官方统计，5 000余人次参与了活动，这也是参与人次最多的汉服活动。

就当下全国各地的汉服活动而言，大多数的活动范围限于当地，诸如大型活动、文娱赛事等开放式活动寥寥无几。而汉服文化周，由政府主导、市场运作、社会参与，以其强有力的资源和专业化运作，在活动规模、内容、宣传策略等方面与以往汉服活动相比有了很大提升。它依托西塘古镇为活动平台，凝聚全国汉服复兴力量，向世人展示汉服文化推广过程中取得的实践成绩。西塘汉服文化周活动主要有以下几个特征：

一是专业化运作。汉服文化周引入大量社会专业领域的人才和团队，进行项目式管理。目前已形成一支人员相对固定、组织结构完整、职责分明、经验丰富、从策划筹谋到组织管理都十分专业的项目团队。有北京紫天鸿文化发展有限公司、橘子整合行销公司、林俊廷艺术工作室、台湾

---

① 参见《第二届汉服文化周西塘举行方文山领衔话汉服》，载新华网，2014-11-03。
② 北京华人版图文化传媒有限公司提供文字资料，特别感谢。

▲ 第三届西塘汉服文化周汉服之夜（T台、水上舞台、主题派对）
　注：北京华人版图文化传媒有限公司提供原图，授权使用。

漢服歸來

"故宫"文创等专业机构参与执行创作，有中国艺术研究院、中国书法院、中央民族大学民族博物馆等学术机构提供支持，全力打造汉服文化周模式的特色活动品牌。

二是创新型内容。汉服文化周在活动项目上，每年都推陈出新。汉服文化周更强调原创性作品的发布，如《麟龙》视觉设计、《汉服青史》主题曲等，通过原创作品去演绎汉服的精美绝妙，传播传统文化的审美。

三是覆盖式传播。汉服文化周高度重视媒体宣传，通过宣传推广的投入，加强与媒体的合作，充分利用平面媒体、电视和网络媒体将活动推向全国乃至世界。活动期间，北京卫视、台湾东森电视台、新华网、凤凰网等媒体对此予以报道，故宫出版社《紫禁城》杂志、《醒狮国学》杂志等也发布了活动专题特刊。

对于汉服的态度，方文山在《给传统汉服新的生命力》中写道："一直以来，我都有一股小小的使命感，总觉得应该善用自己在流行音乐界工作多年所挣得的一点媒体能见度与发言权，将其运用在推广中国传统文化上……我想，以通俗文化的语言推广传统文化，是最没门槛、最贴近一般人的生活，也是能获致最大能见度与影响力的方法。也因此，我给自己的定位便是：'联系传统艺术与通俗文化的桥梁'。"[1]

他口中所提到的使命感和发言权，都是汉服运动中最需要的。西塘汉服文化周，不只是要展示昔日江南古镇襟带飘扬的风貌，更重要的是借助这一场场汉风活动，以时尚与传统相结合的形式，让更多人看到衣裳背后所蕴含的华夏文明，感受那些人对于中华传统文化的追寻、传承之情。也正如西塘政府所愿，希望借助一场场汉服活动，把西塘古镇变为汉服小镇。[2]

---

① 方文山：《给传统汉服新的生命力》，载《紫禁城》，2013（8）。
② 网友"汉服晴空"口述提供。

第二节 | 一切可能的领域

一、积极参与政府活动

在汉服复兴过程中，汉服运动的参与者可谓是八仙过海，各显神通，所有能想到的、能参与的、能尝试的，他们几乎都做遍了。这个过程中，核心便是积极参与社会中的政府活动，凸显汉服运动的合理性、正当性，以及在众人努力下取得成功的可能性。比如经中国文化部批准，由第十一届亚洲艺术节组委会主办的"2009年民族之花选拔大赛"中，在百度汉服贴吧、众多汉服网站和全国各地汉服社团的积极响应下，2009年8月16日，"汉族之花"杨娜身穿汉服与55个少数民族的"民族之花"一起，出席了在内蒙古鄂尔多斯举行的第十一届亚洲艺术节开幕式及"民族之花"专场演出，这也被认为是汉服首次与少数民族服装同台亮相。[①]

▲ 2009年8月16日第十一届亚洲艺术节分会场活动
  注：我提供原图。

---

① 参见周星：《本质主义的汉服言说和建构主义的文化实践——汉服运动的诉求、收获及瓶颈》，载《民俗研究》，2014-05-15。

2010年5月1日，来自浙江大学城市学院的崇正雅集汉服社一行十几位学生穿汉服游览上海世博会，引起了媒体的较高关注，新华网、腾讯网、《中国青年报》等数十家网络和纸质媒体均报道了此事。他们身着汉服，手撑油纸伞，行走在各国场馆之间，引得各国友人争相合影，成为了世博园内的独特风景线。①

▲ 浙江大学城市学院的崇正雅集汉服社成员着汉服游览世博会
注：浙江大学城市学院的崇正雅集汉服社社长魏斌2010年提供原图，并授权《汉服运动大事记》系列使用。

2015年11月3日至9日，上海汉未央传统文化促进中心赴新疆喀什地区巴楚县进行社区建设考察和传统文化讲学，该活动是上海静安区的"社会服务和社会治理探索"业务培训和交流项目。汉未央带去了汉服汉礼基础知识与体验课程。这样的民间文化交流方式，或许是一个民族地区建设的新维度与道路吧。②

另外，各地的汉服组织还积极介入到公益、慈善活动之中，体现"岂曰无衣，与子同袍"的行为理念。比如，2010年春天中国云南地区持续

---

① 参见刘昕璐：《十位浙大学子穿汉服逛世博》，载《青年报》，2010-05-02。
② 上海汉未央传统文化促进中心提供文字资料。

干旱，"云南汉服"组织了"温情寄祝祷，春霖满人间"矿泉水捐助活动，于3月27日、4月21日分别向云南干旱地区楚雄彝族自治州南华县、红河哈尼族彝族自治州弥勒县捐献15吨和400箱矿泉水[1]；2015年3月山东青州女孩刘雅琪患白血病，全国各地汉服社团通过各种方式发起了募捐活动[2]。

但是在这些尝试之中，有喜也有悲，有笑也有哭。2010年是中日关系跌宕起伏的一年，9月钓鱼岛撞船事件引发了风波，中国多地爆发了反日游行示威活动。10月16日是传统的重阳节，女孩孙婷（化名）身着汉服和一位朋友在餐厅就餐，坐定后，游行队伍中有人冲了上来，歇斯底里地要求她把汉服脱下来。后来，孙婷才明白对方把汉服当成了和服，于是和对方理论。但部分人已经失去了理智，强行威胁她"脱下！脱下！"，孙婷只好在厕所把汉服外套脱下递出。没想到对方不依不饶，要她把裙子也脱掉。这时孙婷身上只剩下一件T恤衫，躲在厕所没法出来。后来，一个好心人把买给女朋友的裤子送给她，她才得以回到住处。这群人拿到衣服后，将汉服举出来公开示众，并在公共场合下将汉服焚烧。这件事，在网络上被广泛转载，天涯、豆瓣、猫扑等论坛上都有转帖，甚至在日本的论坛上都有网友评论，中国人把自己的民族服装当做了和服。[3]

但庆幸的是，这件事情的结局还算令人满意，后来孙婷及另一位受害女生在四川成都林间雅聚汉文化研究交流会黎静波的建议下，同他一起去公安局报了案。警方表示在事发当日已经把肇事者刑事拘留了，并拍摄了清晰的视频证据，而且烧汉服的人也不是大学生，只是尾随在游行队伍后面的无业游民，属于社会地痞类人员。[4]

爱国没有错，但是借爱国之名行流氓之实，那才是民族悲哀，更是法理不容。

① 参见"admin"（网名）：《温情寄祝祷，春霖满人间》，载《云南汉服》，2010-03-27。
② 参见"汉服资讯"：《2015汉服资讯十大汉服新闻》，载百度汉服商家贴吧，2015-12-25。
③ 参见："春花秋月四季飞"（网名）：《日本论坛对成都逼汉服女孩脱衣烧汉服事件的评论》，载豆瓣小组，2010-10-20。
④ 成都林间雅聚汉文化研究交流会会长黎静波口述提供。

二、课堂上的撒种传播

把汉服带到课堂，是个很好的宣传方式。就像那位自制深衣的李宗伟（网名"信而好古"），他其实也是一所高校的政治课老师，在2003年时便开始穿着汉服给学生讲课了。还有后来的天汉网总版主叶茂（网名"子奚"），也是中式学位服的设计者之一，他是武汉新东方学校的一名英语口语老师，开玩笑时他总是说，他大概是第一位穿着汉服给学生讲英文的英语老师。在高校做老师时，就有很多学生对他口里的"西方"（英语）和身上的"东方"（汉服）的强烈反差产生了浓厚兴趣。几年来，一批又一批的学生被他的演讲和展示的民族文化折服，由此对汉服和汉民族文化产生了浓厚的兴趣。[1]

▲ 新东方叶茂老师与他的英语课
　注：叶茂（网名"子奚"）提供原图，授权使用。

除了把汉服植入课堂，或是开办讲座外，2011年9月至今，"汉服北京"团队受邀在北京师范大学附属实验中学等多所中学开设汉服主题选修课，

[1]　参见刘大家：《汉服"粉丝"的复古情怀汉服　运动渐现"井喷"》，载《楚天金报》，2010-06-21。

▲ 中国人民大学附属中学传统文化（汉服和礼仪）讲座

　注：中国人民大学附属中学特聘中华传统文化指导老师（汉服、礼仪）于梦婷（网名"绽放"）提供
　　　原图，授权使用。

并与中学老师共同编写了配套教材《走近汉服》，教材内容主要包括汉服、礼仪、传统节日和民俗介绍等，课堂教学中还融入了手工制作，如制作发簪、荷包、中国结等，这是汉服第一次进入教学课程范畴。2012年9月，"走近汉服"作为北京师范大学附属实验中学的教学课程，参与了北京市教育委员会主办的北京数字学校公开课录制。另外，自2012年2月起，"汉服北京"团队受邀在中国人民大学第二附属中学开设了"走近汉服"选修课程。

就像大连大学汉服社瞿秋石（网名"苑夫人"）曾经提到的："对于汉服复兴，我们能采用的最好的办法，就是撒种。把汉服这颗种子持续撒下去，那些种子终究会有可以发芽的。"

2016年，北京的新东方学校中有一位叫李诗媛的老师，也开始穿着汉服教英语。[①]2016年3月，武汉新东方学校75名教师的结业仪式就是从带着"传统经典"的汉服仪式开始的，这里有深衣，有朗诵《陋室铭》，也有合唱《沧海一声笑》。[②]

其实，对于汉服运动，当代中国的土壤、环境、温度都已经够了，我们最需要的就是撒种。这些沉眠的、陈旧的种子撒多了，一定会发新芽、开新花、结新果的。待到山花烂漫时，她在丛中笑。

三、学校里的汉服推广

很多地方高校社团都成为当地汉服运动的主力成员，比如重庆、湖南长沙、浙江杭州、河南洛阳等地，这里的学生独自撑起了新的一片天，而且，他们推广汉服的方式可谓是花样百出，也让人震惊。

比如学校学生服的尝试。2013年6月27日上午在深圳市百花小学举行福田区中小学公民道德教育成果展示，深圳市绿洲小学四年级一班的学生们，在这一活动中的选题是汉服式学生服。孩子们利用一年的课余时间做调研，在老师的指导下完成了所选课题《关于推广汉服式学生服的研究》，在模拟听证会现场，孩子们穿上自己设计的汉服式学生服上台展示和答辩。这是公办学校首次有小学生自觉参与和研究汉服运动。2013年6月28日《深圳晚报》以《学生写调研报告设计汉服校服》为题作了报道。

除此以外，学校里的运动会，汉服方队的入场式、主席台前的汉舞表演已是屡见不鲜，甚至网络上还有《给运动会、元旦晚会、合唱节等大型学生活动中穿汉服同学的建议》之类的帖子，其内容包括以下一些：如何

---

① 参见《北京新东方李诗媛：穿着汉服教英语学生喜欢家长满意》，载《太原晚报》，2016-03-22。

② 参见新东方武汉学校：《新东方武汉学校75名教师从培训学院结业》，载新东方网站，2016-04-05。

拿出合理的建议说服班里的同学；如何解决经费问题，毕竟动辄几百元一套的汉服只穿一次不现实，更不可能让所有人都穿着几百块的礼服走过主席台；如何与运动会的主题相符合，以便让学校领导、老师、同学们认识汉服。

▲ 2015年10月27日南通启东汇龙中学运动会开幕式高二18班（图片提供：南通桃坞汉服社）
　注：南通桃坞汉服社负责人陈隐龙提供资料、原图，并授权使用。

四、参与电视节目亮相

　　积极参与各类电视节目，借助电视媒体以最直接的方式展现汉服。2005年2月27日由北京卫视、上海东方卫视、广东卫视联办的《城际特快》栏目播出了汉服专题片《谁人穿汉服》，对京、沪、粤三地汉服活动开展情况进行了对比分析报道，拉开了国内电视媒体正式报道汉服运动的序幕。[1]

---

① 刘荷花（网名"汉流莲"）提供文字资料。

这些年里，电视上除了有受邀参加的汉服展示、礼仪讲解、文化讲座等活动，还有很多汉服复兴者在积极参与电视台举办的互动型综艺节目。比如2009年7月14日，西安的雷赟穿汉服参加中央电视台《开心学国学》节目，在退场时她向观众介绍了她穿的汉服，她说："我希望电视机前的观众可以看到，我们有非常华丽而且可以引以为傲的服饰，也希望大家喜欢我们的汉服，传播我们的传统文化……"这是汉服第一次出现在面向全国播出的知识竞赛电视节目中。2012年6月9日中央电视台《开心学国学》栏目播出了一期汉服专场节目，100位参赛选手全部穿汉服参加。

2012年2月19日唐迪参加江苏卫视《非诚勿扰》节目。节目中唐迪身穿汉服，向大家介绍了汉服的历史、特点以及他所组织的汉服复兴宣传活动，最后他还演唱了一首《精忠报国》。根据《非诚勿扰》节目2012年上半年3.4%的平均收视率计算，大约有4 000万中国人收看了当天的《非诚勿扰》节目。2013年7月爱奇艺、河南卫视联手制作的综艺节目《汉字英雄》中，来自河南的16岁女孩商妤墨和来自西安的16岁男孩王泽宇分别穿汉服亮相。商妤墨在节目中轻声柔婉地介绍道："其实我有人群恐惧症，出去的时候我也很害怕别人会欺负我。我站在这里，我是想通过穿汉服这个事情来呼吁大家，希望大家能更好地认识我们的汉文化，不要让它消失。"

2015年6月27日浙江卫视播出的《中国梦想秀》上，来自云南锦瑟工作室的一群年轻人身穿汉服在台上展示唐朝的结婚礼仪。节目表演结束后，由于周立波的调侃，这件事在网络上引起了广泛讨论。从媒体人的角度看，穿着汉服参加综艺节目并不是一个好的选择。首先，这种节目本身就是为了追求娱乐性、综艺性、市场份额的，何况播出的节目一定是被编辑过的，呈现出来的并不会是完整的汉服介绍。另外，该节目面向的对象几乎都是不了解汉服、汉服运动的观众，短短几分钟内，怎么能说清楚背后一言难尽的理论与体系呢？

但在汉服运动之中，恰恰有着那么一些人，他们不畏流言蜚语，执着于使命感，这些让他们选择在这个娱乐至上的舞台上展现自己的文化信仰。而且，节目播出之后，互联网上的讨论也引起了很多人对于汉服和传统文化内容的关注，引起了参与者的思考："梦想之下，何以为继？"如参与者"千里尘"在网上写道："不忘初心，方得始终。初心就是不因为困难、挫折、障碍、诱惑改变自己的道路，是在所有人不知道的背后打碎牙齿和血吞的坚忍、咬定青山不放松的坚持和粉身碎骨浑不怕的坚决。复兴之路，道阻且长，不管最终结果如何，我相信，当我们白发苍苍、垂垂老矣时，能够坦然地回顾自己的一生，不留遗憾。"[①]

▲《中国梦想秀》节目彩排图

注：网友"千里尘"提供原图，授权使用。

五、实体文化会馆的推进

在汉服运动发展13年后，随着第一代汉服运动骨干的成长，他们也开始在聚会活动外探寻通过建立博物馆、中式生活馆、文化推广中心等多种实体机构的方式，以固定化、常态化的运作，为汉服运动开辟新的发展空间，同时也为后续拓展奠定重要的基础——资本积累。

2015年4月25日，中国最大、最专业的汉服博物馆在山东青岛国际服装产业城正式开馆。这座博物馆位于产业城园区最佳位置，上下五层，共

---

① "千里尘"（网名）：《梦想之下，何以为继——〈中国梦想秀〉汉服展示录制有感》，载百度汉服贴吧，2015-06-24。

2 000多平方米。其中展示了自先秦到明清的汉族代表服饰，不同的服饰配以文字说明，衣服都是严格按照古代的制式1:1制作而成，除此之外还陈列有相应朝代的帽子、发饰、工艺品等。[1]在博物馆的开馆仪式上，举办了汉服展示、书法表演、古琴表演、香道、茶道、古典舞蹈、吟诵等节目，并且邀请了全国30多个主要汉服研究团体和商家参加当天的"衣冠威仪、盛世华夏"创新与发展论坛。[2]

▲ 中国汉服博物馆内景和外景图

　　注：青岛汉服协会会长、曲阜汉服推广中心总经理、中国汉服博物馆馆长王忠坤提供原图，授权使用。

①　参见李德银：《中国汉服博物馆在青亮相　中国最大最专业》，载《青岛晚报》，2015-04-26。
②　参见百度百科"中国汉服博物馆"。

对于汉服博物馆的创办初衷和运营理念，青岛汉服协会会长、中国汉服博物馆馆长王忠坤告诉我说，最初考虑青岛是中国的三大纺织工业基地之一，所以也应该在此建立一个平台，集中展示汉服的不同领域的不同特色。目前博物馆仍是公益性质的，主要是希望能有更多人来此地参观，从而认识汉服。下一步希望推广专题性展览，围绕汉服的纹饰、祭孔服饰等做主题性展览。而且青岛是旅游城市，博物馆又地处商业区，每到旅游旺季，经常会有旅行团前来参观，所以这种系统性的展示，也是一个很好的宣传。①

另外，从2015年年底开始，中国各地的一些社团和商家陆续建立了文化体验馆，并结合当地的地理特色，展示汉服及其背后的特色文化活动。如福建汉服天下于2015年11月22日在福州市南后街郎官巷设立了"汉坊"传统文化生活馆，开办了汉服展示体验、古琴演奏、洞箫吹奏展示以及茶道和香道表演等活动，也经常吸引福建省内外传统文化爱好者到此观摩体验。②上海汉未央传统文化促进中心于2015年12月25日在嘉定州桥历史风貌区建立了汉未央嘉定体验馆，设有汉服、汉茶、汉乐、汉礼等多项体验，使游客身临其境全方位体验汉文化③，展示"礼乐嘉定，教化之城"的独特风貌。青岛汉服协会于2016年2月4日完成山东曲阜汉服推广中心的重新装修，并致力于通过山东的儒家文化定位特征，向海内外游客推广汉服文化和礼仪。④

或许，这也成为汉服运动的新尝试了吧。毕竟作为文化的载体，无论是服装展示、礼仪演示，还是艺术延伸，都是虚化在空中的。究竟如何在社会中做向实处，让它真正作为文化流通起来，在社会中拥有一席之地？或许这种实体化的体验会馆，可以给它带来一个不一样的发展前景吧。今非昔比，愿拭目以待。

六、汉餐汉宴的尝试推广

在各地汉服推广者的探寻与尝试中，13年后的汉服运动发展可谓是

---

① 青岛汉服协会会长、曲阜汉服推广中心总经理、中国汉服博物馆馆长王忠坤口述提供。
② 参见刘可耕：《福州首家汉坊传统文化生活体验馆受青睐》，载中国新闻网，2015-11-22。
③ 2016年3月初我参观嘉定体验馆时，上海汉未央传统文化促进中心姚渊口述提供。
④ 青岛汉服协会会长、曲阜汉服推广中心总经理、中国汉服博物馆馆长王忠坤口述提供。

多姿多彩、百花齐放。在以互联网的虚拟社区为基础，动用一切可能的网络宣传形式进行宣传之后，汉服运动者在社会上也尽可能地尝试所有可行的方法。只是社会中的这一部分受到资本、资源的限制，要么规模有限，要么不能持久，但它们在汉服运动发展史上留下了宝贵的经验。

2007年3月24日中国首家汉文化餐厅汉风食邑在北京三路居开张，店内的顾客都是身穿汉服就餐。这个餐厅不但装修仿汉代，服务员身着汉服，来此吃饭的食客也可身着汉服就餐。还有一个舞台，两侧分别摆有一架古筝和一把古琴，客人吃饭时有人弹琴助兴，平日的中午和晚上还有汉服展示活动，为喜欢汉文化的人们提供了一个交流场所。[①]但遗憾的是，汉风食邑餐厅由于地理位置不好、周边人群消费能力偏低、餐厅定价稍高等原因[②]于2007年底停业。虽然只是昙花一现，但其努力和尝试却给后人留下了难得的宝贵经验。

后来，越来越多的餐厅采用汉文化的主题模式，比如2010年1月西安的长乐未央汉文化主题餐厅开业，餐厅地处未央区汉长安城遗址，并结合西安的园林风格建筑建成，还推出了品汉餐、着汉服、逛汉街、赏汉舞四项文化活动[③]；2010年徐州的汉园宾馆与江苏师范大学科技园联合研发了"汉菜"，着力于徐州的汉文化发源地渊源，挖掘汉菜的历史文化内涵，结合现代饮食习惯，推出了"汉御宴"、"汉宫宴"、"汉风宴"三款汉菜宴席[④]，这也成为宾馆的一大特色。

同时，宋豫人先生推出了汉宴——目的是复兴燕礼：入堂礼、就位、迎祖、献礼（首献、亚献、终献）、汉宴仪程（共敬酒、致词敬酒、开宴）、助兴节目（古琴表演、古筝表演、投壶、行酒令）、送祖、出堂礼、礼成。一方面，宋豫人先生用汉宴礼招待客人，比如款待远道而来的日本爱之大学教授周星[⑤]；另一方面，从2011年春节开始在马来西亚生活营举办汉宴，也就是当地营员的年度汉式团圆饭，迄今为止已成功举办

① 参见张娟娟、何建波：《首家汉文化餐厅冷清开张》，载每日经济新闻网，2007-03-27。
② 2008年汉风食邑餐厅经理丰茂芳口述提供。
③ 参见王卉：《西安首现汉文化主题餐厅》，载《西安日报》，2010-01-29。
④ 参见汉园国际官网。
⑤ 参见周星：《本质主义的汉服言说和建构主义的文化实践——汉服运动的诉求、收获及瓶颈》，载《民俗研究》，2014-05-15。

六届。

　　细想汉风食邑失败的原因，或许在于对汉文化理念的理解有误。对于一个餐厅而言，最重要的其实是餐饮特色，汉文化并不意味着穿汉服就餐即可，更应该将这些因素融入当地的饮食习惯、历史渊源、生活习俗之中，这样才可以更好地借力而为之吧。

▲ 2012年西安长乐未央餐厅七夕活动（摄影：西安天星轩文化传播有限公司）
　　注：天星轩汉服"箬曦"提供原图，授权使用。

第三节 | 汉服重归生活

一、繁华都市里的中式生活

　　这些年中，除了各地的汉服组织、高校社团在坚持推广汉服之外，还有一些人，他们早已把汉服融入生活中，一袭长衣，行走中国。他们是在日常生活的点点滴滴之中，以服装为载体，追寻着祖先留下的足迹，找寻着华夏民族传统的生活方式，也探寻着中国文人传统的才艺情怀与精神风貌。

　　多年前，曾在偶然间看到一张照片——一个人身着汉服于雪山之下花

▲ 2007年4月行者先生在文海（图中人物：行者先生）
　注：行者先生提供原图，授权使用。

海之间倒立的照片。只记得仿佛一切温暖和光芒穿透屏幕落进心里，感慨着这是何等肆意洒脱，也怀疑着世间是否真有如此之人。[①]

　　再次偶然间得知，他居然住在北京市人口密集、文化交融、高知云集的五道口，那里俗称"宇宙中心"。心中不禁万分惊诧，记忆中的他本应该长发飘飘、仙气十足，身着汉服、足蹬草鞋、携带古琴与书，游走在中国的山水、楼阁、古镇、瀑布之间。本应存在于虚构的古意盎然的时空中

①　网友"回灯"提供文字资料《心若无界行即无疆——行者先生专访》，授权使用。

189

的人，怎么会选择居住在闹市中心？

　　当我们穿过购物中心，走进那栋公寓所在的高楼敲门时，心中一直在忐忑：是不是传闻有误，这里的人真的是他吗？结果，开门的真的是照片中那位身着汉服、长发及肩的男子，而厚厚的防盗门内，居然飘散着淡淡的檀香和沉香混合的味道，这种似曾相识的味道，记忆中只存在于寺庙中，对于城市中的我们而言，仿佛太陌生了。走进屋子后，简直震惊了，屋内左侧是琴馆，正面是会客厅，右侧是书斋，一间普通单元房中的客厅，竟然会被他分割得如此精致与别雅。

　　对于他和汉服的故事，"行者先生"告诉我们，那是2007年，当时他在云南丽江，发现藏族、纳西族等都有自己美丽的民族服饰，但却很少有人知道汉族的传统服饰。在他了解到汉服后，就想尝试着穿汉服，结果，再也不愿意换下了。因为交领右衽、宽松得体、无扣系带，真的是他穿着最舒服的一套衣服。①

　　他最推崇的也是中式生活美学，包括挂画、插花、焚香、煮茶甚至弹古琴，这些也都是当代中国文人应该了解的。譬如他的"金玉琴馆"中，墙上的七张古琴有序排列，其中蕉叶式古琴与旁边的《蕉石图》相呼应；琴桌上对应地摆放着两张琴，老师坐上位，学生坐下位，长案上置有一盆幽兰②；挂画也不是随意为之的，茶桌边的傅抱石《平沙落雁》画作，就是以最著名的古琴曲《平沙落雁》为主题，寄托着他的鸿鹄之志。窗帘一定要用素净的，与沙发和屋子的布景保持一致。他说，中国文人，既然称为文人，就应该有文人的涵养、性情，每一处细微的生活细节，也都应有它本身的位置。弹琴弈棋、写字作画、莳花焚香，中式的生活图景，其实一直都存在着，不会因为都市的繁华而销声匿迹，这些应该是我们所要追溯和传承的。

　　对于汉服、中国文化艺术乃至中式生活美学的前景，他还是很乐观的。他说，如果回到十三年前提笔练字、写诗词的时候，别人会嘲笑说："你怎么过起了老年人的生活？"如果回到十年前弹古琴的时候，别人会说："你的古筝真好听。"如果回到九年前穿起汉服的时候，路人会问他：

---

① 网友"行者先生"口述提供。
② 网友"回灯"提供文字资料《心若无界行即无疆——行者先生专访》，授权使用。

"你是日本人，还是韩国人？"再回到七年前做精舍和书院的时候，大家会好奇："你是要开书店卖书吗？"而这些年来，其实所有人都能感受到，中国社会的环境真的变了很多很多，汉服、国学、古琴、书法、国画、武术、中国木建筑、茶艺、香事、插花……甚至是汉舞，都已经被越来越多的中国人认识、接受。至于一个事物的未来发展前景，不要看它的现状，而要看它的变化。虽然汉服现在依旧不是主流，但其实知道的人已越来越多，这就是希望。

二、"汉服女孩"的生活美学

如果说"行者先生"是大隐之士，选择在北京的繁华区域探寻中式生活，那么，另外一位以汉服为日常生活服饰的女孩秦亚文，则更像是一位小隐型女子，她选择在苏州的街道弄堂中找寻传统生活。

2012年10月4日《扬子晚报》的一篇文章《痴迷古装剧中华美衣裳　苏大女生三年着汉服上课》迅速走红网络，不仅内容被各主流网络媒体大量转载，甚至还被改编了各种标题：《女生穿汉服上课引热议曾有同

▲ 秦亚文在苏州大学

注：秦亚文提供原图，授权使用。

样女生被要求换装》、《苏大"汉服妹"一夜暴红行汉礼取汉名衷情汉文化》。这篇文章写道:

> 在苏州大学里曾经有过这样一位女孩——她每日云鬓轻挽,裙裾飘飞,身着汉装,脚踏青鞋,在来来往往上下课的学生人潮中显得分外惹眼,这位"汉服女孩"名叫秦亚文。秦亚文从大一穿上汉服上课,一穿就是三年多,尽管大学氛围相对自由,但惹眼的"穿越"打扮还是引来不少无端的猜测和指责。

> 大学期间,利用课余时间秦亚文会举办各种活动:汉服展示、汉服文化讲座等等。在她的身体力行下,如今校园里时不时会有二三十名身穿汉服的学生出入,成为一道亮丽的风景线,她建立的汉服群有了近百名忠实拥护者,他们的足迹开始遍布各地,感染着更多的汉文化爱好者。

这篇报道让秦亚文迅速走红于网络,更让汉服再次成为网络上的关注焦点。有人赞赏她对传统文化的执着与热情,也有人批评她"入戏太深",更有人对此大做文章认为是炒作噱头……秦亚文的生活也不再平静,走在苏州市区中都会被人认出,结果那一阵子她都不敢出门了。但对于每天穿汉服的缘由,她特意解释道:"在大学的几年里确实是每天都穿,除了已成生活习惯渐渐离不开,还觉得应有一种弘扬汉服文化的义务在里面。毕业之后,汉服已经慢慢进入大众的视野,这时候反而觉得,作为一件衣服,穿上很容易,然而衣服背后很多优秀的文化又需要多少个十年才能得以传承!因为毕业之后将更多精力放在其他方面,汉服则作为一件普通衣服,反倒不必刻意了。"[1]

大学毕业后的秦亚文成立了自己的工作室,取名为"初尘居"。初尘居隐匿在苏州一条幽长的巷弄里,高阔的院墙将它与喧嚣的尘世隔开。推开正门,绕过玄关便见石桌、草庐与一池的荷花,隐约有琴声入耳。置身院内,时间仿佛就此凝住。大堂内,清雅的文人气息扑面而来。一楼宽大的木桌上摆着造型古朴的茶具香插。青灰色的墙上挂有古琴和字画。工作室设有关于传统文化和技艺的课程,比如古琴、书法、国画和苏绣等。对

---

[1] 秦亚文口述提供。

于秦亚文而言，初尘居不只是一个工作室，更是一种生活方式，一种将自己对传统文化的理解与现代生活结合的载体。"出世不失怀大义，庙堂不忘本初心"乃是对她生活理念最好的诠释。[①]

秦亚文的故事，虽然与报道中的并不完全相同，但她却成为生活化的典型人物，感染着、鼓励着更多人选择穿汉服找寻中式生活。对于这些缘由，也正如她所写的："着其衣，知其华。衣为始，内正其道。兴未艾，待君承之……"

三、宽袍大袖的日常化

汉服运动的常态化发展，可以说是现实与初衷开了个玩笑。今日的局面几乎偏离了预期，运动初期时本来叫做"恢复汉服"的，也就是恢复汉服为汉民族服装，并希望使之成为中国的礼服。但结果，在上层路线上一直没有突破，却在潜移默化之中，被越来越多的中国民众

▲ 暨南大学南枝汉服社社长夏祎汉服生活照

　注：夏祎曾创立暨南大学南枝汉服社，并因日常穿汉服而被媒体采访报道。夏祎提供原图，授权使用。

---

① 秦亚文提供文字资料。

▲ 钱成熙（网名"摽有梅"）的汉服生活照
 注：钱成熙提供原图，授权使用。

接受。在汉服版型上，襦裙、短打这类古时的日常款式也最受欢迎。"汉服资讯"的统计数据显示，2015年淘宝网上的汉服成品年度销量排行中，排在前三名的款式都是齐胸襦裙类汉服，累计销量为3 794套。[1]

　　尤其是在大城市中，2013年后"穿汉服过日常生活"已经不再是特别新闻了。很多大学的汉服社团中的社员，平日上课、去图书馆上自习、外出郊游会选择斗篷、袄裙、比甲这类日常款式的汉服。或许在他们眼中汉

漢服歸來

---

[1]　参见"汉服资讯"：《2015汉服资讯汉服成品年度销量排行榜》，载新浪博客，2016-01-28。

服和其他衣服并没有本质区别，就是一件衣服而已——因为漂亮，因为显气质，因为喜欢，所以便穿了。[1]又或许如秦亚文所说："对于汉服运动，可能我一个人的力量不够大，但起码我穿了这件衣服，这世界上就起码有一个人在穿汉服。"这也许也是这场自下而上的民间社会运动的必然经过吧。

其实，随着新生代高校社团的出现，汉服运动者们更注重的也是日常行动了，甚至可以说从集体行动变成了个体行动，曾经组织化、规模化的汉服实践，已经呈现出生活化、个体化、社会化的特征了。2016年3月我在北京街头做汉服调查的时候，曾问起路人如何看待汉服复兴：是否需要在特定场合穿着它呢？不止一个人告诉我说："我觉得没有必要在特定场合才穿呀，我看你们这样子的就挺好，长裙大袖看着也没有什么不方便嘛。"在大学里也有人告诉我说："我认识汉服，我们日语课上就有一个姑娘经常穿成这样，看着也很正常啊，为什么日常不能穿？"

这也是汉服运动的发展成就吧，这种原子化的传播方式，反而让更多人习惯了现代都市中的宽袍大袖，衣袂飘飘，也慢慢地接受了汉服这个概念。换句话说，汉服日常化也是大势所趋，一件衣服，若总是肩负太沉重的历史使命，只怕也难长久，或许应该在一定程度上回归到衣服本身，毕竟这是个全球信息化的消费时代。

四、让汉服重回民间

曾经很多人认为汉服必须像和服一样，走高档路线才可以被世人接受，而且汉服运动必须要依托社会名人或是精英阶层推动才可以发展。但13年过去了，事实似乎并不是这样，外界的发力固然管用，甚至会让汉服运动瞬间爬上一级台阶，但其实若想持续，关键还是要在民间发展。

人文化成谓之文化。《易经》云："观乎人文以化成天下。"中国之人文观，乃是由"人"之一观念，直演化到"天下"之一观念，而一以贯之。[2]如果没有了"人"，也就不必再提"化"了。汉服这个中华文明的符号元素，并不属于某个集团或是阶层的身份表征、意识映射，它应该是属于整个民族的，只有真正地深入中国民间，重新被中国大众接受，才有可

① 参见李正剑：《试论现代汉服运动发展代别划分》，载新浪博客，2016-03-27。
② 参见钱穆：《民族与文化》，7页，北京，九州出版社，2012。

能继续传播与传承。

　　网友"月曜辛"在《汉服》一文中写道："不管是什么文化,没有广泛的民众基础,那它就只能是一个小圈子范围内的'业内人士交流',又或者只是一群自诩时尚风流的人搞出来的昙花一现的'流行'。某种文化、观念只要深入民间,就算再来一次剃发易服它也消亡不了。庶民让人看不起?但庶民往往才是传统文化、风俗的最久坚持者。因为民俗也,民之俗。一个国家赖以延续的基础是人民,一个国家的文化想要延续、发扬,也只有靠人民。得民心者得天下⋯⋯"①

　　周星在《本质主义的汉服言说和建构主义的文化实践——汉服运动的诉求、收获及瓶颈》一文最后部分也是这样写的:"如果汉服只是国学复兴、华夏复兴的符号,那它也就完全可以被其他符号替代(符号学的原理如此)。汉服不能只是承载象征意义的物体,它本身必须对一般民众之现实人生中的服饰生活有意义,它归根到底是一种或一类服装,而

▲ 2015年11月22日纪念汉服运动十二周年南通桃坞汉服社百人步行
　　注:南通桃坞汉服社负责人陈隐龙提供原图,授权使用。

---

① "月曜辛"(网名):《汉服》,载百度汉服贴吧,2013-01-03。

不是抽象和空洞的符号。比起对汉服各种伟大象征性的繁复阐释，同袍们持续、坚韧的穿着实践以及动员更多民众也尝试去穿着实践，才是汉服运动今后真正的前景之所在。"①

穿！这是汉服运动的核心所在——穿出一条复兴实践之路。这里依托的是汉服复兴者们，鼓起勇气、坚持不懈、反反复复地穿，直到公众看到习惯、"麻木"为止，那时便真的是汉服归来之日。而我们更期待的是，在"汉服"一词深入人心之后，它背后的礼仪、建筑、习俗文明等也随它而来，真正带动中华文明全面复兴。

第四节 ｜ 十余载坚守与重聚

一、十余年后的再次聚首

在十余年各地社团发展，新生代力量积极探索复兴路径之时，还有一批"元老"，他们一直都在努力，并时刻期待着各路汉服运动中人可以相聚探讨下一步的发展规划。2013年4月30日《首届海峡两岸（福州）汉服文化节开幕》的新闻出现在了一些媒体与网站上："首届海峡两岸（福州）汉服文化节在福州开幕，两岸共有70家社团参加，台湾亲民党主席宋楚瑜先生赠送亲笔致庆题词：推广汉服文化，展现民族特色。此次汉服文化节吸引了北京、上海、广东等地区的70余家汉服社团200多名代表参加。"②

这是一条看似普通的新闻，也被编排在了媒体的普通版面中，就连社会上的反响似乎也还不如"穿汉服的女孩"有亮点与新意。但从活动的性质来看，它背后的全国社团会面的意义，远远大于活动自身的意义。它不仅仅是福州当地的系列文化活动，以祈福大典、先秦两汉服饰复原展、汉服倾城巡游等活动的方式，向当地民众宣传介绍了汉服和传统文化；更重

---

① 周星：《本质主义的汉服言说和建构主义的文化实践——汉服运动的诉求、收获及瓶颈》，载《民俗研究》，2014-05-15。
② 刘可耕：《首届海峡两岸（福州）汉服文化节开幕》，载《深圳特区报》，2013-04-30。

要的是，这是继2005年10月国庆期间由汉网召集的全国网友线下聚会活动后，时隔8年之后全国汉服运动主要推动者的再聚首。

但与8年前由网站召集的活动不同，这一次是以福建汉服天下协会作

▲ 2013年4月30日首届海峡两岸（福州）汉服文化节开幕式
　注：福建汉服天下提供图片，授权使用。

为发起人，邀请各地汉服组织的代表来参加的全国性社团聚会，活动还对一些核心组织实行了"落地接待"的优惠政策。①该活动给各社团提供了一次见面交流的机会，让大家可以共聚一堂、共谋发展，并为未来的相互合作奠定了基础。

实际上这也是一次强化集体认同的行为过程。网络时代对于认同的建构其实是松散的、缺少组织的，所以一些社会运动运用线上和线下两种方式进行动员。②随着汉网、天汉网、汉服贴吧等网络平台作用的减弱，在网络上的联系更多借助于微博、微信、人人网等社交平台，在时隔8年之后再次把大家聚集在一起，强化社团之间的联系纽带与共同利益诉求也是非常必要的。

后来，福建汉服天下继续把海峡论坛举办了下去，并以不同的主题、形式作为活动契机，给两岸的汉服社团提供了见面交流的机会。2014年4月25日至5月3日期间，第二届海峡两岸汉服文化节由福建福州、泉州晋江和台湾台南联袂举办，除了邀请台湾传统文化促进协会赴福州参加以外，26日的开幕式还在福建福州与台湾高雄两地同办T台秀等活动，凸显两岸在中华文化上的同根同源，同承一脉。③2015年6月5日，第三届海峡两岸汉服文化节暨福建汉服天下成立十周年庆祝活动在福建福州举行，本次活动更侧重于汉服背后的文化部分，包括书画艺术展、妈祖祈福礼、诗词吟诵会、"非遗"青年论坛等，呈现汉服作为文化载体的属性和意义。

二、活动之中重拾礼乐文化

十余年后的再聚首中，除了海峡两岸汉服文化节外，其实还有中华礼乐大会。尽管二者都是由福建汉服天下作为主办方，但是活动内容和形制又不尽相同，且各有侧重。海峡两岸汉服文化节立足于福州地区，邀请两岸的汉服社团，共同宣传汉服文化，提升两岸的文化凝聚力。中华礼乐大

---

① 福建汉服天下郑炜口述提供。
② 参见张家春：《网络社会运动：社会运动的网络转向》，载《首都师范大学学报》（社会科学版），2012（4）。
③ 参见刘可耕：《两岸联办海峡汉服文化节　展现中国传统文化内涵》，载中国新闻网，2014-04-26。

会暨汉服文化艺术展，则侧重于在全国范围内传播中华文化中的礼乐部分，并给汉服商家、汉服团体提供一个合作、交流的平台。

"兴于诗，立于礼，成于乐。"这是孔子对于成人之道的教化说法，中华文明自古也被称为礼乐文明，孔子强调不论是在治国安邦还是在陶冶情操、规范行为之中，都要强调礼和乐的作用。重拾礼乐文化也是汉服运动中经常提起的，礼即礼节规范，乐则包括音乐与舞蹈。2013年至2015年期间连续举办的三届中华礼乐大会，一直都秉承着"礼乐兴邦、和谐秩序"的活动理念，以服饰秀、礼仪展、汉文化市集、论坛交流等方式①，让更多人可以感受中国的礼乐文化，并拉近彼此之间的距离。

▲ 2013年11月9日首届中华礼乐大会暨汉服文化艺术展开幕式
　注：福建汉服天下提供原图，授权使用。

　　2013年11月9日至11日首届中华礼乐大会暨汉服文化艺术展在浙江横店秦王宫景区举行。其中活动的主要组成部分包括：T台服饰展演，由全国十余家汉服商家或研习商家共同参加，通过T台走秀的方式演绎最新

① 参见"中华礼乐小组"（网名）：《第三届中华礼乐大会活动公告》，载百度汉服贴吧，2015-09-01。

的汉服作品；传统礼仪展示活动，包括拜师礼、女子成人礼、婚礼、射礼等；汉文化集市一条街活动，供到场的参与者们观看和购买汉服与其他文化创意类产品。[1]

另外，在第二届中华礼乐大会举办期间，与会的各汉服社团还联合成立了中华礼乐小组，旨在共享现有资源，发挥各地社团的能动性，促进汉服组织协同发展，首批共有16家社团加入，涉及西安、重庆、柳州、洛阳等多地。[2]

▲ 2015年第三届中华礼乐大会活动掠影与合影（摄影：西安天星轩服饰文化传播有限公司）
注：天星轩汉服"箬曦"提供原图，授权使用。

---

① 参见《2013中华礼乐大会暨汉服文化艺术展在横店举行》，载新华旅游，2013-11-12。
② 中华礼乐小组郑炜口述提供。

在第一届成功举办的基础上，第二届中华礼乐大会于2014年11月28日至30日在福建厦门鼓浪屿举办，活动包括音乐表演、香道、茶道、插花表演、弓箭射艺大赛、"对话汉服"文化论坛等[①]，与第一届相比，本届侧重于探讨汉服及其背后的礼乐文化在当代生活中的定位、演化和传承方向。

"国泰长安·丝路溯源"第三届中华礼乐大会于2015年10月31日至11月3日在西安举行[②]，这一次活动的承办方也加入了西安本地社团，包括福建汉服天下、西安汉服社、西安天星轩服饰文化传播有限公司。活动内容更加贴近西安的城市氛围，由秦汉式的开笔礼、唐宋式的拜师礼、明式的成人礼等活动组成，并仿造"丝路贸易"市集的样式，搭建了汉风集市。[③]

对于未来的设想，福建汉服天下的郑炜曾经在采访中说："中华礼乐大会，我们想办成奥运会的模式，每年在不同城市轮流举办，办成全国各地'同袍'的狂欢节，通过这些活动，在全国都营造起汉服文化的氛围来。"[④]或许有人质疑说："一场又一场的活动罢了，对于中华礼乐文明的教化，其实起不了什么作用。"但是别忘了，我们的文明是断裂的，尤其是这个勾勒文明的复兴符号，恰恰又是消失极久远的、被遗忘极深刻的那一个，这也是汉服运动最难跨越的障碍。如今，衣冠尚未见天日，更何况背后的礼乐文明呢？至于"礼乐"这个概念，有了总比没有强，有了可以再完善、再丰富、再传承、再推广，并以汉服的复兴带动礼乐文明的重现，这不是更好吗？

三、"穿"出来的文化运动

汉服运动一路风生水起，然而却并非一帆风顺，热闹的背后还有质疑和嘲讽。它甚至屡次成为舆论热点：汉服究竟是会"吓到路人"的奇装异服，还是点燃文化复兴的星星之火？提倡汉服是一种防止"文化倒灌"的必要手段，还是照猫画虎的作秀表演呢？[⑤]

汉服归来

---

① 参见周思明：《中华礼乐大会在厦举行》，载《福建日报》，2014-12-01。
② 参见刘畅：《第三届中华礼乐大会在西安举行》，载《西安晚报》，2015-11-04。
③ 参见《第三届中华礼乐大会在曲江楼观举行》，载腾讯大秦网，2015-11-02。
④ 寇思琴：《福州这群汉服迷很痴狂》，载东南网，2015-06-06。
⑤ 参见《汉服，吓到路人还是文化复兴？》，载搜狐文化频道，总策划第427期。

至于那些冷嘲热讽者，不知可曾思考过，如果汉服复兴真的只是文化表面现象，那为何参与人数只增不减，而且是多个领域逐步渗入，并呈现出遍地开花之势呢？如果只是一时流行或是时代浪潮，那么汉服应该如唐装一般悄然消失，可为何十年过去了汉服运动仍然如火如荼？如果只是经济噱头或是潜在商机，那为何在没有外力推动下，仍有大量年轻人自发加入，甚至有着连绵不断之势？究其原因，这根本就不是一种作秀与时尚的混搭，它的背后有着一套文化复兴理论在支持，有着一股认同力量在响应，还有着一份民族精神在召唤。

无根之木无以擎天，无源之水无以奔流。尽管公众看到的只是穿汉服逛街、穿汉服拍照、穿汉服表演、穿汉服祭祀等一场又一场的活动，但它其实是一次"穿"出来的文化复兴运动。只是，这里的人们没有声嘶力竭地去演讲，没有大张旗鼓地去宣传，他们只是在合适的时间、合适的场合穿上合适的汉服，向人们展示那衣饰之美以及文化内涵之美。

华夏归来兮。归来服章之美，归来礼仪之大……

▲ 儿童读经活动（摄影：诗礼春秋）
　注：中式服装品牌诗礼春秋提供图片，授权使用。

第七章

守护在互联网

互联网对于汉服运动的发展而言，是一把利剑，它不仅是宣传平台，也是讨论平台、召集平台、实践平台，而且这里的一切自媒体资源都已被汉服复兴者尝试过。然而，网络中的努力与社会中的实践毕竟有所不同。网络中既没有绚烂多姿的精致服饰，也没有俊男美女的光鲜外表，更没有活动过后的精彩回放，大家能看到的只有那虚化了的网络昵称、深奥难懂的理论资料，或者是多姿多彩的网络作品。而这背后，却是一群默默地、无偿地、持续地守护着汉服的现实中人。可是由于网络自身的属性，很多资料在遗失，很多故事在被遗忘，很多人物也在被忘却……

第一节 | 网络平台的转变

一、笔耕不辍，至死不渝

在2003年至2006年期间，有关衣冠重生的故事，很多都是在网络中发生的。最初是在汉网之中，后来是在天汉网。除此之外，还有汉文化论坛和新汉网，这两个是较具规模且又以原创内容为主的网络论坛。2005年时，时任天汉网的总管理员"溪山琴况"（又名"天风环佩"）看到了刚刚出现的百度贴吧，意识到这里可能会成为未来的一个宣传平台[①]，并在2005年4月14日申请成为汉服吧的首任吧主。

2005年开始，天汉网与百度汉服贴吧联合发起了民族传统礼仪复兴计划和民族传统节日复兴计划，着手制定汉民族礼仪复兴与节日复兴的各种可行性构想方案，主要编写者为"溪山琴况"、"蒹葭从风"、"子奚"三个人，历时两年，编写了50余万字的资料。据"子奚"介绍，"溪山琴况"和"蒹葭从风"为了这些资料可以说是夜以继日、呕心沥血，两年的岁月中，两个人几乎每天都只休息四五个小时，除去学习、工作、睡觉之外，就是搜集资料、整理资料、编写文稿、维护网站，这也导致二人的健康状况都受到了影响。[②]

2006年起，天汉网开始对礼仪、节日复兴计划进行积极的实践尝试。2006年1月组织了笄礼的实践，2006年4月参与了中国人民大学射礼的实践，2006年10月组织了祭礼的实践。后来，天汉网、百度汉服贴吧、各地的汉服社团开始参考天汉网提出的节日复兴方案，在花朝节、上巳节、清明节、端午节、七夕节、中秋节等传统节日开展了节日民俗复兴活动，一时之间，各种活动蔚然成风。天汉网和汉服贴吧还在2006年4月、5月分别

---

①② 天汉网总版主叶茂（网名"子奚"）口述提供。

推出了"中国式学位服"、"2008年北京奥运华服"设计方案，引起了强烈的社会反响。同时，天汉网还提出了"华夏复兴，衣冠先行"、"始自衣冠，达于博远"两个重要理念，渐进式地把华夏复兴事业推向纵深。[①]

可叹浮生若梦，世事无常。在汉服运动即将呈现出理论体系、计划方案、实践路线全方位发展的前景之时，天汉网、百度汉服贴吧创始人，实践方案的主要拟写人"溪山琴况"去世了，年仅三十岁。时间永远地停留在了2007年10月28日那一天，宏图大志，戛然而止。"溪山琴况"这一生之中，心系华夏，笔耕不辍，至死不渝，弥留之际留下遗言："华夏复兴，天风魂牵梦绕，至死不忘育我民族，死后怎舍梦里衣冠。始于衣冠，再造华夏，同袍之责，我心之愿。华夏复兴，同胞幸福，天风叩祈苍天。"逝者已矣，生者何为？曷日曷月，思之未央。

九年过去了，他所制定的礼仪和节日方案还在沿用，他所创立的汉服贴吧会员数已有60余万，他所建立的天汉网则有"子奚"一直在照顾。只是，直到他离开之后，很多网友都还不知道他真名叫什么，家乡在哪里，墓穴又安在何方。其实，在清明之日或是忌日之时，我们真的应该捎上衣冠，去看看他才对，哪怕是在网上，稽首遥祭呢。汪洪波——网名"溪山琴况"、"天风环佩"，他是汉服运动之中，那个永远永远永远都不应该被忘却的人。

天风已碎，环佩空鸣。溪山已渺，唯愿琴况犹生。

二、汉服贴吧迅速发展

这些年来汉服运动的发展离不开百度贴吧，这里不仅有汉服贴吧、汉服商家贴吧、汉服水吧，还有诸多地方社团的贴吧：汉服北京贴吧、汉服深圳贴吧、湖南汉服贴吧等等。其中最重要的当属汉服贴吧，在汉服运动十余年的发展之中，这里几乎成为网络上人员最多的会员聚集平台。汉服贴吧的第一个帖子是在2004年5月31日由匿名IP地址发布的《汉服、汉网、汉文明，小弟也斗胆一侃》，到2005年4月14日，首任吧主"溪山琴况"

[①] 参见"溪山琴况"、叶茂（网名"子奚"）:《明月照归期，丹霞华彩衣——汉服吧吧友与华夏衣冠的故事》，见《溪山琴况文集》，35页。

上任，2006年4月24日第二任吧主"子奚"上任。①

这些年百度汉服贴吧发展迅速：

2010年6月21日，汉服贴吧会员突破2万人。

2011年10月6日，汉服贴吧会员突破5万人。

2012年7月23日，汉服贴吧会员突破10万人。

2015年6月19日，汉服贴吧会员超过50万人。

在这庞大的会员数量背后，其实还有着一个勤勤恳恳、无怨无悔、日夜守候的管理团队。在"溪山琴况"辞去吧主职务后，汉服吧由"子奚"和"剑寒九州"负责，但在那段时间中，贴吧经常被反复恶意攻击，不仅有极端言论，甚至还有着大量涉及政治、历史的观点和讨论，"子奚"和"剑寒九州"为了维护汉服贴吧的运营理念，防止汉服贴吧的主题和跟帖授人以柄，就要长期在线维护和删帖。②2007年，还曾碰到反对汉服的网友投诉，导致百度贴吧撤销了两位吧主的身份，在那之后各种小号粉墨登场，后来是一位叫做"大汉玉筝"的广州小姑娘站了出来，2008年6月起开始担任汉服吧吧主一职，一做便是三年。③

到了2016年时，百度汉服贴吧管理团队共有3位大吧主——"南楚小将琥璟明"、"秦尸三摆手"、"月曜辛"，还有21位小吧主，以及若干名文字编辑和美图编辑。他们平日里基本上是有空就点开贴吧看，也大致设置了分工，国内的人员负责白天时段，几位海外的人员负责夜间时段。④其实，管理过贴吧或者QQ群的人都有感受，这种网站维护虽然不会占用大块时间，但几乎会把日常的碎片时间填满，而且心里还会总挂念着，稍微闲下来便想着去关注一下。看似简单，实则非常消耗精力。

另外，汉服贴吧也很特殊，不仅有着贴吧内部的衡量标准，诸如是否符合汉服运动理念、是否会引起潜在的政治风险，还有着外部的标准制约，比如是否符合中国社会的主流价值观、是否符合百度贴吧管理规

定。所以这里的吧主们，从规章制定到维护运作都要付出大量心血。除此之外，还要经常发布原创性作品，比如汉服吧吧刊、《汉服文化复兴宣传》图册、汉服宣传PPT等等。

漢服歸來

▲ 第六期汉服贴吧吧刊
　注：时任百度汉服贴吧吧主"大汉玉筝"提供原图，授权使用。

但最后留在人们心中的，除了作品之外，只剩下一个个虚拟的网络昵称。就像"月曜辛"在《汉服》一文最后写的："对于汉服运动，我仍然会继续围观，并且会继续跟大家并肩而战，只是我叫什么名字，在什么地方，这些都不重要，重要的是我依然在为汉服复兴出力，至死不渝。"[1]

第二节 | 多样化创新尝试

一、从照片剧到微电影

在汉服运动的发展中，其实一直在强调原创作品的重要性，这里除了文章、图片的创作以外，也逐步出现了影像化的全方位表达方式。而且这种表达方式是与时代合拍的，但凡是互联网中流行过的作品类型，汉服复兴者们几乎都使用过了。

2004年是Flash盛行的年代，那时网友"赵丰年"在看到方哲萱（网名"天涯在小楼"）的"一个人的祭礼"的汉服照片后有感而发，将歌曲《把根留住》重新填词并翻唱，改编为《再现华章》歌曲，这其实是为汉服消亡而感叹的第一首歌。后来，他还配上了一些汉服照片，制作了Flash动画，并于2004年12月2日发布至互联网上。[2]这部Flash发布后引起了网友的热烈回应，不论是歌词——"一年过了一年，几代只盼这一天。让血脉再相连，擦干心中的血和泪痕，留住我们的根"，还是《把根留住》这首歌自身的意境，都让人无限感慨。网友"林嘉林"曾经对这部Flash留言说："这个作品虽然比不上现在制作的那些精美视频，但是对心灵的震撼却是后来的视频所不及的。"

---

① "月曜辛"（网名）：《汉服》，载百度汉服贴吧，2013-01-03。
② 参见"赵丰年"（又名"大宋遗民"）：《再现华章——献给小楼（大宋遗民试唱）》，载汉网，2004-11-15。

再后来，有人开始拍摄图片剧了。2008年2月20日首部汉服图片剧《三世书》在汉网播出，这段视频由杨雁粤（网名"夷梦"，又名"明敬嫔"）担任编导，联合重庆地区的20多位网友共同完成拍摄、制作，共花费一个月。《三世书》共由76张图片构成，它分为"缘起"、"第一世：琵琶怨"、"第二世：征夫泪"、"第三世：亡国恨"、"终场"五个章节，讲述了两个人在汉朝、唐朝、明朝的三生故事，三段姻缘皆是因为国仇家恨、身不由己最终无果而终。直到后来，女主翻出古书《三世书》后，仿佛想起了前世的经历，穿上了那件衣裳，期盼着三生三世之后的再次结缘。

漢服歸來

▲《三世书》"第三世：亡国恨"

注：总编导杨雁粤（网名"夷梦"，又名"明敬嫔"）提供原图，授权使用。

接着，还有人涉足了电视短剧的拍摄，四川成都的黎静波（笔名"黎冷"，网名"霜冷寂衣寒"）曾经以孙异和吕晓玮（网名"绿珠儿"）的故事为原型，策划拍摄电视短剧《谁是你的梦》。①故事的女主角苏茜是一名记者，在一次采访过程中，偶然在酒吧中认识了一位穿古典服饰演唱中国风歌曲的歌手。后来才知道他叫陈放，他穿的衣服叫汉服，于是她也开始慢慢地了解汉服，并喜欢上了汉服。最后两个人走到了一起，并在成都开办了汉服专卖店，携手开始新的生活。这部电视短剧于2008年12月22日在成都电视台都市生活频道首次播出。

此后，越来越多的社团和个人开始拍摄汉服短片，如2009年8月12日西南大学发布了时长43分钟的汉服短片《汉家衣裳》②，这也是根据真实经历改编的。影片主要介绍了当代大学生推广汉服的经历，包括如何向路人介绍汉服、如何在学校内展示汉服、如何实践推广"成人礼"等内容。在这部影片的评论中，有网友留言说："虽然台词有些囧，可是我还是流泪了。那些片断让我想起了当初经历的那些嘲笑、质疑和否定，不过好在一切都过来了。"在那些汉服同袍自制的片子中，不论是演技、台词还是拍摄、剪辑看着都不够专业，但是那份心境与真情却感动了无数的人……

2013年9月10日宁波龙泰影视制作发布了微电影《华夏·梦》，讲述了一位女孩在追寻汉服复兴过程中的心路历程。③影片中，有一段内容是根据成都"反日游行"中群众误把汉服当和服，强行要求着汉服者脱下后公开焚烧的内容改编的。

《秘密》是由中美日韩四国留学生联合制作的第一部英文对白、具有国际化班底的专业汉服主题微电影。该影片的预告片在"鸟巢"播放，正片则在2014年汉服春晚首播。影片中，一间古朴却又温馨的古董店，布

---

① 四川汉文化研究专业委员会会长黎静波（笔名"黎冷"，网名"霜冷寂衣寒"）口述提供。
② 参见"豆子蔻"（网名）：《西南大学汉服短片〈汉家衣裳〉正片出炉》，载百度汉服贴吧，2009-08-12。
③ 参见《宁波龙泰影视出品〈华夏·梦〉》，载宁波微电影官方网站，2013-09-10。

▲《秘密》剧照

　　注：《秘密》主演、制片、策划、宣传李凯迪（网名"弋心"）提供剧照截图，授权使用。

置着老式的台灯、艺术品和橱窗，一切如此静谧，只有座钟滴答滴答的声音宣告着时光依然在缓慢流逝。一个穿着质朴、文雅漂亮的中国女孩进入，脚步声与钟表声相互交错，女孩突然打开一间橱柜，久久不肯离去，由此揭开了一个尘封许久的秘密，也引出了一个由汉服而起的感人故事。该影片被几个电影节提名最佳影片、最佳视觉效果和最佳女主角奖，并获得华盛顿华语电影节"最受观众喜爱奖"。

　　汉服微电影《忠良》2015年10月2日发布。这部微电影由北京电影学院文学系本科学生与北京的控弦司联合制作。这是一部历史题材正剧，

汉
服
归
来

212

从服饰、道具到故事脉络都是有历史根据的，在不到20分钟的影片中，讲述了明朝严嵩与锦衣卫之间的那段历史恩怨，并希望借此引起观众对于今人今事的思考。[①]

这些有关汉服的图片电影或者微电影，尽管选题不同、立意不同、手法不同，但基本上都在其中穿插了对于中华民族辉煌历史，那赤胆忠心的民族性格的描述，希望以此呼唤更多人来找寻我们失落的文化与精神……

二、拜年视频与汉服春晚

汉服运动起步阶段的2004年春节，视频尚未流行，但那些拥有汉服的网友不约而同地穿上汉服，或作揖或手持春联拍照上传至汉网给网友拜年送上祝福。最早的视频征集活动来自百度汉服贴吧，那是在2009年1月16日，百度汉服吧发布"己丑牛年除夕'我给汉服的祝福'视频征集"活动，号召网友们穿上汉服以"我是谁谁、现在在哪里"为内容向海内外的同袍们送上新年祝福。2009年1月28日，百度汉服贴吧发布了拜年视频合集，有来自安徽、四川、贵州、湖南、山东、澳大利亚墨尔本等多地的网友参与了此次拜年视频录制活动。自此之后，汉服贴吧每年春节都会向全球网友征集拜年视频。在2010年的拜年视频征集中，有北京、上海、成都、西安、黑龙江等省市以及泰国、法国、瑞典等国家和地区的约272名人员参加录制。[②]再后来，即使汉服贴吧不再组织年度拜年视频征集了，很多社团也会在春节前开展拜年视频拍摄活动，并将这个部分作为社团的例行活动之一。

再后来，值得一提的是汉服春晚，第一届是由美国留学生王军（网名"黄玉"）发起的，汉服贴吧牵头组织，于2010年10月底发布筹办信息，后来经过三个月的征集与制作，2011年2月3日晚上23点（年初一）在网络上发布第一届汉服春晚"华夏·雅韵——辛卯年汉服春晚"，节目时长2小

---

① 参见"汉北会员小助手"（网名）：《【正片发布】历史题材汉服微电影<忠良>》，载腾讯视频，2015-10-02。

② 杨娜等：《汉服运动大事记2013版》，载百度汉服贴吧，2013-10-14。

▲ 第一届汉服春晚（宣传海报、虚拟光盘、舞蹈节目等）

　　注：汉服春晚发起人、第一届汉服春晚总导演王军（网名"黄玉"）提供原图，授权使用。

时，包含23个节目，有汉舞《扇舞苍穹》、现场绘画《苍穹》、集体汉舞
《越人歌》、小品《吴语说年》等等。后来，这一届的汉服春晚还添加了英
文、日文和俄文字幕，发布至YouTube等海外网站上。①

　　对于筹办汉服春晚的缘由，发起人王军（网名"黄玉"）曾经说："因
为身在海外，受到西方文化的影响很大，思想也曾高度西化，待到了解到
真正的民族文化时，便决心要为此做些什么了。"②后来，他自己掏钱筹

---

① 参见史册：《留学生发起"汉服"网络春晚爱好者将自录节目》，载《京华时报》，
2011-02-01。

② 汉服春晚发起人、第一届汉服春晚总导演王军（网名"黄玉"）口述提供。

建了汉服春晚节目组，并制作了汉服春晚网站，面向各地喜欢汉服的网友征集节目，同时还搭建了春晚节目制作组，负责策划、剪辑、制作等工作。

2012年的第二届和2013年的第三届汉服春晚，都是由中国传媒大学子衿汉服社牵头组织的，覃舒婕（网名"秦人结"）担任总导演。2012年正式启用微博"汉服春晚节目策划组"及时更新制作动态。节目也不再局限于在各汉服社团中征集，而是开始引入董贞的《重阳》、哈辉的《子衿》、箜篌协会鲁璐的《阳关三叠》等专业团队的节目，同时特别搭建了演播室，录制主持人串场部分。[①]从第四届起，由已参加了两届汉服春晚的李文蕾（网名"维京"）来负责，她重组了团队，并将团队细化分为导演组、外联组、文案组、美工组、音频组、网络组六个部分。[②]

2016年2月7日，第六届汉服春晚正式发布。时光荏苒，六年中节目组的工作人员已全部更换，但他们依旧坚守着最初的公益理念，奉行着节目组自己补贴、自己运营、自己制作的原则，在这里投入着金钱、花费着时间、挥洒着汗水，尤其是在每年那四个月的制作时间中，除了工作休息之外，他们的几乎全部时间都要花费在汉服春晚的节目制作之中。而风雨之后，也有了小小的彩虹，2016年4月4日至8日，由节目组策划并制作的汉服公益宣传片，登陆了美国纽约时代广场。

对于为何要参与汉服春晚的制作，参加了四届汉服春晚的策划组外联制片康嘉告诉我说，最初她是在网上看到了2012年汉服春晚，听到最后那一曲《为龙》之后忍不住哭了起来。她迅速决定要加入节目组，一定要为汉服复兴尽自己的一份力。即使到了今天，当她再次听到《为龙》时也依旧会流泪，这也成为她一直坚持下来的理由。

关于汉服春晚的定位，第一届汉服春晚负责人、百度汉服贴吧吧主"月曜辛"在《汉服》一文中写道："汉服春晚更像是一场汉服运动成果的汇报演出。我们知道汉服运动在成长，但外人不知道，还以为这就是

---

① 覃舒婕（网名"秦人结"）口述提供。
② 汉服春晚策划组外联制片康嘉口述提供。

阿晶 苗霖 瑜遥 涵俊
主持人
這裏是丙申年第六屆漢服春晚

華夏有衣 大美漢服

▲ 第六届汉服春晚节目图
　　注：第六届汉服春晚策划组外联制片康嘉提供原图，授权使用。

一群人穿着汉服的行为艺术。汉服春晚给了我们这个展示成果的机会，
让他们看清楚，各地汉服组织、汉服同袍这些年学到了什么，新的一年
又学到了什么，让全世界看清楚我们所争的到底为何，我们的行为举止
到底如何，我们要传达的观点又到底如何。这种展示，比任何长篇大论
的回击都有分量得多，当然也考验人得多……"① 如果说央视春晚沉淀了
一代代中国人的共同回忆，那么汉服春晚则留存了一批批汉服同袍们的
美好感情与成绩。与央视春晚相比，这里没有华丽的舞台，没有精致的
妆容，没有精良的制作，但拥有的却是一颗颗炎黄赤子之心——谨记：
生而为龙。

① "月曜辛"（网名）：《汉服》，载百度汉服贴吧，2013-01-03。

漢服歸來

三、二次元与三次元碰撞

最早尝试绘制动漫作品的是青年学者董进（网名"撷芳主人"），他立足于《大明会典》、《明史》、传世文物及发掘报告等资料绘制了Q版《大明衣冠》，并于2007年11月24日在天涯论坛上发布了帖子《Q版〈大明衣冠〉——漫画图解明代服饰》，这套图志包括冠服、巾服等十四大类[1]，那些身着明代各式衣冠的卡通娃娃们，迅速在各大论坛走红。后来，这些Q版人物被制作成扑克牌、T恤衫、十字绣等周边产品，网友大呼可爱。2011年《Q版大明衣冠图志》图书正式出版发行。其实这套图志本应该划分在考古界、明史界或是服饰界，但是其中的那些Q版人物也带动了很多汉服复兴者，他们开始了手绘作品的尝试。

后来，最广为人知的Q版汉服是网友"辛未年"于2011年绘制的Q版汉服萌系女孩系列，以及网友"夏之犬"绘制的汉服Q版男孩系列，两套作品都是人物形象生动、萌味十足，也充满了年轻人的青春朝气。而且它们也并不是一味仿古，还有短发男孩用耳机听音乐的造型，让人倍感亲切，展现了作者对于汉服融入生活的期盼。

那些喜欢动漫、喜欢绘画、喜欢创作的网友在2010年3月27日联合成立了"汉风弄晴工作室"，工作室致力于发布汉服动漫作品、动漫MV等。团队成立一周年时，也就是2011年3月27日，汉风弄晴工作室发布了以汉服为主题的故事主题曲《拂霓裳》。此后，工作室在2011年清明、端午、中秋和2012年春节推出了《"清明意境"主题插画》、《迎接盛夏，汉服萌系女孩主题插画》、《辛亥百年，汉舞献礼主题插画》以及《2012年壬辰龙年春节贺图》四套主题插画，一些乖巧的Q版萌系漫画赢得了广泛的赞誉与关注。[2]

在2013年2月，工作室再次明确了纯公益路线的主张，并将工作室名称更改为"汉晴画轩"。"愿意为了没有任何盈利、没有任何好处的事情而坚持努力，确实够'幼稚'，但我们'幼稚'得充实满足、问心无愧。"这句话正是出自这个坚持做网络公益的团队。后来，2013年11月，时值

---

[1] 参见"撷芳主人"（网名）：《Q版〈大明衣冠〉——漫画图解明代服饰》，载天涯论坛，2007-11-24。

[2] 参见杨娜等：《汉服运动大事记2013版》，载百度汉服贴吧，2013-10-14。

▲《银华》插图（汉晴画轩网络动漫团队小山绘制）

　注：汉晴画轩网络动漫团队负责人"阎小妖"提供原图，授权使用。

第一届西塘汉服文化周，一部以汉晴画轩为主笔、以方文山和周杰伦为原型创作的汉服科普类漫画《汉服有礼咯》先声夺人，漫画幽默风趣地讲述了方文山、周杰伦与汉服相识相知的故事。[①]同时，在第一届西塘汉服文化周期间，汉晴画轩团队也推出了汉服主题的画集《银华》现场售卖。同

---

① 参见《〈汉服有礼咯〉漫画连载故事的第一行》，载汉服文化周官方网站，2014-01-07。

样引人关注的还有《华夏未央》的动漫MV。作为最受关注的汉服漫画团队，汉晴画轩一时间人气扶摇直上。

除了那些人物漫画外，还有汉晴画轩成员"树水"于2010年4月28日在百度汉服贴吧发布的连载漫画小说《君思故乡明》。这部漫画以追忆明朝衣冠为主题，讲述了男主角许心鉴在明末清初坚持守护衣冠而不肯转世，直到在当代遇到曾经很反感汉服的女主角"牛青青"后，两人因为汉服而产生感情，并携手复兴衣冠的故事。[①]漫画的结尾处勾勒了当代汉服社团社员们的生活故事，社团成员们畅想着穿着汉服共度传统节日的美好景象。这套漫画感动了无数网友，而且受到广泛好评，在2010年年底被印制成漫画本子销售，此后又数次加印。此外，网友"若水"（阿哉）的《朝代歌》也是将中国历史上的朝代拟人化，这些朝代生活漫画也被广泛转载。

六年的时光中，这里凝聚了一批优秀的年轻画手，他们的作品以汉服为主题，因节日贺图和优秀漫画而备受喜爱。国内老牌漫画出版社巨头漫友文化也出手了，它集合旗下优秀专业画手打造了首本《汉服古潮志》，并在2015年4月1日出版发行。书中不仅展示了汉服的不同形制，更是汇集服饰搭配、发型妆容等内容，成为富有二次元意义的商业和汉服运动结合的典型代表。

汉服与二次元在三次元的碰撞，令这场汉服复兴运动彰显了新一代的特点。

四、引入影像技术传播

网络上的视频除了艺术作品、影视作品之外，涉及教学作品、入门宣传的也不少。2005年4月26日，宋豫人（名庆胜，字豫人，号一晕）受邀在河南郑州城隍庙着汉服为游客讲解《城隍庙的来龙去脉》《汉服、汉礼简说》等内容。[②]后来，2005年下半年起宋豫人将这些内容整理成《汉家讲座》系列，包括《华夏文明之适应域》《救族之道路》《诸夏、万邦、鞑虏》《中国历史脉络》等，发布至网上。

---

① 参见"树水"绘制：《君思故乡明》（漫画绘图手册）。
② 宋豫人口述提供。

另外，汉服贴吧还牵头制作了大量对于汉服、汉服运动的视频介绍，影响力较大的有2009年网友"月曜辛"制作的《汉服运动的爱国式》和2010年"文曦映画"制作的《汉服宣传且看吾辈》。这些视频里使用了大量汉服复兴者的生活照片，并配上汉服与汉服运动介绍的朗诵文章，在网络上广泛流传。就像《汉服运动的爱国式》中介绍的，我们复兴汉服，不是要搞什么极端民族主义，不是要破坏社会和谐，而是要恢复汉文化，进而振兴中华！我们的爱国心绝对不比其他人少，只会更多。

再看《汉服宣传且看吾辈》里配乐朗诵部分所介绍的："我们有着55个兄弟，他们都有着很灿烂的文化。民族服饰更是多姿多彩，我在想，那样绚丽的图案，凝聚着的是一个民族的精神……读书时觉得唐诗、宋词里面的插画人物很漂亮，我知道，那是我们曾经的服饰。可现在为什么再也找不到他们的身影了呢？因为时代进步，我们只穿时装了吗？可那是民族服装啊。如果说那是古代的衣服，那么哪个民族的服饰不是沉淀了一个民族的历史，流传百世而传下来的？为什么我们汉族的民族服装就是古装，而其他民族的服装就是民族的象征呢？华夏复兴，衣冠先行。路漫漫其修远兮，但不管我们丢失了多少，我相信总有一天我们会重新找回我们自己。"这些内容道出了很多汉服复兴者的心声，引起了很多人的共鸣，正如网友留言所说："看着看着，就哭了……"

再后来，还有很多网友以及社团加入到汉服宣传片、介绍片的制作中。比如中华汉韵社出品的汉服宣传片《不是古装，不是穿越》，这是流传最广的片子之一，主要回答了汉服是什么、为什么复兴汉服、怎样完成汉服复兴运动三个问题。再比如，网友"蕾蕾呼呼"根据"大汉玉筝"的PPT制作的《汉服讲座序》，试图引起喜欢汉服的人的共鸣。除此之外，很多社团也制作了类似的视频，比如国际关系学院的汉服微记录《始于衣冠》，其中包含汉服基础知识简介、着汉服者日常活动两部分。

神花动漫从2014年10月23日开始推出3D动画系列《汉服传承》，每期选择一个节气或传统节日，再加一套汉服款式或配饰的介绍，将汉服、民俗与文化结合起来，截至2016年3月共推出了21期。还有殷文成（网名

漢服歸來

"温暖的林领大筑"）录制的《汉服剪裁教学视频》系列等。

这类视频、宣传片网络上早已有了百余部，很难一一罗列。其中有图片剧，有影视作品，有配乐朗诵，有人物采访，还有原创动画。但无一例外的是，这些都是纯公益的、纯志愿性质的制作。大家都是在学习或工作之余，花费精力与金钱自行制作的。也正如他们所说的："在汉服复兴、文化复兴的道路上，大家都在尽己所能，我们自当如万千同袍一样，尽绵薄之力，弘扬民族文化、重现民族精神。"[1]

所以，他们选择在互联网，在这个喧哗躁动的平台上，以肃穆之情，以虔诚之心，以奋力之势，重铸华夏之魂……

第三节 | 一切可能的自媒体

一、电子杂志盛行时代

对于社会运动来说，一个经典的理论便是："一场没有被报道的社会运动就如同一场没有发生过的社会运动。"由于这个原因，西方的社会运动组织十分重视获取媒体的报道，哪怕是负面报道。[2]汉服运动在发展过程中其实也非常倚重媒体的报道，尤其是官方媒体的报道。

但是，在发展初期，很多媒体并不了解汉服，在报道中经常称其为汉朝服装、古装，即使称之为汉服，也是要加上双引号的。而且媒体并不了解汉服运动的内涵，往往呈现出的是"年轻人穿着汉服做什么"的新闻噱头。所以，汉服运动的参与者们便开始注重打造自己的媒体了，除了网站、贴吧之外，在这个互联网的空间中，汉服运动几乎动用了所有的宣传方式与电子媒介。

---

[1] "水中青鱼子"（网名）：《国际关系学院汉服微记录〈始于衣冠〉舞台版》，载北京汉服吧，2013-05-13。

[2] 参见赵鼎新：《社会与政治运动讲义》，268页，北京，社会科学文献出版社，2012。

▲《华夏衣冠》电子杂志创刊号

　　注：网络上公开杂志截图，《华夏衣冠》杂志社社长李慕桐授权使用。

　　2008年6月9日《华夏衣冠》电子杂志创刊号发布，这是国内第一本以汉服为主题的电子杂志。[①]杂志由《华夏衣冠》杂志社（龙韵九方文化传播有限公司）主办，社长为李慕桐（字慕桐，网名"秋水若兮"），主编为方哲萱（网名"天涯在小楼"）。关于创办电子杂志的初衷，李慕桐曾经告诉我说，回顾历史上的思潮演变或是文化传播，都需要有自己的期刊和杂志来做宣传平台，阐述观点、报道活动，比如五四新文化运动的一个标志便是《新青年》杂志创刊，所以当代的汉服运动也需要这样一种媒介，对外展示汉服运动的发展理念、最新活动等内容。[②]平均每期的下载

---

①　参见"华夏衣冠"（网名）：《〈华夏衣冠〉创刊号》，载华夏衣冠论坛，2009-04-29。

②　华夏衣冠杂志社社长李慕桐口述提供。

漢服歸來

量均在100万左右，在那个年代中，这一下载数量也是惊人的。[1]

杂志分为"风版"（华夏民风、九州民俗）、"雅版"（琴棋书画、中医武术）、"颂版"（读经论道、百家齐颂）三个版块，每一期都会设置一个相应的主题，围绕中国的民风民俗、传统服饰、传统节日与传统礼仪文化等内容进行约稿、编辑。截至2013年1月4日，《华夏衣冠》杂志共发行15期。除此之外，龙韵九方文化传播有限公司还以《道德经》中的"道、术、器"为核心，推出了华夏系列杂志，从三个方面全面介绍传统华夏文化理念和特征。"道"包括《问道》和刊中刊《六艺》，分别介绍儒释道中外哲学，以及中国人的教育智慧；"术"是指《华夏衣冠》，以服饰文化与礼仪文化为主；器是指《华夏风》和《才子佳人》，分别以华夏生活方式和君子淑女为主体。[2]

与此同时，它也带动了更多的原创电子杂志制作，如2008年12月首发的《汉未央》电子杂志、2009年5月首发的《汉家》电子杂志、2011年4月首发的《汉服时代》电子杂志等等。[3]但是到了2013年随着整个电子杂志行业的没落，原创电子杂志发行平台www.zcom.com网站的点击量也逐渐下降，这里所有涉及汉服的电子杂志也都陆续停刊了。

二、全媒体的展示平台

在汉服运动中，汉服复兴者们创立了很多门户网站，比如汉网、天汉网、汉文化网、华夏衣冠网、稷下文化网、汉服网、同袍网，以及很多很多的社团官方网站。后来，还有叫做"汉服荟"的网站，它创立于2013年10月24日[4]，是一个以汉服为中心的垂直社区，可以分享汉服美图、建立话题、找组织抱团、购买汉服、与汉服商家直接沟通，致力于打造网络上的汉式生活，而且还陆续开发了网站、手机APP、微博账号、微信账号、社区等，并持续推出原创型作品。

随着微博和微信的流行，很多网站、社团、组织也都创立了微博和微

---

① 龙韵九方文化传播有限公司、《华夏衣冠》杂志社社长李慕桐口述提供。
② 龙韵九方文化传播有限公司、《华夏衣冠》杂志社社长李慕桐提供文字资料。
③ 参见杨娜等：《汉服运动大事记2013版》，载百度汉服贴吧，2013-10-14。
④ 汉服荟网站"阿奔"口述提供。

信账号。比如微博上的汉服网、汉服说、汉服吧、汉服资讯、汉服等等，这也都算是当代一种新媒体的转型吧。汉服运动自然也不会脱离这种碎片化、多元化、全方位的传播手段。与此同时，诸如H5网页、手机APP互动平台这一类最新的应用程序，也出现在了各类汉服账号之中。

除此之外，还有很多软件或是账号，已经不再单纯地立足于汉服定位了，而是将汉服嵌入国学经典、古典文学、诗词歌赋、艺术生活等古典文化领域。比如才府APP，是立足于中国传统文化的手机APP交流社区，这里定期发布线上或线下的文化讲座、演出等信息，也提供给喜欢传统文化的人们一个交流平台。还有"古典新风尚"的微信账号，曾经发布过的内容有《书法版<长恨歌>》、《完整红楼梦诗词全集》、《簪花》、《节气清明与清明节》等等，在这些文学故事或者抒情散文之中，穿插了大量的汉服摄影作品。

▲ "古典新风尚"博主"听风尚"
　　注："古典新风尚"博主"听风尚"提供原图，授权使用。

三、网络技术达人辈出

除了常规的媒体平台外，汉服运动还在互联网上尝试了一切可能的功能和方式，这里面有常规的、非常规的，有大众的、非大众的，有熟悉的、不熟悉的……

2010年2月15日"汉家服裳"YY语音频道创立，这是最早的汉服YY频道，也是最早开设汉服相关讲座的YY频道，后来多次在频道内开设课堂，包括汉服与传统文化类的讲座。①2010年7月21日第一个汉服广播剧社——青聆子衿工作室成立②，并在2011年7月9日发布了首部汉服广播剧《耀世风华》。"浮生若梦一场，秦砖汉瓦犹在，而昔日华裳，如今遗落何方……"③随着一段悠悠的念白，缓缓道出了很多人的心声。

2011年8月8日汉服地图正式上线，这是一个全球汉服信息查询系统，网址是http://www.hanfumap.com/。汉服地图旨在提供黄页服务，便于大家找到各地汉服社团、汉服商家、文化团体。汉服地图由王军（网名"黄玉"）开发，基于Ajax系统制作，力图建立一个最全最新的汉服信息数据库。④

创办于2014年2月10日的国内知名人气独立自媒体博客月光浮屿网络电台也多次制作与汉服相关的节目⑤，比如《绿兮衣兮绿衣黄裳》《来自历史深处的你》，悠悠的念白，配以恬静的音乐："我从扬州城中缓步走来，清风拂过，衣袂飘飘，于秦淮河畔翩然起舞，衣袖掩面，我不禁迷茫了，我是谁？我来自何方？"把大家的思绪带到了几百年前的美好时光。

除此之外，在线讲座也是必不可少的。2014年6月14日晚广州岭南汉服弘汉大学堂推出第一期在线讲坛《汉服体系介绍》，邀请迟月路（网名"欧阳雨曦"）围绕汉服元素名词解释、汉服领袖元素解析、汉服形制体系三个部分做了在线讲座。⑥截至2016年3月，广州岭南汉服弘汉大学堂共推出五期在线讲座。

在互联网的实践中，简直就是八仙过海，各显其能。但这种宣传也充

---

① 汉家服裳YY频道2013年管理员"络灰"口述提供。
② 青聆子衿工作室创始人之一"公子不坏"口述提供。
③ "公子不坏"（网名）：《让大家久等了，汉服广播剧〈耀世风华〉正剧（完整版）发布》，载百度汉服贴吧，2011-07-29。
④ 汉服地图创建人王军（网名"黄玉"）口述提供。
⑤ 参见月光浮屿网络电台官方网站http://www.imoonfm.com/。
⑥ 参见"岭南汉服"：《岭南汉服弘汉大学堂第1期在线讲坛召集》，载广州岭南汉服文化研究会主页，2014-06-10。

斥着互联网的时代特征，一旦某一种网络传播方式没落了，汉服运动中的这一方式也就随之消失了，如电子杂志、YY广播频道等，都是与网络大环境息息相关的，充满着时代气质的。与那些媒介一起消失的，还有大量的原创素材……

第四节 ｜ 一人一衣是为依

一、永恒流传的是作品

在汉服运动这些年的岁月中，网络部分里很多网络ID出现过，但又慢慢地消失了。或是个人原因，或是生活原因，他们已经消失在大家的视野里，但是他们的作品却留了下来，有照片，有文章，有视频。他们的那些故事，一直活跃在公众视线之中，传递着这里曾经发生的事情与感情……

首先提到的便是那篇流传最广的文章《所谓伊人在水一方》了，作者是方哲萱（网名"天涯在小楼"）。这篇文章初作于2004年，被转载到很多网站以及报纸，名字有的改成《为汉服的低声吟唱》，有的改成《你的祖先名叫炎黄》。文章有两段话时常被引用：

那时候，有个怪异的青年名叫嵇康，他临刑前，弹奏了一曲绝响，那宽袍博带在风中飞扬，他用了最优雅的姿态面对死亡。两千年过去，依旧有余音绕梁，只是他不知道，真正断绝的不是曲谱，而是他的傲骨，乃至他身上的衣裳。

我们懂得民主自由，却忘了伦理纲常，我们拥有音乐神童，却不识角徵宫商，我们能建起高楼大厦，却容不下一块公德牌坊，我们西服革履，却没了自己的衣裳。

可是，在方哲萱自己看来，里面最令人激动、难言的却不是这两段话中表达的遗憾，而是令她百思不得其解的一个现象：

在哪里，那个礼仪之邦？在哪里，我的汉家儿郎？为什么我穿起最美丽的衣衫，你却说我行为异常？为什么我倍加珍惜的汉装，你竟说它属于扶桑？为什么我真诚的告白，你总当它是笑话一场？为什么我淌下的热泪，丝毫都打动不了你的铁石心肠？

方哲萱的这篇文章是汉服运动中里程碑式的一篇，后来鲜有文字能超越这篇文章的影响力，其中也包括方哲萱本人。正如方哲萱在论坛的帖子中所写的："很多人看着这篇文章流下热泪，回复说：'你引起了我的共鸣。'是呀，原本粗陋的文笔，只因是发自肺腑的声音，只因用了一腔热血一气呵成，只因糅进了最最真实的情感、最最深切的悲伤，所以才获得了成功，这成功不在于文字本身，而是文字背后的挣扎吧。"①

另一篇文章便是《一个人的祭礼》了，那是2004年11月12日天津的官方祭孔，方哲萱负责采访这个事情。当天的祭祀活动上，表演队都穿着清装，还有一些官员穿着清代的官服。而对于中国的礼仪制度而言，孔子是礼仪最重要的推广者，宗族的礼仪衣冠制度也是最重要的。所以，方哲萱多次试图与主办方沟通解释这个问题，但她完全没有发言权。后来，她觉得很难过，便在偏殿换了汉服出来，祭礼结束后拟写了《一个人的祭礼》，该文章迅速在网上传播。②而她的那张照片——一个人的瘦弱背影，一个人的雪白深衣，一个人的一份信仰，也在网上广为流传，让更多人关注并加入汉服运动，也让很多人开始认识、喜欢这个深爱汉民族文化的"天涯在小楼"。

一件深衣，一份信仰，一个人。

多年以后，我想我会记得这天，一场盛大的祭礼，一次对儒家文化的呼唤，一群崇尚传统的中国人。只是，我依然坚持相信，这是一个人的祭礼——白衣胜雪、不染纤尘。

二、一曲《礼仪之邦》

如果要说汉服运动十余年来最大的"网红"，则非"璇玑"姑娘莫属。

---

① ② 方哲萱（网名"天涯阁主人"）：《[乱弹]那片江湖——关于汉服》，载天涯论坛，2006-03-12。

2012年3月6日，留学英国的网友"璇玑"身着汉服在英国街头表演笛子和舞蹈，照片传回国内，流传至各大网络社区，红极一时。而她在互联网上的"人人网"、"微博"账户也受到很多汉服爱好者的关注与追随。"汉

▲ 2004年11月12日天津祭孔典礼上《一个人的祭礼》背影
　　注：网络上公开，照片中人物方哲萱授权使用。

服资讯"统计的2015年十大汉服美少女新浪微博排行榜显示，截至2015年6月23日，排名第一位的便是"璇玑"，粉丝数49 633，微博量493。^①

"璇玑"在她人气最旺的时候，利用自己的特长、优势和名气，于2013年时编排《礼仪之邦》舞蹈，并录制了舞蹈教学视频。2014年3月7日，由"璇玑"策划、姜天瑞导演、网友"安九""HITA""叶里"等人共同参加演出的公益宣传片《礼仪之邦》正式在网络上发布。MV的选景主要是在古都西安，背景有着汉唐端庄、大气的感觉，字幕和解说是由中文和英文双语构成的，在优酷网、YouTube的视频网站上广泛传播，意在展示中华五千年的礼仪和气度。

▲《礼仪之邦》舞蹈、MV截图
　注：网友"璇玑"提供图片，授权使用。

出人意料的是，2014年10月25日网友"璇玑"在微博上宣布"三年之约已满……以后有更重要的事要做，属于哪儿就回哪儿去。之前的事还会继续做，但不在明面上"，并删除了全部关注过的好友，还在个人状态中留下一句话："小舟从此逝，沧海寄余生。"然后消失于互联网。虽然"璇玑"消失了，但是《礼仪之邦》却永远流传了下来。记得我曾在一家

① 参见"汉服资讯"：《2015汉服资讯十大汉服美少女新浪微博排行榜》，2015-06-25。

汉服店里碰到过前来买汉服的女孩，我问她："你认识方哲萱吗？"她摇摇头。我再问她："你认识'璇玑'吗？"她还是摇摇头。我又问她："那你是怎么认识汉服的呢？"她说："我看到有人在跳《礼仪之邦》。"后来，新浪微博上有人做过一个调查："你是怎么认识汉服的？"我记得很多人在后面跟帖说："因为看到了《礼仪之邦》。"

薪火相传，长毋相忘。这就作品的魅力吧，也是我们经常说到的以人推衣。在这场运动中，应该多发挥一些个人的专长与优势，而不是一味地"秀衣"与"秀美"。哪怕是在互联网中，也可以在文章、作品、舞蹈等领域寻求突破与深化，大家共同推动汉服运动缓缓地向前继续。

三、没有分工的实践平台

专业化问题一直困扰着汉服运动，很多人说这里的内容不专业、不权威，尤其是互联网上的那些作品最为明显，像早期的宣传素材，可以说制作近乎粗糙。但这一点要看汉服运动的发展脉络，不是做得不够好，而是因为这里的一切都是从零开始。

在面对没有资料、没有人力、没有专业、没有经费的现状时，情怀高于一切。这里面几乎没有人是学服装设计的，没有人是研究历史的，没有人是做网络管理的，但他们却坚定不移地全面出击，任劳任怨、无怨无悔，他们开始查资料、写文章、录音乐、做视频、建网站，期待在这个没有门槛的信息平台上，引起更多人的共鸣。在这种信念的支撑下，才打开了今天的汉服复兴局面。

所以，这里的作品几乎都不是专业的，而且没有分工合作。比如那些视频作品，几乎就是一个人包揽了导演、策划、宣传、主演、制片、外联等所有重要角色；那些电子期刊或者公共账号，几乎就是一个人在拟写文章、拍照摄影、运营维护、宣传推广；那些汉服商家，有的是理工科出身，却凭借着一腔热情，尝试着服装设计、模特拍照、媒体文案写作等诸多方向；那些社团负责人，白天召集活动，夜里拟写文章，再过几天或许直接站在台上开始跳舞。

再看汉服贴吧的那几位吧主，也都是身兼数职，从"溪山琴况"开始，再到"子奚"、"大汉玉筝"、"南楚小将琥璟明"、"月曜辛"等都是这个套路。一个人可以管理贴吧，可以设计图稿，可以写抒情散文或是学术

汉服归来

著作，也可以组织汉服春晚、编辑视频、张罗外联。而这背后是他们的大量心血和努力，诸如自学服饰学、民俗学、历史学，现学绘图软件，尝试使用视频软件。

若是世人知道了这背后的缘由，还会有人忍心责备这个团队不够专业吗？"哪里需要人，哪里就有我。"这就是汉服运动的团队共识。是的，专业化的确是努力方向，一方面提升专业水平，另一方面引入专业化团队，形成团队机制，设置合理分工。但相比其他社会组织，这个纯业余、纯兼职、纯因爱好而成的网络团队，更看重的却是那颗炎黄赤子之心。

▲ 2014年汉服春晚截图（图片提供：汉服春晚节目组）
  注：汉服春晚节目组提供原图，授权使用。

但这样的经历对于个人能力的提升效果也是非常显著的。事实证明，从这个团队里走出来的那些人，在工作中几乎都是全能型人才，很多人的本职工作也做得相当出色。在这里磨砺过的人，他一个人可以带社团，可以当主演，可以写文章，可以做外联，可以教学生，可以任会计，还可以裁衣服……兴趣、爱好、信仰果真是一切生产的最好动力，在汉服运动中这一点也算是体现得淋漓尽致了。

这里的所有人只为那一个梦想而无私地共同坚守与奉献：

汉服，归来兮……

第八章 华夏寻根之旅

故国有衣，文化无疆。对于汉服运动而言，海外华人群体是非常重要的组成部分。他们身处文化交流频繁、碰撞激烈的环境之中，然而越是在这种文化有差异、文化发生流变乃至发生断裂的地方，他们就越是容易形成文化认同意识的自觉。[①]服饰，又恰恰是那最表层、最通俗、最显著的集体记忆，正如在欧洲西装革履的本地人之间，随处可见裹着长袍的穆斯林、穿着沙丽的印度人，服装是民族身份最好的表征和体现。海外华人、二代华裔甚至是留学生所组织的汉服运动的意义，其实远比服饰复兴的意义要重大与深远，这背后反映的是中华文化的凝聚力和向心力，是对于民族记忆的呼唤与延续……

---

① 参见韩震：《全球化时代的华侨华人文化认同问题研究》，载《华侨大学学报》，2007（3）。

第一节 | 祖先刻下华夏印

一、"华"是民族的概念

其实汉服运动从一开始就有海外华人的身影，比如早期应对一些极端民族主义网络言论的网友"南乡子"、"赵丰年"都是旅居海外的华人，第一位自制汉服的青年王育良是澳大利亚华裔，第一位报道汉服上街的张从兴是新加坡中文记者。

马来西亚的赵里昱开创了海外华人身穿汉服走上街头的先例。在美国大学读书的他兴致勃勃地穿着汉服，行走在美国城市的大街小巷，富于民族特色的服饰引来了当地人好奇的目光。[1]2006年6月9日，赵里昱从美国回到上海，他曾对接机的朋友说："在大使馆办理到祖国的签证的时候非常激动，我告诉自己——作为一个华人，我一定要穿着汉服回来，一定要在祖国穿着汉服走街！"[2]

记得初次看到这一段内容时，我心中有一种莫名的伤感，忍不住想起那首诗："少小离家老大回，乡音无改鬓毛衰。儿童相见不相识，笑问客从何处来。"我忍不住想，对我们这个民族来说，汉服不也正像是离家的少年吗？等他归来时，我们却已不认得。赵里昱的事情让我觉得奇怪，他是一个马来西亚人，又生活在美国，恐怕语言都早已转为英语，为什么还会这样不遗余力地宣传汉服呢？

再后来，也慢慢地了解到一些有关马来西亚的事情。

在历史上，1750年时，马六甲的中国居民已经有2 161人，超过总人口的五分之一。[3]爆发于1851年的太平天国运动的失败，刺激了中国人向南洋大移民，他们成为手工业者、小店主、船夫、矿主和农民，逐渐主导了马来西亚的

---

[1] 参见任成琦：《海外华人兴起汉服热》，载《人民日报（海外版）》，2007-05-01。
[2] "陶陶"（网名）：《马来西亚华裔赵里昱首次回国记》，载汉网论坛，2006-06-11。
[3] 参见潘采夫：《哪个才是真正的马来西亚》，载《南都周刊》，2014-04-01。

经济[1]，目前在马来西亚华人比例仍接近四分之一。

在文字上，马来西亚1961年教育法令出台后，政府一直试图使用马来文教学。但马来西亚华人自筹资金，坚持运营华文独立中学，自行组织统考，哪怕在教育体系中不被承认，也要坚守母语教育。这也是东南亚华裔中唯一保留华文教育体系的群体了。

在民族上，马来西亚的主体民族有马来人、华人、印度人，大家的肤色和打扮也都有着明显的不同。无论是节日庆典还是正式场合，其他民族都会穿上自己的民族服装纪念，唯独华人没有[2]，就是那个人口最多，那个以服章之美命名的民族没有，这又是怎样的悲哀。

在国籍上，马来西亚华人意味着，是马来西亚人，但不是马来人，是华人，但不是中国人。马来西亚人是国籍的概念，而华人则是民族的概念。[3]

事实上，马来西亚华人对中华民族的认同感非常强烈，尽管中文教育条件非常艰苦，但他们仍在努力地学习着中文，学习着中华文化。知乎上有人说："这是马来西亚华人牺牲了几代人的血汗换回来的尊严。别人不认同我们不要紧，但我们不会不认老祖宗。所谓饮水思源，追本穷源。就算把我们最后一滴血抽干，我们也不会数典忘祖，翻身忘本。"

他们选择在异国他乡，在另一个国度里，在真正的孤立无援中，执着地传承华夏文明。而其中汉服的传承其实也一样困难，或许更困难。

二、筹办华夏文化生活营

2007年，马来西亚青年运动（青运）大城堡支会成员江毅枫、郑美蓉、李兴山及陈耀之在互联网上发现了汉服运动，经过一番讨论之后，决定以个人名义联合发起马来西亚汉服运动，并以青运联邦直辖区大城堡支会为主要发起单位，共同推动马来西亚汉服运动。关于马来西亚汉服运动发起的原因，陈耀之先生曾经告诉我说："在马来西亚各民族中，每个民族在自己的民族节日时，都会穿上自己的民族服装，唯独华人在自己的民族节日中没有。当我们了解汉服消亡史后，就要义不容辞投入汉服运动。我们能做的，

---

[1] 参见文涛：《哪个才是真正的马来西亚？》，载《南都周刊》，2014（11）。
[2][3] 马来西亚汉服运动联合发起人陈耀之提供文字资料。

便是感召族人。"

后来，大家决定一起开办华夏文化生活营，让更多人一起生活、一起学习，这样不仅能有效地推广汉服和华夏文明，还能为组织物色新的骨干力量，可谓是一举两得吧。在实际筹办的过程中，遇到的困难比想象中要多得多。第一点是人力问题。华夏文化生活营是非营利机构，也是非政府组织，组织者来自各行各业，对于汉服运动也都是业余参加，但确实花费了大量时间和精力。他们告诉我说，在组织汉服运动这件事上，他们是无怨无悔的，只要还有年轻人认同及支持汉服和华夏文明，他们就会竭尽全力地举办下去。第二点是经费问题。华夏文化生活营的营员主要是年轻人，如果生活营的场地、住宿、膳食、汉服制作等费用全数要求营员支付，那么对于他们来说会是相当沉重的负担，所以生活营的骨干努力向社会人士募捐，保证每年生活营在不亏损的情况下，能够坚持下去。第三点是汉服和资源问题。马来西亚最初没有汉服店，华夏文化生活营活动用的汉服都是向中国的商家购买的。后来马来西亚才开始有人掌握了汉服裁剪技术，开始接订单为其他同袍做汉服，为马来西亚的汉服选购提供了一个新的渠道。[1]

2008年5月3日至4日马来西亚第一届华夏文化生活营活动在吉隆坡仁嘉隆东禅寺举行，并邀请中国的宋豫人先生做主讲嘉宾。那一届活动只有18个人报名参加，而且由于时间和经费不足，并没有给参与的营员配备汉服，但是发起成员将自己的汉服借给营员穿着体验。生活营课程包括学习华夏文明、经典概论、汉服消亡史、华人传统礼仪等内容。

后来，马来西亚《东方日报》对第一届华夏文化生活营活动的报道消息中，标题写的是《穿戴汉服保住族根》[2]。什么是"族根"？原来，在异国他乡的土地上，在海外华人的眼里，这件衣裳其实是"华族"的象征啊。文中还写道："复兴华夏文化，重现礼仪社会。从穿上汉服开始，重新学习被遗忘了300多年的华夏文明，让礼仪之邦精神重现在当今社会。"是啊，这里的活动与中国的活动内容看似相似，但是历史不同、环境不同、群体不同，然而意义与精神却是完全一致的。

---

[1]　马来西亚汉服运动联合发起人陈耀之提供文字资料。
[2]　《穿戴汉服保住族根》，载《东方日报》(马来西亚)，2008-04-14。

▲ 2011年马来西亚第四届华夏文化生活营（开营仪式、射礼练习、汉服剪裁、礼仪学习）
　　注：网络上公开，马来西亚汉服运动联合发起人陈耀之授权使用。

　　后来陈耀之先生反复告诉我："我们是华人，不是中国人，也不是马来人，我们是海外华族……"于是，我终于明白了，原来是一个"华"字让大家的心走在了一起，是中华文化的血脉相连。若有朝一日，汉服运动可以在海外开花结果，那首先一定是在马来西亚！

三、马来西亚血脉相连

　　有了第一届，也就会有第二届。从第二届华夏文化生活营活动起，主办方开始从中国定做汉服发放给营员。截至2015年，华夏文化生活营活动坚持举办了八届，参加人数从最初的18人增加到200人，课程也增添了华夏原生态文明讲座、汉服剪裁、中国武术、华人民俗等，同时开展了蹴鞠、射礼、投壶、大型成人礼等项目。生活营活动在当地

▲ 2014年马来西亚第七届华夏文化生活营（射礼课程、合影）

注：马来西亚汉服运动联合发起人陈耀之提供原图，授权使用。

也带来了较大影响，几乎所有的华文媒体都报道过华夏文化生活营的活动，在当地影响较大的有《中国报》、《星洲日报》、《东方日报》、《南洋商报》等。在来自中国的指导人员方面，最初只有一位宋庆胜（字豫人，号一晕，网名"宋豫人"）老师专程前往，后来刘荷花（网名"汉流莲"）甚至马来西亚民俗研究专家李永球也陆续加入进来。另外，马来西亚汉服运动还构建了复兴汉家礼仪方案，参考《仪礼》及"溪山琴况"的《汉礼复兴操作方案》编制了如冠（笄）礼、婚礼、三献礼、燕礼、射礼等仪程，印制成《礼仪手册》供生活营营员学习和训练使用。

　　除举办大型活动外，他们也常年坚持举办小型宣讲会如"汉服醒觉宣

▲ 2015年第八届马来西亚华夏文化生活营活动（汉服剪裁、古筝表演、成童礼）
　注：马来西亚汉服运动联合发起人陈耀之提供原图，授权使用。

讲会"，并与学校、华人社团、公司企业等合作，让民众深入了解汉服复兴的历程与意义。陈耀之说："我们要通过基础文明的课程、小型讲座，让刚加入的会员了解团队理念，明白运动宗旨，也就是要把传承民族文明变成自己的信仰。如果不是信仰，可能一个活动能够激起同袍一时的热情，但这种热情在面对经费不足、付出之后没有认同与尊重的情况时，会很难维持下去。"所以，马来西亚汉服运动四位联合发起人做到现在已经九年了，但大家还是充满雄心壮志，热情未减。他们说，要让华夏文明在马来西亚重生……

其实，马来西亚的环境是相对宽松的，马来西亚官方对汉服运动是支持的，其他的几个民族也都很支持，而且外族几乎没有反对的声音，但是来自华人内部的态度却不一致了，这与中国国内的形势有些类似：有些人早已被西化，认为传统服装都是古装，持冷嘲热讽的姿态；有些人则认为清朝的服饰和文化也是其中的一部分，旗袍与马褂才是民族服饰；也有些人，一旦了解了汉服的历史，便会自愿加入进来，开始守护与传播汉服。华夏文化生活营所能做的，就是不惧道阻且长，用实际行动与默默的贡献，持之以恒地去感动更多族人，告诉大家：我们是现代人，我们复兴汉服，不是为了回到过去，更不是复古，为的只是一个单纯的愿景——找回我们民族曾经美丽的东西。如果将来有一天穿着汉服走在大街上，人们不用奇怪的目光看着我们，也不问我们是不是日本人或韩国人，那就足够了。[①]

马来西亚的华夏文化生活营很特殊，它是基于现实组织产生的活动团队。参与者主要以当地华人为主，后续也有来自新加坡、中国台湾、中国香港的人加入，他们加入的原因更多是由于他们的中华文化认同和民族情感。

网上有一个《马来西亚汉服运动2015年第八届华夏文化生活营》视频，记录了第八届生活营活动的经过，从营员报到开始，肤色各异的人们，穿起汉服、提笔写书、拉弓射箭、即兴弹唱、广袖起舞，视频中每个人脸上都洋溢着灿烂的笑容，那是由于对祖先文明感到自豪……视频里的

① 参见青运大城堡支会马来西亚汉服运动：《丙申年（2016）华夏汉宴众筹活动》，载mystar网站，2015-12-28。

背景音乐《把根留住》也一直回荡在我耳边："一年过了一年，一生只为这一天，让血脉再相连，擦干心中的血和泪痕，留住我们的根。"这两句歌词放到马来西亚华人身上，再合适不过了。

第二节｜港台地区的中华情

一、台湾的汉服文化

随着祖国大陆汉服运动的发展，台湾地区也出现了汉服运动的萌芽，虽尚未形成规模，影响力也微乎其微，但其意义更多地体现在对于中国传统文化的一致认同。我国台湾著名作词人、文化名人方文山，曾创作出《青花瓷》、《东风破》等风靡华人乐坛的歌曲，他与最佳搭档周杰伦曾掀起过流行乐坛的"中国风"热潮。2010年12月1日，方文山在新浪微博上连续发表三条博文，就"是否应该复兴传统汉服"发起投票，并对发起投票的缘由和汉服及其复兴的意义进行解释，这三条微博引起了网民对于汉服的广泛讨论。

除了发起、参与大大小小的汉服文化活动外，汉服运动的组织者还会将汉服融入到多种表现形式的"中国风"文艺作品中，扩大"汉服"一词在媒体与公众面前的曝光度和影响力。而当提及台湾地区的汉服运动情况时，方文山表示担忧，他解读道："在台湾，强调文化复兴在政治上不讨好。相较于大陆对文化复兴的焦虑与急迫，台湾显得不在乎。""复兴传统文化，是尊重传统，建立民族自信心，凝聚共识的过程。"台湾的无所谓实则"大有所谓"。①

后来我又尝试着联系到了台湾高雄地区的"中华"汉服文化发展协会负责人谢颖华。他告诉我说，他自幼喜欢历史和中国文化，而且也很

---

① 北京华人版图文化传媒有限公司提供文字资料。

好奇为什么古时的服装，我们现在不穿了，取而代之的却是旗袍和马褂。后来，有一天他在网络上搜索剃发易服的历史资料时，偶然发现很多大陆的人员正在推广汉服复兴运动，因此而了解到汉服。而且，他慢慢地也感受到台湾的传统节日气氛越来越淡了，甚至春节都不放鞭炮了，中秋节也没有了赏月，只剩下了烤肉。所以，他希望台湾的民众在传统节日里组织活动，不要忘记自己是"谁"，也希望台湾的大众可以重新接纳华夏祖先的衣冠，虽然两岸的政治立场不同，但是这并不意味着要反对祖先的文化。由此他在Facebook上组建了"中华"汉服文化发展协会。[①]

台湾地区汉服运动的组织形式、人员召集方式，还有活动反响，其实和大陆并不一样。虽然大部分参与人员是在看到台湾、大陆、北美或其他地区的汉服活动的报道知道汉服的概念后再在网上自发加入社团的，但还有一部分是在社会活动时加入的，比如在台北孔庙面向群众的汉衣冠投壶活动。而后期的组织、召集活动则又都是在网络平台上进行的。另外，台湾地区对外的文化交流比较多，尤其接触日韩文化比较多，所以一般民众都会认出这不是日韩的衣服，但会以为是拍戏的或者Cos-play的。而且穿汉服走在路上回头率会很高，感觉在台湾地区汉服的认知度甚至还不如杭州。

另外，2010年前后，台湾地区的舆论环境其实并不好，很多媒体对汉服的报道比较负面，甚至发生过店家认为汉服是奇装异服，因而将穿着汉服的顾客赶出来的事件。台湾民众对于汉服的态度像极了大陆2005年之前的状况，虽然出于礼貌，不会说什么，也不会刻意围观，但还是充满着惊讶和不解的。但值得欣慰的是，台湾地区对于汉服的接受速度很快，经过几年的推广，汉服运动在台湾地区还是取得了一定的影响力，包括先前跟汉服社团有合作的游览公司、服装制作公司、中式庭院茶馆店家等等，对于汉服不仅"见怪不怪"了，甚至还转变为支持宣传，对一些传统艺术保护单位的态度，也从质疑转变为接受。

---

① 台湾"中华"汉服文化发展协会负责人谢颖华提供文字资料。

▲ 2016年初穿汉服参观台湾桃园灯会后的合影
　注：台湾"中华"汉服文化发展协会负责人谢颖华提供原图，授权使用。

其实，台湾地区的汉服运动，与大陆地区的汉服运动的性质很不一样。该地区的汉服运动和马来西亚类似，算是自社会中发展起来的汉服运动。其组织力量，大部分是来自Facebook、Twitter等社交平台的网友，但他们不是在线上组织活动，而是在线下聚集到一起策划、组织汉服运动。他们对互联网的使用，其实更像是将其当作二次宣传和推广平台，而不是像大陆早期的汉服活动，是从几个相似的网络平台上延展下去的。

二、香港的零星部落

香港的情况则更特殊了。从本地活动上看，2006年香港和澳门地区的四个人联合发起成立了"华汉文化会馆"，并建立了网上论坛，致力于在香港推广汉服，宣传华夏文化。但遗憾的是，2012年时，几位负责人因为工作和家庭的原因，不得已而疏远了汉服组织，导致汉服活动在香港沉寂了一年。2013年，香港甚至没有一个汉服社。后来，几位汉服爱好者成立了"汉服香港"组织，再次在香港地区开展汉服活动。

但不得不承认的是，香港地区的汉服活动影响力并不大，不论是"华汉文化会馆"还是"汉服香港"组织，经常在网络上活跃的人大概有20个，而活动规模一般也在10人至20人之间。[①]所以，网上曾经有人把香港的汉服爱好者称为"野生同袍"——特指那些不常出现在互联网上，也不出现在汉服组织中，然而自己却拥有汉服，且在一些私人场合穿着，并经常表现出对于传统文化的喜爱和传承之情的那些人。

在百度的香港汉服贴吧中，其实可以看到很多初到香港上学、工作、旅游的人，呼唤、寻找香港的汉服组织。这也是香港汉服活动的一个特色。随着交流日益紧密，很多喜欢汉服的内地人到香港后，开始筹划在这片土地上继续宣传和推广汉服。所以，在后来的香港汉服活动中，可以看到很多内地人的身影，他们也帮助"汉服香港"组织与内地的一些社团紧密地联系在了一起。

三、文化软实力的输出

台湾和香港地区的汉服活动，其实更像是内地文化软实力的输出效应和结果。如果接触过一些台湾和香港本地人，便可以很明显地感觉出来，他们对于文化的包容性很强，也愿意尝试接受多元文化。相比之下，这两个地区的个人也比较放得开，穿着汉服时自己不会觉得很别扭，对于他们来说，穿着汉服并不是什么奇怪的事情。但他们对于汉服运动的态度是不反对，但也不会主动组织："这个是内地最近流行的，看着挺漂亮的，如果你们内地人组织活动的话，我也可以一起参加。"

我记得我在留学时，身边也有一些港台地区来的同学，当时我们举办活动聚会，如果叫内地的同学一起穿着汉服去，他们会觉得有些奇怪，甚至不敢穿着出门，但是如果叫台湾或是香港的同学穿汉服，他们则很愿意接受，而且会说："这件衣服真的很漂亮。我们一起穿汉服聚会，一定很有意思。"现在回想起来，可能是因为他们潜意识中认为"内地人就是流

---

① "汉服香港"负责人梁世杰（网名"才华"）口述提供。

行穿汉服"。

再看台湾媒体对西塘汉服文化周的报道，台湾《中时电子报》采用的标题是《大陆汉服复兴运动方文山也栽入》，台湾UND TV电视节目《大而话之》有一期节目专门讲到汉服热，其标题是《寻根文化认同大陆各地兴起汉服热》，另外一期介绍大陆文化的节目，采用的标题是《大陆年轻人穿汉服庆端午》。几乎所有报道都会特意提起"大陆"的汉服热、"大陆"年轻人穿汉服，突出强调的是地域身份。又比如，凤凰网对"香港大学生从香港出发，寻根陕西的文化交流活动"的报道中，所使用的标题是《百名香港学生寻根陕西着汉服行汉礼体验传统文化》，可见，他们"穿汉服，行汉礼"的行为，更像是对于中华传统文化的寻根。

我们经常说台湾保存着较多中华传统文化，这里的"中华传统文化"很多时候是指古人温文有礼的气质、风格。而且，港台人的文字习俗、国学教育与中国古代历史更为贴近，不会听闻"读经"便色变，所以显得较为传统。事实上，随着全球化浪潮和一些政治方针的实行，他们对于中国

▲ 2015年方文山出席的北京APEC青年创业家峰会上的《汉·潮》展示

注：北京华人版图文化传媒有限公司提供文字资料，"汉服北京"皇甫月骅（网名"魁儿"）提供原图，授权使用。

历史、文化、精神的了解与传承未必真的比内地深远。如果结合马来西亚的汉服运动来看，我们会发现，对于港台地区的人和海外华人而言，更加认同的是中华传统文化的理念，体现的是对于"中华文化"的认可，强调的更多是"华"这个民族标识，而淡化了"国"这个政治概念。"中华"与"中国"虽然只有一字之差，但意义却相差甚远。

所以，汉服运动在海外的传播，不仅反映了中华传统文化的凝聚力、传播力，也展现了中华文化的软实力。若是有朝一日，台湾、香港、澳门地区，乃至新加坡、马来西亚、泰国等亚洲国家和地区，能够像"哈韩"、"哈日"一样"哈中"，那么便说明中国的综合国力尤其软实力真正独占亚洲之鳌头了。

第三节 | 异国他乡华夏情

一、加拿大的"复兴"和"礼乐"

在美国、加拿大、英国、意大利、澳大利亚等国家，汉服运动的情况则又完全不一样了，这里的汉服运动参与群体主要是二代华裔和留学生，其活动更多的是对于中国国内汉服运动的延续与传承。对于汉服运动而言，国外的社会环境比较宽松，尤其是西方人，他们对于中国文化感到新鲜和好奇，看到有人穿汉服甚至会主动夸奖漂亮、美丽，虽然偶尔会把中国人误认为日本人或韩国人，但也会带着欣赏的眼光，不会有质疑、冷眼、侧目等反应。这与中国国内早期的环境相比简直是天壤之别。

与中国国内的汉服运动相似，这些国家和地区的汉服运动其实也是从汉服活动发展起来的，发起人中留学生的比例偏高，他们也是通过互联网召集，从最初的一个人穿汉服，到很多人一起穿汉服，再在一起组织礼仪和民俗活动，最后形成组织，变为定期聚会，在当地的华人协会或是中国学联之中形成一定的影响力。国内汉服社团的一些骨干分子，在收到海外高校的录取通知书后，会第一时间与当地的汉服社团联系，希望在异国他乡，可以继续参加汉服活动。

最先响应中国国内汉服运动的是加拿大多伦多地区，2006年8月13日，加拿大多伦多地区的5名汉服爱好者在当地的华夏节中举行了首次聚会[1]，后来他们成立了加拿大多伦多汉服复兴会，这也是第一个海外的汉服社团，首任会长是钱元祥，其他理事会成员包括严杰、杨儁立等。

后来，多伦多汉服复兴会开始积极参与当地的华人文化活动及中国使领馆的官方活动。比如，2006年8月17日，多伦多汉服复兴会在多伦多华夏节举办了华夏传统女子笄礼及汉服展示，这也是在海外举行的第一次华夏成人礼，中国驻多伦多领事馆总领事朱桃英作为特别嘉宾行"加笄"礼。来自中国邯郸的18岁女孩单丹妮身穿汉服，在典礼官的指导之下完成"三加"、"三拜"的成年礼，令在场的华人感受到了中华传统文化与华夏文明的独特魅力。[2]

多伦多汉服复兴会的影响和作用，其实不止是在海外凝聚了一些人员，更重要的是在中国政府的一些重要涉外活动中，与国内汉服社团联合发声，表达了海外侨胞对于中国热点事件的关心和积极立场，也形成了海内外同声相应的效果。比如，2007年4月5日，20余家知名网站和百名学者联合发布倡议书，倡议将汉服作为2008年奥运会礼仪服装，在该倡议书的签名中，也有来自加拿大多伦多汉服复兴会的联合签名[3]。尽管最终奥组委否定了关于汉服的提案，但借着这次机会，多伦多汉服复兴会合理地表达了海外华人对于北京奥运会和奥运礼服的关切之情。

但是后来，多伦多汉服复兴的发展却有些出人意料。

由于复兴会的会员们都要忙于学业或是工作，缺少时间参与活动和推广，多伦多汉服复兴会的发展一直停滞不前，会员人数也一直不多，2010年后几乎已经没有了汉服活动，复兴会也逐渐消失于中国国内汉服爱好者的视野之中。

---

[1] 加拿大华裔杨儁立（网名"五月静"）口述提供。
[2] 参见《笄礼仪式及汉服表演》，载《星岛日报》（加拿大），2006-08-17。
[3] 参见《百名学者发出联合倡议：汉服为奥运礼仪服装》，载《新华晨报》，2007-04-05。

令人意外的是，2016年当我再次打开多伦多汉服复兴会的网站时，我发现该网站其实一直在更新，有关近两年中国国内的大型汉服活动的消息和报道，在该网站上一直都有转载和信息发布。于是，我尝试着拨通了钱元祥会长的电话，他告诉我说，因为最初的那些组织者毕业或是搬家了，所以慢慢地活动就少了。而网站，确实是他一直在默默地更新与维护着。

令人惊喜的是，有一批来自中国的留学生和当地的二代华裔，在多伦多又一次开辟了新的天地。2011年他们成立了多伦多DT汉服小队，汇聚了分散在多伦多地区的汉服爱好者[①]，并在2014年6月正式更名为多伦多礼乐汉服社，它成为加拿大多伦多地区唯一在联邦政府注册的非营利性汉服组织。[②]此后来自我国香港和台湾地区的喜欢汉服的人陆续加

▲ 2015年加拿大多伦多女子集体成人礼
　　注：多伦多礼乐汉服文化协会理事长朱森森提供图片。

---

①　多伦多礼乐汉服文化协会理事长朱森森口述提供。
②　参见多伦多礼乐汉服Facebook主页。

入进来。在2014年和2015年的多伦多华夏节上，他们为大家带来了汉服展示、古典汉舞、手工艺展。再后来，他们又在多伦多举办了集体笄礼和中秋汉服表演活动。

这就是中华文化的独特之处。在遥远的异国他乡，即使没有了接力棒，即使因为某种原因活动中断了，即使组织团队已经易了名号，但是只要中国本土还有人在传承，汉服就依然可以漂洋过海，绽放光芒。虽然多伦多汉服复兴会没能坚持着走下去，但是在同样的空间中，在相隔八年的时光后，竟然又走来了一批人——他们组建了多伦多礼乐汉服社，还是在那片土地的华夏节上，又一次带来全新的汉服展示、女子笄礼和文艺表演……

二、在英国的华夏儿女

与此同时，在地球的另一端，一群留学生拉开了英国汉服运动的序幕。2006年8月，李慕桐（字慕桐，网名"秋水若兮"）和其他十多位留学生在英国参加了爱丁堡艺术节汉服秀的表演，这是英国的第一次汉服活动。他们参加了爱丁堡艺术节开幕式游行，还在艺术节上进行汉服表演和展示，希望借助这个国际性的艺术盛事把汉服推上国际舞台，发扬和宣传中国文化。[1]这是英国华人首次参加爱丁堡艺术节花车游行，而且得到了中国驻爱丁堡总领事馆以及华人协会的支持。这次华人游行队伍一共仅有100人，但他们却显得格外引人注目，一路上听到很多围观的观众在叫："Chinese Girls! Beautiful!"（中国姑娘，真美！）之后的三周，大家不辞辛苦，在一场接一场的活动中宣传中国文化。2006年9月、10月和11月份，他们参加了一系列的活动——英国华夏艺术节"印象中国"活动、阿伯丁政府和当地一家儿童学校举办的"中国日"活动，并接受了《英中时报》等媒体的采访。[2]

有了这一次的艺术节展示，李慕桐希望在英国能够把汉服运动延续与传承下去，于是她和在英国的彭涛（网名"puxinyang"）联合发起，在

---

[1] 李慕桐口述提供。
[2] 参见《静若秋水兮看飞鸿风起云涌——访全球中国（汉服）文化联盟发起人及会长秋水若兮》，载《华夏衣冠》，2008-06-09。

苏格兰注册了一个定位于国际性慈善组织的机构——全球中国（汉服）文化联盟。联盟邀请了中国国内汉服界比较知名的人士共同参加，如方哲萱（网名"天涯在小楼"）、刘荷花（网名"汉流莲"）、罗冰（网名"白桑儿"）等，并开始与一些知名机构的负责人建立初步联系。[①]

但遗憾的是，李慕桐在研究生毕业后便回国工作了，而之前参与艺术节巡游的人员很多也是学生，并不算是汉服运动的核心人员，也就没有办法延续英国的汉服活动。全球中国（汉服）文化联盟的另一位发起人彭涛曾经对我说，2007年后，由于联盟中的理事会成员大部分都在中国国内，所以他一直以为在英国支持汉服运动的只剩下了他一个人，但他自己又不是一个行动力、组织力很强的人，他曾经真的以为英国街头再也不会看见穿着汉服的中国人了。[②]

而最终的结果，又完全脱离了想象。或许与加拿大多伦多的情形有几分相像，只是汉服运动在英国这片土地上被迫中断的日子并不长，仅仅到了2009年初，便又有一批从中国来的留学生，再一次发起英国的汉服运动。

2009年3月7日，来自英国伦敦、莱斯特、威尔士、剑桥等地区的十多位中国留学生，通过互联网的宣传和召集，身着汉服相聚在伦敦，以穿汉服巡游的方式，走过了大英博物馆、伦敦大本钟、中国城，将事先印制好的汉服宣传单发放给路人，并联合当地的《伦敦时报》，向海外华人和外国人介绍中国的汉服文化。

其实，那一次活动中真正有意义的不是穿着汉服在英国伦敦聚会本身，而是活动背后的团队建设。从社会运动的概念——以集体认同和团结为基础，以非制度性和超制度性手段为主要行动方式，而且组织性比较强、持续时间比较长的追求某种社会变革的集体努力——上看[③]，"英伦汉风"的行动不再是单纯的集体行动，而是具有了社会运动的意义，这为后续的发展奠定了必要基础，同时也给其他海外汉服社团建设提供了参考样本。

---

① ② 彭涛（网名"puxinyang"）口述提供。
③ 参见郑杭生：《社会学概论新修》，361页，北京，中国人民大学出版社，2003。

在第一次活动举办之后，他们共同为社团取了"英伦汉风"这个名字，并以QQ群作为网络聚集地，同时把QQ群号和活动消息发布至各个汉服论坛和英国华人聚集网站，使英国各地的汉服爱好者能够通过网络找到组织。后来，"英伦汉风"还通过现实中的定期聚会形式，给大家提供见面和活动的契机。同时，也积极参与到英国高校、华人社会的活动中，提升汉服和"英伦汉风"社团在当地华人中的认可度。另外，还在网络中加强与国内汉服社团的联系，以至国内有人感慨："原来汉服运动已经飘到了海外，我们国内更要加油了。"

此次活动并不是像以往海外的汉服活动那样，往往是一个人约上身边的几位朋友，大家一起穿着汉服巡游，而是真正地召集到了散落在英国各地的汉服支持者。其中一位发起者（也就是我自己[1]）是通过互联网联系到了在英国的彭涛（网名"puxinyang"）、符瑶（网名"林脉潇"）、殷文成（网名"霖铃小筑"、"温暖的霖铃大筑"）、唐迪（网名"唐迪也"或"deetarn"）四个人，然后大家共同筹办了当地的汉服活动。其实，依托互联网找到的汉服爱好者，一定是坚定的汉服运动推广者，所以这四个人也恰恰成为英国汉服运动早期的核心力量。

而且，活动从召集、策划到组织、宣传都是分工进行的。其中，彭涛提供了核心方案，并联系了华文媒体采访报道；符瑶联系到国内的汉服商家，为大家赶制了汉服，并由北京的朋友通过EMS快递寄送至英国，确保大家在活动当天都可以穿着汉服；唐迪利用自己旅居英国多年的优势，以及在人人网上的人气和影响力，召集到了第一次汉服活动中的大部分参与成员；殷文成一直在参与组织，而且特意从威尔士赶到汉服活动地，更重要的是，后来正是他一直守护着英国的汉服团队，他也成为社团的一个重要联系人。

此外，彭涛汲取了上一次全球中国（汉服）文化联盟活动被迫中断的教训，本次活动结束后立刻把大量精力投入到团队的框架搭建中，包括拟写组织章程、协商理事会人员、完善网络互动平台等，希望这个团队可以以非营利组织的形式坚持举办定期聚会，即使主创人员都回国了，也要使

---

[1]　此次活动发起者即作者本人杨娜（网名"兰芷芳兮"）。

这里的汉服运动延续下去。而这一团队建设理念的提出，也成为"英伦汉风"发展过程中最具前瞻性、主导性、关键性的一步。

正是以上行为赋予了"英伦汉风"不一样的汉服运动定位，更重要的

▲ 2009年3月7日 "英伦汉风"汉服社在英国伦敦的首次聚会
　　注：我参加了此次聚会，并提供原图。

是让社团具备了一套可以延续、发展下去的组织框架和章程制度。最后，即使核心成员全部易换，社团依然可以延续，"英伦汉风"在7年内举办了数十场汉服活动。

对于海外社团而言，组织章程、团队建设理念显得尤为重要，尤其是这种以留学生为主要组成部分的汉服社团，其人员流动性强，经常导致组织团队人才青黄不接，成员水平良莠不齐。那么这个时候，最需要的是加强组织化和制度化的建设。虽然可能会遇到低谷期，但是只要框架不散、理念不变，终究还是会有新的骨干加入。这样，不仅可以避免汉服组织建设从头再来，或许更有人会以力挽狂澜之势，将这个地区的汉服活动引向

▲ 2014年3月30日"英伦汉风"上巳节活动

　注："英伦汉风"负责人庞红珊（网名"晓陌"）提供原图，授权使用。

一个新的高度。

后来，即使彭涛回国了，杨娜回国了，符瑶回国了，唐迪回国了，"英伦汉风"的框架也依旧存留了下来。直到后来，张宇林（网名"一千零一夜"）、网友"无"、网友"璇玑"、庞红珊（网名"晓陌"）也都很容易就可以通过QQ群或其他途径联系到"英伦汉风"的社团成员，通知他们参加"英伦汉风"举行的汉服活动。上述几人也逐步成为新一代的核心力量。

2013年网友"璇玑"利用自己的社会人脉，促使"英伦汉风"挂靠至"英国中华传统文化研究院"，并多次组织汉服活动，使当地的汉服社团走向了一个新的高度，使社团有机会参加更多的海外华人活动，不再局限于在街头散发宣传单，或是借用一个学校的教室，举办内部讲座或者礼仪展示，而是开始参与到英国华侨界的文化交流、讲座活动中。此后，几乎在每一年全英学联的新春晚会上，都能看到"英伦汉风"社团成员的身影，其表演有汉服展示，有舞蹈，也有情景剧，他们甚至还联合当地的中国学联或孔子学院，举办传统文化的巡讲活动。

三、飘在澳大利亚的羽衣霓裳

"英伦汉风"的另一个影响，就是带动了其他一些海外留学生，他们开始在网络上召集当地的汉服爱好者，共同组织现实聚会。比如澳大利亚的几个中国留学生，从2009年3月开始，就在澳大利亚各个华人论坛上发布"汉服同袍寻人"召集帖，并建立了"澳纽华韵"QQ群。4个月的时间，竟然凝聚了40多位散居在澳大利亚各地支持汉服复兴的网友。

由于澳大利亚地域广阔，城市分散，而且大家也都很忙碌，所以聚在一起很难。尽管如此，2009年5月2日，他们还是实现了第一次"从网络走向现实"，墨尔本的4位网友举行了首次聚会活动。7月26日又有了第二次聚会，大家在一起共同商讨未来的活动方案。[①]9月27日，时值中华人民共和国60周年国庆前夕，"澳纽华韵"社团在墨尔本大学孔子学院和墨尔本大学学生学者的联合推荐下，参加澳大利亚维多利亚地区为祝福新中国60

---

① 参见"澳纽华韵"：《【活动回顾】2009年5月澳纽华韵墨尔本地区聚会》，载百度澳纽华韵贴吧，2009-08-29。

华诞而举行的庆典活动，并通过汉服和笄礼的展示，表明"明礼及笄，感恩祖国"的活动主题，抒发对祖国的赞美和对传统文化追慕之情。[①]

除了墨尔本之外，汉服运动在澳大利亚的阿德莱德和悉尼，也发芽了。2013年初，两地先后搭建了汉服社团。其中，澳大利亚阿德莱德汉韵华裳汉服社是一个由留学生组成的社团，除了组织日常的汉服活动外，还提供汉服海外代购一条龙服务。2015年8月16日，新西兰汉衿兰韵汉服社也正式成立了，社团的主要活动范围在奥克兰地区。

其实，当我们把汉服运动放到全球语境中看时，它也便有了新的寓意与寄托。对于那些身在异国他乡求学或工作的海外游子而言，汉服表达的不仅有对传统文化的追寻，不仅是中华民族身份的象征，也饱含了对祖国的思念。

四、法国博衍生生不息

欧洲其他国家如法国、意大利等的汉服活动也陆续开展了起来。2009年5月，英国"英伦汉风"在举办了三次汉服活动后，恰好在网上碰到了法国、意大利、德国等国家喜欢汉服的网友们，于是大家共同建立了QQ群和"欧洲汉服协会"网站，凝聚欧洲地区的力量，同时开始筹划在法国巴黎举办为祖国60华诞祈福暨欧洲汉服爱好者聚会的活动。后来，2009年9月27日，来自英国、荷兰、德国等地的海外华人学子共聚法国巴黎，他们走过卢森堡公园、巴黎圣母院、埃菲尔铁塔、卢浮宫和香榭丽舍大道等景点，以汉服巡游这种特殊方式宣传中国文化，迎接新中国60华诞的到来。[②]

法国博衍汉章传统研习会与众不同，它是一个以汉服为载体，立足于中华传统文化海外传播的华人社团。2009年曾经举办过中华人民共和国60华诞祈福的那个法国汉服QQ群，由于种种原因，不得已解散了。后来活跃的老成员们重新组织，成立了法国博衍汉章传统研习会。社团的宗旨也正如其名字一般：遍历文化之广度与深度，谓之博；与时俱变之根植生命力，谓之衍。格物致知，知行合一，生生不息，谓之博衍。[③]

---

① 参见"澳纽华韵"《【活动报导】（北望华夏，南风劲吹）澳纽华韵2009年墨尔本笄礼展》，载百度汉服贴吧，2009-09-29。
② 参见吴卫中：《中国留欧学子在巴黎以汉服巡游迎国庆》，载中国新闻网，2009-09-27。
③ 法国博衍汉章传统研习会会长"小函"提供文字资料。

▲ 2016年4月14日法国博衍与Parc de Sceaux苏镇公园联合推出的上巳雅集活动
　注：法国博衍汉章传统研习会会长"小函"提供原图，授权使用。

　　2014年9月，博衍汉章传统研习会成立理事会，同年12月在警察局完成注册登记。社团在巴黎街区也有固定的地址，是骨干成员的餐馆，可以存放社团物品、开小的茶会、供新会员填表入会。两年中，博衍汉章传统研习会会员已经发展至200余人，而且活动群分为巴黎区、巴黎补充区、外省区三大主群。特别值得强调的是，研习会分为"七司八社"。七司分别是乐府司（曲社、舞社、琴筝社、笛箫社）、茗香司（茶社、香社）、昭文司（古文经典、舞文弄墨、翻译探讨）、武射司（武社、弓社）、织造司（汉服剪裁、手工坊、草木染）、膳和司（传统膳点）、风物司（传统小物搜罗、团购）。而且各司都设有司正，各分社有社正、社监。八个分社，平均每个分社在30人左右；没有分社的分司，平均每个在40人左右。而且博衍社平均一星期有3至5个活动，大小不同，品种繁多。[①]诸如中秋节夕月礼、古琴雅集、古琴团购、书法入门学习、汉服展演、服饰文化讲座、参观联合国教科文组织、茶道研习等活动。博衍社还积极与中国驻法国里昂总领事馆合作，参加领事馆汉服游行，举办里昂冬至宴饮礼等等。

---

① 　法国博衍汉章传统研习会会长"小函"提供文字资料。

五、欧洲区域同心协力

2009年的欧洲汉服协会只能算是一个平台，搭建目的是让欧洲各国喜欢汉服的网友能够找到彼此，同时也为欧洲各国汉服社团的汉服活动提供最便利的互助通道。令人意外而又惊喜的是，六年后，而且是在几位主创人员陆续离开欧洲之后，作为第一个洲内跨国协会，欧洲汉服协会居然还存在着，而且成为欧洲各社团负责人之间相互交流、共促发展的平台。另外，在欧洲还有荷兰汉服、德国汉文社、意大利兆和汉服社等社团组织，其活动也是形态各异。其中还有一个伊比利亚汉服社，前身是葡萄牙汉服社、西班牙汉服社，这算是第一个跨国合并的汉服社。

截至2016年初，欧洲汉服协会QQ群共有成员218人，分别位于英国、法国、德国、意大利、西班牙、葡萄牙、瑞典、荷兰、俄罗斯、挪威、瑞士、奥地利、匈牙利等20个欧洲国家。[1]后来，欧洲汉服协会还在欧盟主要行政机构所在地布鲁塞尔成功申请注册为非营利组织。

其实，这就是中华文化的最大魅力。包括加拿大、英国、澳大利亚、法国等国家的海外汉服社团，几乎都曾经中断过，但只要中华本土的文明薪火相传，只要有中国人，人员流动再频繁、组织结构再不完善、流通渠道再不成熟，我们的文化传播之路也不会断。

▲ 伊比利亚汉服社在西班牙马德里合影
　注：伊比利亚汉服社社长方木提供原图，授权使用。

---

① 参见"媚雪初晴_"（网名）:《【年终总结】欧洲汉服协会乙未年年终总结》，载百度汉服贴吧，2016-02-07。

第四节 | 衣冠一见是故乡

一、汉家衣裳在日本

相对于地球另一端的国度而言，日本的媒体和网民一直都比较关注中国的"汉服热"现象。日本《读卖新闻》东京本社曾在2007年4月15日采访报道过苏州的复兴私塾，介绍民间私塾的办学过程和中国传统文化复兴现象。[1]日本共同社在2015年7月先后采访了北京的汉衣坊和"汉服北京"团队，报道中国人对于汉服的态度。日本NHK电视台在2016年1月播出了对山东曲阜汉服推广中心和中国汉服博物馆的采访报道，呈现中国的汉服发展现状。此外，日本的一些论坛上，以及Facebook中都有日本人对汉服的讨论。

日本媒体和网民之所以如此关注中国的文化复兴现象，一方面可能是因为日本人本身比较注重传统，他们的和服、女儿节、成人礼、婚礼乃至建筑和音乐都可以看到中华文化的影子；另一方面，在日本穿汉服、了解汉服的中国人有很多，这里面有游客，有留学生，还有旅日华侨。比如早期的网友"南乡子"、林思云都是在日本的华人。后来日本爱之大学的周星教授，在2011年至2014年期间走访了中国上海、无锡、北京、西安、郑州、杭州、南京、香港等地，通过田野调查、人物访谈、资料搜集等方式，拟写了《汉服之"美"的建构实践与再生产》《汉服运动：中国互联网时代的亚文化》《本质主义的汉服演说和建构主义的文化实践——汉服运动的诉求、收获及瓶颈》等十余篇中日文学术文章。

2013年5月26日，日本出云汉韵社正式成立，这是一个以留学生为主的社团，他们的活动方式与很多海外社团比较类似，比如传统节日时在公园中举办汉服活动，包括赏花、聚餐、郊游等内容[2]，还曾在2015年10月23日的大阪中秋明月祭活动中展示中国的成人礼[3]。

---

[1] 参见《日本最大媒体〈读卖新闻〉采访学堂》，载复兴私塾官方网站。

[2] 参见"星兔"（网名）：《【活动记录】20130526日本汉服社活动纪实》，载百度汉服日本贴吧，2013-05-26。

[3] 参见日本出云汉韵社新浪微博：《大阪中秋明月祭活动》，2015-10-23。

还有一个值得关注的社团是于2015年3在日本东京成立的日本汉服会[①]，首任会长是王海艳女士。协会成员主要是喜欢传统文化的旅日华人，协会发展很迅速，一年之后的会员数量已是近300人，且覆盖了日本东京、名古屋、九州等多个地区[②]。另外，这个协会更像是中国的传统文化交流会，平时的活动主要有中国古典舞蹈学习、雅集表演、中国茶艺、儿童学习传统文化等。与其他社团不同，这里的活动不局限于汉服本身，汉服在这里更像是一种文化的外在表征或是符号。但之所以还叫汉服会，是因为这里定期举办有关汉服的讲座和交流，会员们也都是认可与支持汉服的。此外，协会立足于民间社团的定位，增加了很多与日本民众的交流活动，比如2015年7月16日日本汉服会在江户时期的增上寺中举行了"汉服与和服七夕祭"活动，与会人员穿上汉服或和服，举办了日本地震灾区赈灾募捐，表演中国的踢毽子、投壶，日本的剑玉，汉舞《礼仪之邦》等，此次活动旨在展现和服与汉服的渊源与差别，并展现大家对两国友好、世界和平的深切期盼。[③]

漢服歸來

▲ 2015年7月16日日本汉服会的"汉服与和服七夕祭"活动
　　注：日本汉服会会长王海艳提供原图，授权使用。

① 参见尹法根：《在日汉服会举行周年庆典传播中国文化》，载中国新闻网，2016-03-13。
② 日本汉服会会长王海艳口述提供。
③ 参见《日本华人举办"七夕"汉服会共享传统文化》，载《中文导报》（日本），2015-07-16。

其实，日本的汉服活动很特殊，也很有特色。这里的汉服，通常是在某个大背景中呈现的，比如文化交流、舞蹈演出，它并不是单纯的汉服展示、礼仪复原。而且，在日本的唐风建筑中所展现的汉服也是别具特色的，这里的建筑与其文化风格是相符的，偏向拘谨雅致，美在端庄，但汉服却是飘逸潇洒，美在灵动的。虽然风格看着有些相似，但确实是代表着两种不同审美、两种不同的民族性格。毕竟，在异国他乡的中华文化，不会是本土文化的纯正代表。

华夏文明既没有保留在日本，也不会传承在韩国，只能等着我们来弘扬……

二、美国的霓裳羽衣

最后，一定要介绍的是美国的汉服社。因为美国地域广阔、经济发达、文化多元、种族多样，所以这里的汉服运动是最具特色的，也是包容性最强的。但由于美国的国土面积很大，汉服运动的参加者位置比较分散，再加上工作、学业压力都非常大，所以很难真正聚到一起。2013年5月12日，美国南加州汉服社成立，它应该算是第一个以州为单位的汉服社。三年来，他们不间断地举办汉服活动，定期进行汉乐、汉舞排练，并积极参与国内的汉服社团活动。

2014年3月，美国纽约汉服社成立，并举办了聚会活动，还在2015年6月正式注册。后来，这个社团迅速发展起来，一年内举办过多次活动，包括节日祭祀、室内雅集、街头表

▲ 2015年11月22日美国纽约汉服社参与"全球汉服出行日"活动图

注：美国纽约汉服社郭守礼提供图片，授权使用。

演、汉服讲座、汉服巡游等。[1]

三、大洋彼岸的陪伴

其实，由于海外的环境比较宽松，所以对于很多国家中的汉服社团以及"野生同袍"而言，他们的活动空间非常大，他们的活动多姿多彩，有声有色，遍地开花。在搜集资料时，看到海外那精彩纷呈、形态各异的活动，我的心情已经不能用惊讶和惊喜来形容了。总觉得，我们想到的、想不到的，可能的、不可能的汉服宣传方式，海外留学生和华侨居然都尝试过了……

比如"汉服春晚"发起人王军（网名"黄玉"）在美国攻读化学博士学位，他主要活跃于网络上，但他发挥了自己的计算机专业优势，制作了"汉服地图"查询系统，供大家在网络上搜索组织；在美国留学的著名演员徐娇，多次在美国宣传汉服，并举办汉服讲座；在荷兰，有人在毕业答辩时穿着汉服，与欧洲的传统教会式学位服、答辩氛围形成了强烈对比；旅欧华人吴海智，在2014年欧洲的围棋大赛开幕式穿汉服表演一边下围棋，一边打太极，不仅赢得了欧洲人的喝彩，还被很多华文媒体报道[2]；在英国的网友"璇玑"、在美国的"弋心"姑娘都有过穿着汉服在街头表演的经历，甚至还专门考取了街头艺人执照，立志宣传中国传统文化。

四、衣冠背后之气度

除了马来西亚的汉服运动比较特殊以外，很多国家和地区的汉服运动更像是中国国内汉服运动的延伸，在人员构成、活动内容、组织形式上都有几分相似。只是国外的环境比较宽松，而且把汉服放到异国他乡的社会中，更像是对于中华民族的身份认同标识，所以大众也就多了几分赞美与欣赏，少了几分质疑与抨击。从那些穿着汉服的人们的眼神和气质中就可以感受到差别，这大概就是由社会环境不同造成的吧，同一个人，同一件衣服，在不同环境下便呈现了不同的含义与特征。

---

[1] 纽约汉服社创始人之一、纽约州立大学宾汉姆顿分校人类学在读博士郭守礼提供文字资料。

[2] 参见吴海智：《太极下棋表演惊艳欧洲》，载《中华武术》，2014（5）。

▲ 2014年波兰举办的第57届欧洲围棋大赛开幕式上的《太极下棋》节目（图中人物：吴海智）

　　注：图中人物吴海智提供原图，授权使用。

　　在国内街头穿汉服时，路人往往以各种怪异的眼光打量一通，或是几个人低声品论，甚至习惯性地为这种"奇装异服"安插一个看似"合理"的解释。有人说是日本和服，有人说是Cosplay，有人说是道士和尚，更有人会认为是在拍古装戏。在这种环境下，对于穿汉服的人来说，心理负担其实非常大。此时能做的大概只有鼓起勇气、昂首阔步、旁若无人般前进了，于是也便呈现出一副"大义凛然"的悲壮神态。

　　在国外街头穿汉服时，情况则完全不一样了。路人多数是持欣赏、赞美的态度，而且会主动打招呼，或者说："中国姑娘，真美！"如果在春节时穿，外国人还会主动讲："新年快乐！"这种声音，会让人从心底涌现一种民族自豪感。当然，偶尔会被人误认做日本人，他们会用日语打招呼，但只需解释一句"我来自中国"，他们便会马上转变："哦，中国姑娘，真美！"所以，在这种环境下，穿汉服者神态中流露出来的，更多是对民族文化的自信，还有那独具东方韵味的迷人微笑。

▲ 2012年4月10日，在荷兰的中国留学生穿汉服参加学校毕业答辩
    注："荷兰汉服"负责人胡长天提供原图，授权使用。

　　每次想到这里，我心中都会涌现一种莫名的悲伤，不禁想问：昔日那个海纳百川、包容自信的民族去了哪里？即使那件衣裳不是我们的民族服装，即使世人都不知那是祖先留下的智慧，即使我们只是路过的外国游客，我们也不应被如此对待，可是为何今日的国人经常用惊异的眼光来打量那件衣裳？我记得明末传教士曾德昭曾经在《大中国志》中记载："中国人爽快地赞颂邻国的任何德行，勇敢地自承不如，而其他国家的人，除了自己国家的东西以外，不喜欢别的东西。中国人看见来自欧洲的产品，即使并不精巧，仍然发出一声赞叹……这种谦逊态度真值得称美，特别表现在一个才能超越他人的民族上，对于那些有眼无珠、故意贬低所见东西的人物，这是一个羞辱。"如今，那衣饰华美、风度翩翩的民族，那宽容平和的大国胸襟去了哪里？

　　衣冠，对于一个民族而言绝不是小事，浅则是一个人的气质，深则代表这个民族的风骨。我们期盼汉服归来，归来的还有那泱泱大国、煌煌中华的民族气度，以及昔日那个可以囊括天宇的胸襟和博大恢弘的殿堂。

　　山川莫道非吾土，衣冠一见是故乡。

第九章

文化穿在身上

也许有人质疑："汉服只是一种服饰，对于文化体系而言，它只是传统的皮毛，穿上汉服也代表不了什么，承载不了什么，更不会体现对于民族文化的认知或是对文明的自信。"但汉服运动十余载的发展过程中，那些穿汉服的人一直在身体力行，传承着文化，并且这些活动已渐渐带动起传统审美、民俗节日、汉族舞蹈等诸多传统文化部分的复兴，甚至与"国学热"、"古琴热"形成汇合之势。这里的汉服更像是一种对于文化的认同表达，或是对于文化传承的期待，其中还映射了中华传统文化那顽强的生命力……

第一节 | 揭开尘封之美

一、中国式的温婉贤淑

在汉服的宣传过程中，理论、史料固然重要，但汉服之美也是至关重要的。毕竟，作为一种服饰，作为人类的第二张皮肤，它的审美属性也是值得重视的。2003年互联网流行公开照片，而那些汉服艺术照，因为气质独特，与网络中流行的生活照、"大头贴"形成很大的反差，所以也就很容易受到关注。

广州的罗冰（网名"白桑儿"）在2003年底看到王乐天穿汉服上街的照片后，为自己定制了一套汉服，拍了汉服照片，并于次年初上传至汉网。照片中，一位穿着汉家衣裳的女子，温婉贤淑，静坐在荷塘水畔，"罗衣何飘摇，轻裾随风还"，让人不禁瞩目与感叹。她的故事被拍成短片《穿汉服的女孩》在珠江卫视播出。后来，真的有网友因此而关注汉服，并成为她的粉丝，与她一起制作汉服，共同在广州街头开始宣传汉服……

二、当代审美风格的变迁

汉服之美是汉服运动中的一个重要组成部分，最初很多人公开照片，也是希望借助汉服之美、汉服之气质、汉服之神韵，吸引更多人关注与喜爱这件衣裳。周星在《汉服之"美"的建构实践与再生产》[①]中也提到了考察汉服之美的五个维度：以古代文献和考古资料作为依据的论证；诉诸历史悲情，重寻失落之"美"；美女之"美"与汉服之"美"；汉服展示的环境和场景之"美"；汉服礼仪之"美"。

汉服运动在构建汉服之美的实践过程中，追求的是优雅、含蓄、内敛、秀外慧中的美，这与影视作品、时装杂志中所追捧的裸露、艳美、性感、张扬、外向、泼辣之美非常不同。汉服和美女是相得益彰的关

---

① 周星：《汉服之"美"的建构实践与再生产》，载《江南大学学报》，2012（3）。

漢
服
歸
來

▲ 2005年罗冰（网名"白桑儿"）拍摄于广州（摄影：杨弘迅）

　　注：网络上公开，图中人物罗冰授权使用。

系，美女因汉服而显得更有内涵和韵致，汉服也因为美女而平添许多美
感。①就像《诗经》中所描述的："蒹葭苍苍，白露为霜。所谓伊人，在水
一方。""绿兮衣兮，绿衣黄裹。心之忧矣，曷维其已！"汉服的美自古

――――――――――――――――

① 参见周星：《汉服之"美"的建构实践与再生产》，载《江南大学学报》，2012（3）。

▲ 浙江丽水拍摄（图中人物：秦亚文）
　注：秦亚文提供原图，授权使用。

便有着一种中国的温婉贤淑、宽容平静的气质在里面。

　　汉服运动初期阶段，为了避免和"影楼装"混淆，汉服的摄影偏爱选用外景，一方面形成人与自然的天人合一，另一方面也可以凸显汉服是当代的产物，不是影楼里的"复古装"，更不是"古装"。慢慢地，外景拍摄便成为一种时尚与潮流。2014年底网友"弥秋君"、"当小时"等人还发起了"带着汉服去旅行"的活动，她们身穿汉服，梳着传统发髻，画着复古妆容，出现在尼泊尔、日本和泰国街头，一颦一笑都自带着中国风韵。[①]那些照片传到网上之后，再被各大网站广泛转载，也真的是美得惊艳了世人。另外，借助仪式、庆典和各种祭祀活动张扬汉服严谨、庄重、

① 参见"Fashionable"（网名）：《带着汉服去旅行让汉服震惊世界》，载搜狐网，2015-10-27。

大气、华丽之"美"俨然已是汉服运动的一项颇为有效的策略。[1]

后来，有网友开始整理那些汉服美照，他们以"汉服美图"、"汉服之美专属中国"、"惊艳华夏这才是我们的汉服"这一类的标题，把网络中的汉服人物图片汇集在一起，并发到网站论坛上，希望通过那些漂亮的汉服照片吸引网友们的关注。使用汉服美图进行宣传的方式，一直都在延续，从网站论坛、纸质媒体、微博，再到今天的微信公众号，平台虽然在不断变化，但依然可以看到这一类的文章和图片。

▲ 符瑶（网名"林脉潇"）的汉式婚礼图
　注："汉婚策"礼仪工作室王辉（网名"大秦书吏俑"）提供原图，图中人物符瑶授权使用。

汉服那优雅博大的气质、古朴自然的审美以及天人合一的内涵，都是沉淀了中华几千年的历史文明而形成的，哪怕时代变迁，岁月流逝，也是最能展现华夏儿女风貌与气质的。我记得在国外时，有一位英国老奶奶见到我穿汉服后，在一次聚会活动前，特意打电话告诉我说："我希望活动时你可以穿你们的裙子，因为你穿它好看，比穿我们的裙子好看。"我瞬

漢服歸來

---

[1]　参见周星：《汉服之"美"的建构实践与再生产》，载《江南大学学报》，2012（3）。

▲ 北京市校园传统文化社团联盟摄影拍照活动（图中人物：李正剑、于璐）

注：图中人物李正剑提供原图，李正剑、于璐授权使用。

间呆住了，原来在西方人眼中，汉服是我们的，西装是他们的。在全球化浪潮中，并不是我们和他们穿一样的衣服就一样美了，更不意味着我们把自己同化得和他们一样，便可以被他们认可与欣赏了。即使是西方人，他们也希望看到文化的多元性、人与人之间的差异性。我们的民族不同、肤色不同、身材不同、审美不同，文化更不同，又怎么会因为穿着同样的衣服便有一样的美了呢？

汉服——美丽的衣裳，华夏民族的根源所系。它的美丽、内涵和历史，足以使之成为世界文化文明宝库中的一颗璀璨明珠。那种浑然一体、天然妙合、由内及外的美，我们可以不穿它，却怎么能够忘却它呢？

而且，随着时间的推移，不仅汉服的拍照形成了独特风格，汉服的审美也在渗入其他领域。比如现在的很多古装影楼，都在引入汉服，将汉服摄影中的清秀、娟丽的古典气质，引入了摄影拍照中，取代此前的那种性感、暴露、轻薄的古装拍照风格，这其实也是一种审美渗透。再比如近期热播的电视剧，其中的服装造型也都受到汉服款式、配色的影响，甚至有的电视剧定妆照直接使用汉服，而且逐步呈现出端庄、贤淑的古典气质，这其实是一种审美的改变。

仙袂乍飘兮，闻麝兰之馥郁；荷衣欲动兮，听环佩之铿锵。

第二节 | 守望传统节日

一、法定节假日的回归

中国是一个历史悠久的文明古国，丰富的民族传统节日是中国文化的重要组成部分。传统节日，也像传统服饰那样美不胜收，就像《衣冠上国今犹在，礼仪之邦乘梦归》文章中描绘的那样[①]：

花朝节——百花生日是良辰，未到花朝一半春。农历二月十二，这一

---

① "天风环佩"、"兼葭从风"、"招福"（网名）：《衣冠上国今犹在，礼仪之邦乘梦归》，载《八卦Orz》，2006-01-01。

天也叫"花神节"、"百花生日节"。在这一天，男女老少，墨客农夫，都会供奉花神。中国恐怕也是唯一一个为一年十二个月都选评了花之代表花之神的国度。春赏春花，秋赏秋月，我们的祖先是那样的诗意浪漫而优雅。

上巳节——三月桃花随流水，上巳甘露落衣裳。国人常常为日本那个颇有风情的三月三女儿节惊羡，又有几人知道它的前身是我们本不该忘却的上巳节？谁还记得一千七百年前的一个上巳节里，曾有一群人徜徉在会稽兰亭参加上巳修禊，在曲水流觞中吟出了三十七首好诗，书圣王羲之则在那一天写出了天下第一行书《兰亭集序》——佩兰祓禊，曲水流觞。

端午节——五月榴花满晴川，端阳日里浴芳兰。这个古老的节日据说发源自殷商时期，屈原大夫也选在这个重要的节日跃入汨罗江。从那一天起，端午又有了特殊的意义。自此后棕叶飘香了两千三百年，龙舟也寻觅着那个高冠广袖的身影竞渡了两千三百年。如果不是拥有如此炽热纯真而执着的人间，如何得来那千古绝唱的《离骚》？

这些节日反映着民族的传统习惯、道德风尚和思想观念，也寄托着整个民族的憧憬，是千百年来一代代中国人岁月长途中欢乐的盛会。但不知何时，端午节变成了粽子节、中秋节变成了"送礼节"、春节变成了"发红包"节，传统节日不仅氛围变淡了，更是变了味……但真的是物极必反，在呈现出了商业化、物质化、庸俗化的趋势之时，传统节日回归的呼声也开始显现，呼唤传统节日回归"节日之魂"。比如中秋节应该家庭团圆、春节应该家庭聚会，这些节日都是建设家风的好时机；寒食节有介子推、端午节有屈原，这也是挖掘名人身上的力量和品质的新机遇。我们应慎终追远，教导后人崇敬先辈的品德才干，传承优良的道德传统。所以，应强化节日的精神内涵，传承中华美德与民族精神。

同时，西方的"圣诞节"、"情人节"也开始在中国流行，这背后隐藏的可能是对于自己文化的自卑和不自信。直到2005年，韩国为"江陵端午祭"申请"人类非物质文化遗产"，这终于碰触到了中国人的神经：原来不是祖先留给我们的不够好，而是我们没有珍惜与呵护。

率先取得成绩的是让传统节日成为法定节假日的努力，全国人大原代表纪宝成连续在2004年至2006年的三次全国人民代表大会上提交议案，建议增加中国传统节日为法定假日。他的提议不仅得到了国务院的回应，更是在网络上引起了广泛的讨论，得到了数以万计网友的热烈响应。2007年底公布《国务院关于修改〈全国年节及纪念日放假办法〉的决定》，将传统节日清明、端午、中秋增设为国家法定节假日，并于2008年1月1日起正式施行。

二、民族节日复兴计划

与此同时，互联网上也有人开始尝试，传统节日的复兴和汉服运动的特色活动迈出了重要一步。2006年5月天汉网、百度汉服贴吧联合实施民族传统节日复兴计划，围绕春节、清明、端午、七夕、中秋、重阳六大传统节日，以及相关的30个传统节日编写了实践方案。[1]方案主要介绍了这些节日的意义，其中的传统内涵如何，传统特色活动有哪些，如何在当代开展节日活动，并在实践中找回传统节日的民族特色。

这个方案的意义在于把"传统节日复兴"从口号变成实践方案，并通过网站进行推广，引领了中国各地2006年以后的汉服运动。尤其是在2008年清明、端午、中秋等传统节日成为法定假日后，汉服的宣传不再局限于以公园游玩、马路上巡游来吸引注意力，而是与传统节日相结合，在特定的时间，将传统的民俗和现代社会相结合，起到了很好的宣传效果。

最初开始实践的是上海地区的网友，他们2005年已经开始了七夕、中秋的汉服聚会。真正获得全国各地积极响应的活动，要从2006年4月7日开始算起，那一天是丙戌年的上巳节，这一次是由天汉网发起的，上海、杭州、北京等地的网友，都穿上汉服在当地的公园中举办水畔祓禊、曲水流觞、踏青游春等活动。

当天上海的上巳节活动由三部分构成[2]：

一是水畔祓禊，修洁净身。邀请一位德高望重的长者前来参加活动，他手持柳枝，在有司捧着的盆里蘸水，为活动现场的朋友在双手、额头、

① 参见"天风环佩"（网名）：《【民族传统礼仪、节日复兴计划】发起倡议、方案汇总》，载天汉网，2006-05-03。
② 参见"蒹葭从风"（网名）：《三月桃花随流水，上巳甘露落衣裳——丙戌上巳节活动各地集英》，载天汉网，2006-04-07。

▲ 2006年上海上巳节活动照片

注：网络上公开，图片人物钱成熙（网名"摽有梅"）授权使用。

脖颈处轻轻拂拭一下，以示驱除晦气，同时念祝辞为大家祈福。

二是曲水流觞，青韵上巳。这是文人雅士在上巳节开展的最风雅的活动了。曲水流觞，又名"九曲流觞"，觞即杯，即投杯到水的上游，听其流下，止于何处，则其人取而饮酒，同时赋诗一首。或吟诗，或弹琴，或舞蹈，无不风韵万千，引来围观者阵阵喝彩之声。

三是上巳雅集，墨香芳菲。历史上最出名的一次上巳雅集是王羲之、谢安等人的兰亭修禊活动，不仅诞生了天下第一行书，还为后世形成了一道独特的文化景观：水畔雅集。这次的上海则是佩兰诗会——限时要求赋诗一句，原创诗句内需有某选定诗文中的字，待选定诗文中所有字都被吟过，就可换下一首选定诗文重新开始。

最后，还有大家一起踏青游春。

再后来，每逢端午、七夕、中秋、冬至等传统节日来临，各地的汉服组织便开始举办相应的传统活动。这种以传统节日为核心的汉服聚会，也成为2006年以后各地汉服运动的主要活动方式。组织团队由北京、上海等一线城市，逐步扩展到各省二三线城市，甚至是海外，参与人数也从最初

▲ 2016年3月19日广州"岭南汉服"花朝节活动合影
　注：广州"岭南汉服"提供原图，授权使用。

的几人变为几十人。2009年后，很多城市的汉服活动人数开始突破百人。比如2009年5月28日四川成都的端午节活动，参与者超过了240人，而观看活动者超过了400人；2012年6月23日锦绣中华汉服深圳的端午节活动，在严格限制参加人数的情况下，穿汉服签到者仍达218人①；2016年3月19日广州"岭南汉服"的花朝节活动，实际到场穿汉服人数接近400人，合影之壮观，令人叹为观止。

这类活动的一个特点就是，选择一块公共空间，以"自娱自乐"为主，很少会与路人、围观者进行互动。偶尔有人驻足询问，基本上也都是出于好奇："他们是在拍古装戏吗？""是在做Cosplay吗？""水里有什么吗？"活动参与者，有时会耐心解释，有时则会无视质疑，继续举办活动。活动结束后主办方将活动流程和图片放到几个主要的汉服网站或者宣传平台上，引起内部的共鸣，并通过互联网吸引更多的汉服爱好者。

三、常态化传承汉服组织

2006年以后，以传统节日为核心的汉服运动呈现出以地方社团为核心的特点，活动也形成了惯例化、常态化、规模化的局面。比如每年端午节前，各地汉服社团就会在网站上发布活动召集帖子，公布活动的时间、地点、参加条件、主要内容，邀请当地的汉服爱好者来参加活动。

由于活动人数逐年递增，组织者开始由一个人逐步变为一个团队。同时，在互联网整体格局变化的情况下，门户网站和社区的影响力开始下降，网络召集平台便从汉网、天汉网这种大型的汉民族文化网站，逐步转移至百度汉服贴吧，以及后来各地方社团自行建立的社团网站、论坛、博客上。近几年逐步兴起的微博、微信，也成为地方汉服活动的网络宣传阵地。

回顾北京地区"汉服北京"社团十年来的端午活动，大致包括以下内容：点朱砂、画五毒、绣荷包、拜屈原、大合唱、才艺表演等。但是每年会选用不同的主题，并以不同的诗句作为活动召集和报道帖子的标题，以示该年活动的特色。每年都会对活动内容做一些细节的调整，比如增加绘

① 参见汪家文（网名"独秀嘉林"）注释：《汉服运动大事记2013版》，载百度汉服贴吧，2013-10-14。

制风筝、评选优秀兴趣小组、开展五周年特别纪念等内容。

　　活动基本都是选在一个大型公园的广场处或是一个半封闭的空间中，大家坐在一起，以类似于郊游的形式，举办民俗活动。但是参与活动的人数逐年递增，从最初的十几个人，发展到近期的200多人，这种户外的、松散的郊游性活动，的确给组织者带来了挑战：一个人再也无力独自承担组织工作，而是需要由多人共同负责，网络召集、提前踩点、联络媒体、准备用具，均由专人负责，如此才能保证活动顺利举办。

　▲ 吴佳娴（网名"幽明黑猫"）参加过的部分"汉服北京"端午节活动

　　注：吴佳娴提供图片，吴佳娴、"汉服北京"团队授权使用。

▲ 2011年8月8日四川汉文化研究交流会与四川省博物馆合作的七夕活动文艺演出部分

注：四川汉文化研究交流会专业委员会会长黎静波（笔名"黎冷"，网名"霜冷寂衣寒"）提供原图，授权使用。

2009年后汉服运动和传统节日相结合的活动在全国蔓延之际，不少社团却深受"瓶颈"的困扰。借助过传统节日让汉服出场等活动方式，无论形式还是内容，均逐渐趋于重复。习惯于因为新创意而被媒体聚光，或因特立独行感到刺激的部分汉服运动的"老人"，已开始对那些"老掉牙"的程式化的东西感到厌倦。同时，媒体也逐渐熟悉了汉服活动的口号、理念和行为模式，开始出现"视觉疲劳"，对反复出现的汉服迅速失去新鲜感，记者们看惯了的汉服活动对公众的视觉冲击力正在递减。①

至于瓶颈期应该怎么度过，各地方社团其实也一直在尝试、摸索、探寻，试图找出一套新的、有地方特色的活动模式。如四川汉文化研究交流会，从2009年开始逐步引入兴趣小组的模式，通过茶道组、戏曲组、汉舞组等小组的日常活动，丰富活动内容②；"汉服北京"团队，从2010年开始在端午节活动中加入会长换届选举工作，由现场演讲、会员投票等环节组成；福建汉服天下协会，自2007年后逐步加强和政府的合作，积极承办当地的官方民俗活动。

尽管活动已经没有了新鲜感，可是它的定期举办的属性则成为汉服运动的一个重要特征。换句话说，各地区的传统节日活动尽管已经常态化、固定化、模式化，但是这些活动却给初次接触汉服和汉服运动的人员提供了一个接触团队、参加活动、认识朋友的很好的契机。很多人从互联网或者其他渠道了解到汉服信息后，往往会通过互联网搜索当地的汉服社团，再选择一个传统节日的活动来接触当地的汉服组织，然后逐步加入兴趣小组或是其他的会员活动，最后甚至成为当地社团的组织骨干。

这种传播方式类似于固定化聚会，这是信仰传播必不可少的一个环节，也恰是汉服聚会的集体行为可以被称为社会运动的关键因素。传统节日聚会，其实起到了将活动时间固定化的重要

① 参见周星：《本质主义的汉服言说和建构主义的文化实践——汉服运动的诉求、收获及瓶颈》，载《民俗研究》，2014（3）。
② 四川汉文化研究交流会专业委员会会长黎静波（笔名"黎冷"，网名"霜冷寂衣寒"）口述提供。

汉服归来

▲ 2016年"汉服北京"清明节之"传统体育运动会"蹴鞠

　　注："汉服北京"提供原图，授权使用。

作用。尽管活动形式趋于雷同，尽管活动内容亟待更新，尽管活动组织者已经疲于召集，但是从汉服运动的长远发展来看，传统节日期间的民俗活动必须且一定要坚持做下去。

　　而且，在这个摸索的过程中也呈现出了地域化的发展特色。如何最大限度地发挥地区优势，利用地缘属性，也是各个社团应该思考的。或许是商业运作，或许是与政府合作，又或许是公益实践，至于该采用何种方式，则根据社团的人员组成，并结合当地的实际情况来酌情考量。与共同的理论参考方案相比，丰富多彩的实践活动才是未来发展中更应珍惜的。这些活动会为未来的社团联盟框架、共同的行为准则乃至未来的行业规划留下一笔宝贵的财富。

四、传统节日认知度提升

尽管各地汉服社团疲于应付"瓶颈期"的汉服活动，但恰恰是这种常态化的模式，推动了传统节日在中国社会的回归。诸如上巳节、花朝节、腊八节这类过去并不太受关注的传统节日或节气，随着各地汉服社团的广泛活动，并借助各媒体的新闻报道，竟然开始回归到了公众视野。

2016年3月20日是丙申年的花朝节，在那一天前后，中国很多很多的汉服社团都举办了踏青、赏花、游园活动。那一天的新闻报道中，很多有关节日的描述都是围绕汉服活动展开的：上海顾村公园举行了花朝节汉服游园活动①，徐州重现汉服少女举办祭祀花神活动②，山东菏泽医专汉服社表演汉服舞蹈③，武汉文华学院汉服社12位姑娘祭拜花神④等等。中国人民大学苏州校区澄怀国学社也带领着一些初来中国的法国同学，在苏州留园举办了祭祀花神的活动，中西方学生共同领略了姑苏城中的精雅文化与别致园林。⑤

中秋拜月祭月、清明踏青郊游、上巳曲水流觞，原来都只是残留于记忆中的一个个影子。但庆幸的是，在华夏衣冠被找回的同时，归来的还有民俗节日。经过汉服复兴团队这十余年的演绎，社会公众

---

① 参见杨奕、视觉中国：《上海：美女着汉服演绎传统"花朝节"》，载中国社会科学网，2016-03-21。
② 参见《中断800年"花朝节"重现徐州 汉服少女祭祀花神》，载中国徐州网，2016-03-21。
③ 参见《菏泽医专"汉服社"舞蹈表演暨花朝节祭礼活动》，载齐鲁网，2016-03-23。
④ 参见张慧、李倩、陈红：《武汉一高校12位美女着汉服祭花神》，载湖北网台，2016-03-24。
⑤ 我在苏州留园偶遇中国人民大学苏州校区澄怀国学社成员。

▲ 2016年3月12日中国人民大学苏州校区澄怀国学社花朝节游园图
　　注：中国人民大学苏州校区澄怀国学社副社长童丹娃提供图片，授权使用。

在"新鲜"感之中开始思考，祖先留下的文化和精神，我们是不是真的丢
了一些？有人说，这是中国文化自觉萌醒的先兆……

第三节 ｜ 此曲能解人间意

一、沧笙踏歌觅知音

　　一提起能歌善舞的民族，我们首先想到的就都是少数民族。但其实汉
族也是个多才多艺的民族。要弘扬传统文化，就不仅要恢复"衣冠上国"
与"礼仪之邦"的昔日名号，也要注重"角徵宫商"的推广。《论语》有
云："兴于诗，立于礼，成于乐。"意思是，人的修养，开始于学诗、自
立于学礼、完成于学乐。诗、礼、乐三者是提高人修养的三种手段，也是

华夏文明的核心审美教育思想。

但是汉服运动中的乐，并不是礼乐，而是音乐。音乐其实是一门特殊的艺术，一方面它很抽象，另一方面它却又能最深刻、最细腻、最准确地反映人的情感。聆听者，可以从艺术中感受音调背后的丰富情感和思想内涵，从中获取精神力量，使思想得到升华。许多哲学家或大师对音乐的这一功能都给予了高度评价，或曰"浸润心灵"，或曰"改进德行"。

所以，创作出自己独特的"中国风"乐曲，并配以因对汉服失落而惋惜怀念的歌词，也就成为汉服运动实践的必然成果，它甚至与当代的"古风"音乐开始相互交融。2004年各地活动如火如荼进行之时，陆续就有了《重回汉唐》《汉家衣裳》《执手天涯》《华夏未央》《汉服青史》《汉服情》等一首又一首的原创歌曲。

二、重回汉唐梦萦魂牵

如果要说汉服运动发展13年以来，最有影响力和代表性、传播范围最广的歌曲，则非《重回汉唐》莫属。这首歌的作曲和演唱者是孙异，词作者是网友"赵丰年"、"玉镯儿"和孙异。这首歌从歌词开始创作，到歌曲成型，再到成为汉服活动中必须合唱的歌曲，其实又是一段故事。

2004年网友"赵丰年"在看到方哲萱的文章《所谓伊人在水一方》后改编了邓丽君的《在水一方》歌词，填词为歌曲《所谓伊人在水一方》，并制作了Flash动画。这首歌在2004年底被歌手孙异看到，孙异为其重新谱曲，并修改了歌词，创作为歌曲《重回汉唐》。孙异先是自己用吉他配乐演奏，在2005年元旦四川成都地区举办汉服活动时，弹唱给大家听，受到了一致好评。后来，他就录制了一首吉他配乐的创作小样放到汉网上，引起了更多人的关注，在2006年7月18日他完成了最终版本的录制，这也是汉服运动开展以来的第一首原创歌曲。[①]

重回汉唐

词：赵丰年/孙异/玉镯儿　　曲：孙异

---

① 参见孙异：《重回汉唐最新版》，载孙异小三和弦论坛，2006-07-18。

蒹葭苍苍　　白露为霜

广袖飘飘　　今在何方

几经沧桑　　几度彷徨

衣裾渺渺　　终成绝响

我愿重回汉唐　　再奏角徵宫商

着我汉家衣裳　　兴我礼仪之邦

我愿重回汉唐　　再谱盛世华章

何惧道阻且长　　看我华夏儿郎

孙异在创作灵感中写道：

我们说重回汉唐，不是回到那个时代，而是以汉服为载体，弘扬中华文化，继承华夏文明的血脉，继承祖先留给我们的伟大的民族精神和宝贵的文化遗产。复兴汉服不是历史的倒退，而是在全球化的大潮下，重建一个曾经强大的民族的自尊。重回汉唐，超越汉唐，这是我们的梦想，何惧道阻且长，看我华夏儿郎！

谨以此歌献给汉服，献给参与民族复兴的志愿者，献给所有给予汉服复兴关注的国人！[1]

《重回汉唐》这首歌引发了很多网友的感慨，很多人初次听到都会忍不住落泪。就连孙异本人回忆起来也说，想到祖先因为这件衣裳而遭受的磨难，就会感到心酸与难过，甚至走着路都想痛哭一场。[2]

这首乐曲，歌词以第一人称倾诉"我愿重回汉唐，再奏角徵宫商。着我汉家衣裳，兴我礼仪之邦"，这种家国情怀，确实道出了很多人的真实心声，希望借助歌曲来表达自己对复兴汉服的决心和信念，使人倍感亲切，且豪情满怀。此外，歌曲为两段体结构，采用民族五声宫调式，是一首典型的"中国风"音乐，也符合大家对于传统文化的喜爱之情。而且第一段比较舒缓，第二段才进入高潮，节奏感强、音调平稳，简单易学。整首歌哀而不伤，荡气回肠，催人向上，振奋人心。

---

① 孙异：《重回汉唐》，载5sing，2013-02-13。

② 孙异提供文字资料。

后来，孙异在2007年、2008年两次登上央视的舞台，穿汉服演唱了《重回汉唐》。在2013年11月浙江横店举行的第一届中华礼乐大会开幕式上，孙异演唱了《重回汉唐》，最后引得全场数百人齐声合唱，令人潸然泪下。

▲ 四川成都汉服活动孙异演唱《重回汉唐》
注：四川汉文化研究交流会专业委员会会长黎静波（笔名"黎冷"，网名"霜冷寂衣寒"）提供图片，授权使用。

从理论上看，不论中外，在大型活动开始或者结束时，往往会穿插大合唱环节，请所有参与者共同高歌一曲。这与号角的作用相似，引起大家共鸣，并鼓舞士气、凝聚人心。在汉服运动过程中，也需要这样的歌曲来营造一种知音难觅、前途漫漫的感觉，引发参加者共鸣。《重回汉唐》在汉服运动中也确实起到了这样的作用，这首歌曲成为汉服活动结束时的必唱歌曲。比如2011年首届汉服春晚便选择用这首歌的合唱视频作为结束。

但遗憾的是，《重回汉唐》至今没有制作一部原创的MV，早期有网友借《唐明皇》、《汉武大帝》等影视剧中的视频素材制作了歌曲MV，效果也还算不错。当年条件和经费都不允许，所以，孙异本人也就搁置了为这首歌单独拍摄MV的计划，这也成了这件作品的一个遗憾之处。2016年初孙异坚定地告诉我说，《重回汉唐》的MV一定会拍的，希望在条件成熟时，拍摄出一个场面浩大、气势恢宏的MV，利用影像技术手段，再现昔日的汉唐威严与华章盛世。[①]

三、余韵绕过丝竹响

在完成《重回汉唐》这首歌曲后，2007年4月2日孙异又创作了一首为汉服作的歌曲《汉家衣裳》，歌词灵感取自瞿秋石（网名"苑夫人"）的一篇文章《汉家衣裳》："你可曾见我汉家衣裳，她飘举翩跹像风一样，却丢失在多年前的一个夜晚。那晚没有月光，没有星光，我遍寻不着她的踪影，只得赤裸，荆棘划得我遍体鳞伤。"[②]

孙异说，《汉家衣裳》歌词中那一句"你可曾见我汉家衣裳，世界上最美丽的衣裳"总让他情不自禁地想到都德的《最后一课》，那里面写道：法语是世界上最美丽的语言。而孙异忽然想到，这不也正如同我们对于汉服的感情吗？她也是世界上最美丽的衣裳啊。[③]与《重回汉唐》的传统曲调相比，这首歌更具民谣性质，如怨如慕、如泣如诉，讲述了汉服失落之情，歌曲发布后受到了很多女性汉服爱好者的追捧。

2013年10月至12月，由成都传统文化保护协会汉文化研究交流会专业委员会与重回汉唐汉服文化联合摄制完成《汉家衣裳》MV，这部MV由孙异策划、黎静波担任编剧和导演，所有演员均来自成都汉研会。2014年初的汉服春晚采用了这首《汉家衣裳》MV作为片尾曲，以促使它更广泛地传播。

2007年10月28日，孙异在听闻网友"溪山琴况"去世的消息后，应邀为"蒹葭从风"所作诗词《执手天涯》谱曲，并亲自演唱了同名歌曲《执手天涯》用于纪念和哀悼他的英年早逝。与《重回汉唐》和《汉家衣裳》相比，这首歌更显得唯美与凄凉，不仅抒发了对已故的"溪山琴况"的怀念之情，更映射了大家与汉服的相依相伴之情。

孙异的这几首原创歌曲主题虽然类似，但表达方式却不尽相同，《重回汉唐》是铿锵有力的呼唤，《汉家衣裳》是百转千折的倾诉，而《执

---

① 孙异口述提供。

② 孙异：《写了一年的歌〈汉家衣裳〉试听，效果不好，听后给点意见》，载天汉网，2007-04-02。

③ 孙异提供文字资料。

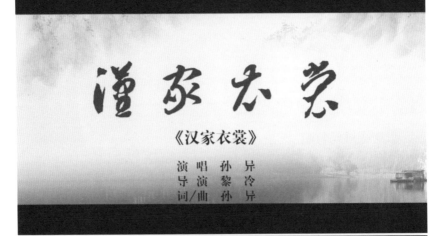

《汉家衣裳》

演　唱	孙　异
导　演	黎冷
词/曲	孙　异

她失落在多年以前的黑夜

告诉我你的名字是炎黄

▲《汉家衣裳》MV视频截图

　注:《汉家衣裳》孙异提供视频并授权使用,我截图。

漢服歸來

手天涯》则是凄美婉约的追忆。或许，这也正是音乐的魅力吧，可以通过不同的乐曲、不同的风格来展现对于同一个主题的情感。在配乐、演唱、制作等方面，与专业团队相比确实有所欠缺，但也起到了抛砖引玉的作用。通过音乐来表达汉服之美、汉服之殇、汉服之情确实是一个好的切入点，很快就有了专业人士和团队加入，使汉服文化与古风音乐呈现交融之势。

几年来，很多网友也选择对一些歌曲进行填词翻唱，表达对汉服的感情，比如《衣殇》《荷衣》《汉服华韵》《岂曰无衣》等翻唱乐曲，这类乐曲也更像是现在流行的"古风"音乐，受到了很多网友的好评。这些歌曲有一个共同特点：歌词以汉服的美丽、失落和传承为核心主题，而且多以诗词形式表达，读起来朗朗上口，如《执手天涯》中的"依依长安路，历历未央沙。与君归去也，执手共天涯"。这两句话广为流传，甚至被很多汉服活动当做宣传语。另外，曲调也有相似处：歌曲基本都是采用民族五声调式，而且配乐基本是由古琴、古筝、竹笛、二胡等民族乐器演奏完成，听起来很有"中国风"……

四、交融"中国风"和"古风"

首先引入专业团队的是2012年汉服春晚的片尾曲《华夏未央》，特别邀请音乐制作人张小龙、严晴创作了一首歌曲《华夏未央》，并由"汉晴画轩"原创漫画团队制作MV，后来这首乐曲成为历届汉服春晚的主题曲。

2014年由方文山作词、周杰伦作曲、常思思演唱的歌曲《汉服青史》正式发布，并收录在常思思同年发行的同名专辑《汉服青史》中。这首歌也是在浙江西塘古镇举办的汉服文化周活动的主题曲。关于创作理念，方文山曾经说：汉服文化承载着中国千百年来的厚重历史和底蕴，从汉服这一特定的饱含文化内涵的事物切入，能唤起年轻一代对传统文化的重视和那份久违的民族自豪感，体现出一种民族凝聚力和传承之心，于是歌曲《汉服青史》应运而生。[1]

---

① 北京华人版图文化传媒有限公司提供文字资料。

对于汉服运动而言，从表达形式上看，音乐确实是一个很好的突破点。这里的音乐并非指汉唐古乐，而是具有"中国风"、"古风"特征的流行歌曲，以大众喜闻乐见、通俗易懂的方式，把传统与时尚相结合，使之具有广泛的传播度和良好的可接受性，创作目的更侧重于对汉服的情感表达。因此音乐成为汉服运动中较容易引入专业化制作的项目。

方文山、张小龙等专业人才的参与，提升了汉服主题音乐创作的品质及汉服在社会中的影响力。就音乐创作而言，认知汉服和汉服复兴的意义，比音乐人才培养来得容易。因此专业音乐制作人在充分了解汉服的背景与意义之后，即可创作出令汉服复兴者欣赏、传唱的歌曲作品。他们还可以将汉服之美及内涵，以一种全新的形式，推进另一个领域，展现在公众面前。

▲《汉服青史》方文山先生Q版宣传图像
注：北京华人版图文化传媒有限公司
提供原图，授权使用。

再后来，汉服与古风音乐也有了交融之势。像网络上流行的古风音乐团队如"墨明棋妙"的成员即曾经在宣传海报上或是演出中穿着汉服，有些网友因为喜欢听古风音乐而慢慢认识汉服。2015年5月9日在北京人民大会堂举办的"结绳纪"2015"踏歌行千山"古风音乐会上，不仅歌手们穿着汉服在舞台上演唱了《礼仪之邦》、《长风歌》、《子衿》等歌曲，还有很多的社团组织穿汉服去聆听了音乐会。

长歌婉转，只影阑珊，共叙红尘归路……

漢服歸來

第四节｜暮色中的羽衣霓裳

一、悄无声息，繁华落尽

不知从何时起，在很多人的记忆中，汉族不再是一个"能歌善舞"的民族。提到民族舞蹈，首先想到的是少数民族舞蹈；提起宫廷舞蹈，首先想到的是西方的芭蕾舞。可是，若真如此，为何历史上还曾有李世民的《秦王破阵曲》、李隆基的《霓裳羽衣舞》等大型歌舞传颂千年、流芳百世？民间还有秧歌舞、采茶舞、花鼓舞竞相流传。在当代中国随处可见的"广场舞"究竟为何能成为世界焦点呢？难道，汉族真的不喜欢"手舞足蹈"吗？细想起来，这个刻板印象那么自相矛盾，也那么不堪一击。

汉舞是指汉民族的舞蹈，历史悠远，种类繁多。有秦汉时期的豪放雍雅，也有盛唐时期的华丽辉煌，还有魏晋时期的潇洒质朴。只是如今，正如我们失落的民族服饰被称作"古装"一样，汉舞其实也被另一个名字代替了——中国古典舞。名字不同意义也完全不一样了：古典舞，意味着是古代的、历史的、舞台上的一门艺术，不仅从时空上切断了关联性，更从心理上割裂了传承性。

当我翻开古典文学著作时，书中对汉舞的描绘是：广袖长舒，凌波微步，步步莲花，翩翩起舞，是那样的美丽与绚烂。再打开历史名著，关于舞蹈的记载竟是那样历史悠久、种类繁多。《山海经》载："帝俊有子八人，始为歌舞。"可见早在原始部落时期，"舞"便因古代先民群体聚居以及对图腾的敬畏而出现了。屈原作《九歌》，是根据楚国民间祭祀乐舞素材创作而成的，不仅祭祀了11位神，还描绘了独舞、群舞、歌舞和伴唱等场面。《礼记·内则》云："十有三年，学乐，诵诗，舞《勺》。成童舞《象》，学射御。"按中国传统礼教，小孩到了13岁就要开始学跳文舞，到了15岁就开始跳武舞，即所谓干戚之舞。[1]可是，古书中随处可见的那

---

① 参见汪峥：《汉舞：暮色中的羽衣霓裳》，载《文化月刊·遗产》，2011（8）。

昔日繁华与辉煌的汉舞，为何过尽千帆之后，竟然寂落到无人知晓、乏人问津的地步了呢？

当我打开电视机，看到古装剧里那翩若惊鸿、宛若游龙的舞蹈，又情不自禁地发出一种哀婉的叹息。还记得电影《十面埋伏》里的一段，章子怡穿了一身蓝色的水袖汉服，轻歌曼舞，婀娜多姿。配乐用的是西汉李延年的同名歌曲《佳人曲》："北方有佳人，绝世而独立。一顾倾人城，再顾倾人国。"典雅的诗词，在舞蹈演员的演绎下，其舞姿绰约娇媚而不失典雅端庄，轻盈飘逸而不失凝重大气，这就是消亡了近百年的汉舞复原版吧。[①]还有唐代诗人李群玉对于《惊鸿舞》的赞美："南国有佳人，轻盈绿腰舞……翩如兰苕翠，宛如游龙举……"这些都是古人为汉族乐舞量身定做的诗句。在诗词的背后，又会是怎样极尽优美的舞蹈身韵呢？

当我再次回到现实，问北京舞蹈学院里教中国舞的一位老师，我们的汉族舞蹈去了哪里时，老师告诉我说，汉族有舞蹈啊，秧歌舞、狮子舞这些都是汉族的舞蹈呀。可是，细想起来，秧歌舞中的"扭腰步"又怎么能代替汉民族的舞蹈特色和身韵呢？这种民俗、地方的文化，又怎能登堂入室而成为汉族舞蹈的全部代表呢？也正如大红袄、红布兜不能被视为汉服一样吧。

但汉舞究竟是怎么消失的？为什么记忆中只剩了民间舞蹈，甚至学界都不愿采用"汉舞"这个提法，而是代之以"中国古典舞"这个称谓呢？至今史学界或者古典舞研究者也无法道明其中的原因，又或者是没有人感兴趣或关注吧。

有人说，汉舞的消失与汉服历史的断裂有关，民族舞蹈离不开民族服饰，民族服饰也离不开民族舞蹈，舞蹈的载体因为"剃发易服"而逝去，汉舞也就不复存在了。也有人说，戏曲艺术的不断发展成熟，使之成为社会主要的欣赏娱乐形式，舞蹈艺术被戏曲吸收消化，融合在戏曲框架及表现之中，大众参与的舞蹈基本上就如落日黄昏，渐渐衰微。[②]还有人说，元和清两代，统治阶级为了维护社会稳定，都曾有过禁止民间歌舞表演的

---

① 参见"溪山琴况"（网名）：《汉族：没有民族舞蹈的民族？》，载百度汉服贴吧，2005-12-24。

② 参见"我爱郭振宇"（网名）：《汉人也曾能歌善舞：为何后来只剩下打麻将娱乐》，载铁血论坛，2012-04-08。

政策，甚至禁止民间"秧歌"游唱活动，所以阻碍了民间舞蹈的发展，而那时的宫廷舞蹈，也都是以少数民族歌舞为主了。但至今仍没有定论。

汉舞式微是一个事实，可是，真的是她自己选择悄然离开的吗？或许遗忘太久便成自然，在诸如汉舞之类的"真空"领域，甚至很少有人去探究历史以求证明，也很少有人去回望往昔的繁荣以鉴兴替。

与汉服消失的历史相比，汉舞的遗落显得悄无声息。

与汉服复兴的愿景相比，汉舞的复兴却是难上加难。

二、汉服语境下的汉舞

时至今日，随着汉服运动的进展，"汉舞"一词开始频繁地见诸互联网，也出现在汉服社团的"雅集"活动中。"汉舞"一词的提法，确实是出自汉服运动的团队——在汉服的语境之下，汉民族的舞蹈自然也被称作汉舞。汉舞复兴的实践派，也是在汉服运动的实践派中衍生而来的，更是汉服运动逻辑延长线下引申的一笔。所以，我们也把它看做是汉服运动的一部分吧。[①]

2005年10月3日至5日，在由汉网组织的首届汉服知识竞赛上，来自北京的网友"小狐仙"身穿红色汉服跳了一段汉舞。这段舞蹈的配乐取自《仙剑奇侠传》的《天山仙音》，舞蹈动作相对简单，但是涵盖了中国古典舞的基本要素，舞者运用汉服的大袖和优美的舞姿极富神韵地表现了汉舞的内涵，一时间该舞蹈视频在网络上迅速传播，也受到了众多网友的广泛好评。后来，在全国各地的汉服活动中，除了传统民俗、礼仪展示、雅乐表演等活动外，汉舞也逐步成为一项常规节目。

2007年6月13日，广州市汉民族传统文化交流协会（广汉会）也成立了歌舞兴趣小组，他们先是在广州天河体育中心广场排练《踏歌》，后来还在广州电视台《穿汉服的女孩》节目中表演。2008年他们在汉网上发布了《广汉会歌舞兴趣小组召集》的帖子，希望有更多喜欢汉服的网友加入，后来他们先后排练了《踏歌》、《太湖美》、《桃夭》等古典舞蹈，并在传统节日的汉服活动中演出。[②]

---

① 参见李宏复：《"汉舞"：汉服运动语境下的载体》，载《中国艺术时空》，2015（1）。
② 广州市汉民族传统文化交流协会会长唐慧辉（网名"唐糖"）口述提供。

▲ 2015年7月10日广汉会在海珠湖湿地表演汉舞《太湖美》

　　注：广州市汉民族传统文化交流协会授权使用。

　　这个时期的汉舞，主要是选择舞蹈学院专业设计的、有特色的、简单易学的中国古典舞蹈来演绎，比如《踏歌》、《相和歌》、《采薇》。从汉服运动的角度看，汉舞和中国古典舞的区别，类似于汉服与古装的差异。一个民族的舞蹈不应该只是历史书中的"珍贵文化遗产"，而应该是民众用于陶冶情操、强身健体的一种日常肢体语言。而它更不应该局限在舞台的方寸之地，提供可以欣赏与娱乐的艺术形式，而是应该利用肢体的语言，表达对于情感、思想、信仰的追求与向往。因此，很多参与者认为，汉舞应该存在于每个华夏儿女的举手投足之间，推广汉服离不开角徵宫商，更离不开"手舞足蹈"，身着汉服的时候，不仅要体现行礼如仪，也要展现优美的舞姿，把恢复汉服、恢复汉礼、恢复汉乐三者融为一体,循序渐进才能达到复兴汉服的目的。①

　　所以，汉舞复兴的真正目的，是希望让原汁原味的汉族舞蹈不再只是存在于舞台上，而是重新回归生活，流传在广场舞、即兴舞之间，可以再次在这片神州大地上绽放光芒。百度汉服贴吧时任吧主"大汉玉筝"拟写了《流动在袖影间的记忆——汉族乐舞复兴计划》，文章简略介绍了汉舞的美学特征、形式规则，并重点设计了两种在民间具有可复制性的歌舞，还绘制了汉舞畅想图：踏歌舞和抛球乐。比如"踏歌舞"，这个舞蹈并不

---

① 参见"溪山琴况"（网名）：《汉族：没有民族舞蹈的民族？》，载百度汉服贴吧，2005-12-24。

▲ 踏歌舞示范图

注：时任汉服贴吧吧主
"大汉玉筝"手绘，提供
原图，授权使用。

是舞台上的同名舞蹈《踏歌》，而是一种大家手拉手，由歌唱、踏地、舞袖等简单动作组成的娱乐性舞蹈，但同时还包括了汉族舞蹈的基本属性。

其中的几个核心环节列举如下[①]：

歌唱："词"与"调"的合一。"踏歌"之"歌"是音调的不断重复，但词却要求不断变化，词多是其显著特点，所以"新词婉转递相传"是"踏歌"最吸引人的地方了。

踏地：和着歌声以足踏地，踏出鲜明的节奏。其实从"踏歌"这名字中的"踏"字就可以看出，这种舞蹈在跳的过程中多是活泼轻快甚至激烈的节奏，间或辅以舒缓的节拍作拂袖动作，并非从头到尾"仙仙徐动何盈盈"。

舞袖：踏歌虽是"联袂而行"，但也不是自始至终都手拉手，踏节过程中还会有分开手拂袖、甩袖的动作。舞态上有时候还会分行，进退屈伸、离合变化，错开而舞。

但遗憾的是，这个汉舞复兴计划并没有像民俗节日复兴计划一样，在汉服运动中被广泛传播起来。或许是因为舞蹈本身是动态的，这种靠文字勾绘出来的场景，想连贯地呈现出来比较困难；或许是因为舞蹈本身是有意境的，这种开放型的构思方案，对推广者的表现能力、文化素养提出了更高的要求，所以很难继续演绎；又或许是因为当代的我们，面对着载歌载舞、怡然自得的自娱型舞蹈时才发现，我们的感觉已然迟钝、四肢已经

① 参见"大汉玉筝"（网名）：《流动在袖影间的记忆——汉族乐舞复兴计划》，载百度"汉服"贴吧，2009-09-26。

僵硬，伸出的手更不知如何摆放，修长的身躯也不知如何律动。其实，我们早已习惯了做舞台下热烈鼓掌的观众，能做的也只有鲁迅笔下的"看客"了。

但庆幸的是，汉舞虽然没有成为汉服运动中娱乐和推广的必修课，但是仍然通过"小群体"之间的共同学习、排练、表演的形式流传起来。

三、翩若惊鸿踏歌归

汉服社团推广汉舞，很大程度上也是为了在舞台上构建一种展示汉服之美丽和特色的新的表演形式。2008年时，各地汉服社团的发展吸引了很多媒体的关注，也陆续有电视台、文艺演出公司请汉服社团表演节目，这时很多社团在汉服展示之外，开始了新的舞台演出。

比如中国传媒大学子衿汉服社，在2009年9月的全校社团招新联合晚会上，特意编排了一段舞台剧，通过一段汉服展示、剑舞表演、集体配舞相结合的剧目，展示了汉服的特色和汉服社团的活动理念。汉服社也因为精彩的节目演出吸引了很多人的关注与加入。[①]再后来，中国传媒大学子衿汉服社又编排了《越人歌》、《佳人曲》、《汨罗魂》等舞蹈，或是在社团联合招新活动中演出，或是提供给汉服春晚节目组，都取得了很好的效果。在2012年"我最喜欢的汉服春晚节目"评选中，《汨罗魂》和《佳人曲》分别获得了该组节目评选的第一名和第三名。[②]

再后来，真正使汉舞在汉服运动中广泛传播、吸引众人一起学习与表演的是网友"璇玑"编排的舞蹈《礼仪之邦》。2013年10月7日，留学英国的网友"璇玑"和"安九"在南京古风音乐会上表演了舞蹈《礼仪之邦》，把汉舞推向了新的热点。《礼仪之邦》的音乐属于古风范畴，舞蹈动作是由"璇玑"专门为了广袖汉服而编排的，主要由舞袖、旋转、换位等动作构成，再配上大红色的曲裾随风飘逸，整个舞蹈观赏性很强，而且歌词"子曰礼尚往来，举案齐眉至鬓白……看我泱泱礼仪大国，君子有为德远播……江山错落，人间星火，吐纳着千年壮阔……"也很符合复兴衣冠

---

① 中国传媒大学子衿汉服社第三任社长覃舒婕（网名"秦人结"）口述提供。
② 参见"汉服春晚节目策划组"：《壬辰年"我最喜欢的汉服春晚节目"【风组】评选结果揭晓！》，2012-02-08。

上国、重现礼仪之邦的汉服运动愿景，所以视频在网站上公布后便引起了广泛传播。2013年10月30日，网友"璇玑"与"英伦汉风"汉服社的社员们一起排练了《礼仪之邦》，并录制了教学视频，分步骤讲解了每个动作和要领。教学视频受到了大家一致的好评和竞相学习，甚至兴起了各社团"全体习《礼仪之邦》"的跳舞风潮。

▲ 英国中国传统文化研究院璇玑舞蹈队在2014年全英春节晚会上的舞蹈《礼仪之邦》
  注：网友"璇玑"提供图片，授权使用。

　　如果在百度视频中搜索"礼仪之邦舞蹈"就可以发现，它有很多衍化版本。从版本上看，可以分为男生版、高中生版、儿童版；从衣服款式上看，可以分为襦裙版、曲裾版、褙子版；从衣服颜色看，有红色原版、黑色改良版、紫色同款版；从演出的形式看，有独舞版、社团版、广场舞版，甚至还有健身操版；从表演的团队看，不仅有天津大学汉服社、厦门大学国学社、湖南女子学院留影话剧社、武汉黄陂六中、南京十三中华韵礼夏汉服社等国内社团的表演版，还有德国科隆中国学生会、美国南加州大学汉服会、日本早稻田大学汉学社等海外社团的表演版，可以说演出团队覆盖了很多国家和地区……

不过需要注意的是，最初"璇玑"在为《礼仪之邦》编舞时，曾特意向汉唐舞专业的老师请教过，也在追寻敦煌壁画的汉舞感觉，是具有古典舞中舞袖、旋转、压腕提腕、小五花手等元素的，并非简单抬手、转圈。但是在后来的诸多模仿中，慢慢淡化了其中的汉唐舞韵味，反而呈现出了"健身操"、"广场舞"的色彩，这一点在实践过程中应该注意，汉舞，无论如何不能丢了舞蹈的灵魂。

四、复兴之路道阻且长

相对于汉服运动而言，汉舞的复兴可谓是难上加难。汉服是静态的，而汉舞是动态的，除了代代传承外，一旦断裂就很难再追溯。

有人会问，随处可见的民间秧歌、花鼓甚至是类似于健身操的广场舞，是否可以作为汉舞的民间形态呢？对此的回答是否定的。因为这些起于民间、流于市井的舞蹈，虽易于传播，但它们却不是"雅俗共赏"的文化，而是更具民俗色彩。而且它们也少了汉舞的核心与灵魂，汉舞中的长袖翩然、微步凌波之姿，其实在民间、在生活中、在大众娱情中，早已经消失了。

也有人会问，如今高校的古典舞，以及重新编排的汉唐古典舞，诸如《相和歌》、《踏歌》、《楚辞》之类，是否代表着汉舞的复兴呢？对此，也只能遗憾地回答：不是。有舞蹈系老师曾在接受采访时说，如今的古典舞教学只注重形式，或者说无奈只能止步于此。犹如书法，若只靠单纯的临摹古帖而不具备文化积淀和人生体悟，那么当然成不了书法家，顶多是一个字写得不错的人。[1]如今的古典舞，也缺乏从每一个姿势或动作来分析其内涵、意义、源流的理论，所谓的古典舞学习，只是模仿而已。

而且，舞蹈还不像衣服，穿上就可以了。舞蹈是动态的，它对表演者自身的要求很高，不仅动作模仿有难度，对于其背后的韵味与意境如何表达，更是仁者见仁、智者见智，需要有一定的艺术素养才可以体现。当代身体力行去推广汉舞的人，很多都来自汉服社团，甚至都不一定有舞蹈基础，因此只能做一些简单的模仿动作，肩膀、腰身也会略显僵硬，甚至看

---

① 参见汪峥：《汉舞：暮色中的羽衣霓裳》，载《文化月刊·遗产》，2011（8）。

起来不够协调、缺乏美感。这些动作，更是无法传承其背后的含义，这些因素，也被人诟病为汉舞表演乃至汉服运动中的"不专业"。

这也是汉舞复兴中的无奈之处吧——在没有历史记忆与专业团队的情况下，仅在民间的自发性实践与练习中，艰难地走着回家的路。

"汉舞"式微，是一个事实；"汉舞"复兴，又是一个愿望。

或许，我们可以把希望寄托在未来，期待着未来的有志之士吧……

▲ 中国人民大学文渊汉服社2015年"萌之韵"社团汇报演出舞蹈《采薇》
注：中国人民大学文渊汉服社提供图片，授权使用。

第五节│文人之琴与集

一、当汉服遇上古琴

琴棋书画，中国文人必修的技艺。琴，便是古琴，四艺之首。究竟是"伏羲作琴"、"神农作琴"，还是"舜作五弦之琴以歌南风"，现在已不可考，但是古琴历史悠久却是不争的事实。古琴之形貌、特性、质地，自诞生以来就与传统文化有着不可分割的血脉渊源关系。它有三种音色，泛音象征天，散音象征地，按音象征人，蕴含"天地人"三才；琴长为3尺6寸5分，代表一年365天；琴有13徽，代表一年12个月以及一个闰月；琴面为弧，象征天，琴底为平，象征地，暗合"天圆地方"思想；原有五弦，代表君臣民事物，意涵内合金木水火土五行，外合宫商角徵羽五音。后来周文王思子增加一弦，武王伐纣又加一弦，最终形成传承于后世的"文武七弦琴"。

　　古琴，历来也是圣贤、文士之知。孔子酷爱弹琴，杏坛讲学，受困陈蔡，操琴弦歌之声不绝；伯牙子期"《高山》、《流水》觅知音"；嵇康给予古琴"众器之中，琴德最优"的至高评价，其深厚内蕴，足以正人心，亦足以传千古。但遗憾的是，古琴文化在近代全面衰落，新中国成立之后

▲ 行者先生抚琴图
　注：行者先生提供原图，授权使用。

全国会弹古琴的只剩下两百余人①，公众也分不清"琴"与"筝"的区别，流传三千多年的古琴几近消亡。直到2003年，古琴被联合国教科文组织宣布为世界第二批"人类口头和非物质遗产代表作"，它才终于重回了公众视野，各地的古琴雅集、古琴培训也随着"国学热"、"汉服热"同步热了起来。

最初，有几位弹古琴的师者或演奏者在表演时穿上了汉服。后来，一些穿过汉服的人，开始学习弹古琴。再后来，还有一些学古琴的人，慢慢地了解到汉服。于是，汉服的儒雅淡泊与古琴的清静淡雅，可谓山鸣谷应，渐渐融为一体。

二、汉服活动与雅集

如果抛开古装影视剧中的人物不谈，那么当代第一位穿上汉服走进公众视野的便是古琴宗师吴兆基先生。1984年秋，先生在意大利凤凰大剧场演出时，身穿汉服演奏古琴，谢幕时抱拳行礼，一代宗师风范，深受各界友人、音乐界同人好评。只是那时并没有"汉服"的概念，不论先生是出于何种原因穿上了汉服，但二者的相遇，却是那么的和谐与美妙，仿若千年沉默，只为今朝与君重逢。

再到2005年，穿着汉服弹古琴的这种古代文人的雅集，也慢慢地重新回到了中国社会。2005年5月15日，由中国古琴艺术家李祥霆、杨青先生，邀请高士涛（网名"渤海琴高"）在北京怡清泉茶楼举办了一次古琴雅集。那一次活动时，所有的抚琴者、表演者都穿上了汉服。高静（网名"翾儿"）还清唱了一首昆曲《牡丹亭·游园》"皂罗袍"，古琴、昆曲、汉服就这样再度聚集在了一起。②

2005年11月16日，大家又决定共同举办一次以汉服、古琴为主要形式的文化沙龙活动，活动名字定为"雅韵华章"，那次活动有杨青老师，以及很多喜欢汉服的网友们参加。杨青老师先是讲解并试奏了琴、瑟、埙、箫、筝、阮、笛、琵琶等传统乐器，还向大家介绍了汉服知

① 参见"老阿更"（网名）：《古琴知识》，载360个人图书馆，2014-10-07。
② 参见"翾儿"（网名）：《汉服遇上古琴以后的事情》，载新浪博客，2007-02-28。

▲ 汉服与古琴雅集图（图一杨青老师抚琴、图二高静昆曲、图三高士涛老师抚琴）
注：网络上公开，雅韵华章艺术团高静（网名"翾儿"）、杨青、高士涛授权使用。

识，接着大家先后表演了古琴曲《酒狂》、舞蹈《珠落玉盘》等节目。[1]

2007年3月9日，受日中友好协会邀请，"雅韵华章"艺术团在日本东京举办了一场名为"早春"的音乐会。期间，所有艺术家都身穿汉服，杨青奏响了一曲有着三千年历史的《乐曲》，温婉流畅、余韵绕梁。后来还有汉舞《春光好》、《子夜吴歌》，也让观众沉浸其中，一致好评。[2]随后，杨青为大家讲解了古琴与汉服的历史与渊源，得到了观众的热烈掌声。音乐会被日本大富电视台采访报道，并在央视《华人世界》中节选播出。

---

① 参见"翾儿"（网名）：《汉服遇上古琴以后的事情》，载新浪博客，2007-02-28。
② 央视《华人世界》节目，2007-03-20。

▲ 2007年3月9日雅韵华章艺术团在日本演出

　注：网络上公开，雅韵华章艺术团、古琴艺术家杨青授权使用。

　　后来的很多雅集活动中，也开始出现汉服社的身影。比如2010年4月
4日，在北京朝阳文化馆内举行了一场"清明琴诗雅集"。活动中包括杨
青的古琴曲《流水》，对外经济贸易大学武术队的节目《天地作合之溯源
清明》——以武术剧的形式讲述了春秋时期晋文公重耳与忠臣介子推的故
事，北京孔庙成贤国学馆大成礼乐的舞蹈《小雅·鹿鸣》，中央戏剧学院
岂曰无衣汉服社的诗朗诵《将进酒》等等①，以清明雅集、文人诗会的形
式，形成"怀古思今"的清明氛围，其实也是一个很好的清明习俗选择。

　　杨青老师、高士涛老师不遗余力地在古琴界推广汉服。比如杨青老师

① 我参加了此次活动。参见"翻儿"（网名）：《清明琴诗雅集》，载新浪博客，2010-04-07。

经常会在古琴演奏中，穿上他最爱的那套东坡服。除此之外，他也经常在演出中介绍汉服，还有汉服与古琴那些琴心合一、古而不古的历史渊源，他曾经在亚洲巡演时讲道："亚洲的兄弟国家都有着自己的民族服饰，服饰是一个国家民族的文化特色表现。音乐也正是这个国家语言的延续。"[①]

我记得很小的时候，曾经问过一位民乐老师："我看古装剧里的人们经常弹一种琴，看着比古筝小，那个是什么呢？为什么现在身边没有人学呢？"老师告诉我说："那个叫做古琴，是古代人喜欢的，只是它的声音小，适合独奏，适合陶冶情操，但并不适合公开演奏，尤其不适合当代的民族管弦乐团。大概，被淘汰了吧。"可是谁能想到，自2000年开始，它与其他乐器一样，成为音乐学院考级中的一个科目。在后来的时光里，竟然逐步回到了大众喜好的流行音乐乐器范畴……

记得北京中山公园音乐堂每年暑期"打开艺术之门"艺术节，很多家长都会带孩子们来此聆听音乐，启蒙艺术。2014年暑假也是艺术节20周年，我曾去听了一场民乐音乐会，印象最深的是舞台上出现了诗词吟唱、箜篌弹奏、编钟表演、古琴与乐队，还有五弦琵琶……那些都是儿时不曾在音乐会上见过或听过的。我忽然意识到，它们回来了，真的都回来了。它们不仅回到了音乐会的舞台，还进入了儿童艺术启蒙的教育领域。

原来，那些传统古乐不是被时代淘汰的糟粕，而是被误做糟粕的精华，也是祖先希望我们见证的历史辉煌。或许，这也是中华文化的独特之处，只要民族还在，文明就不会绝。我也始终相信，不论迷失了多久，终究有一天，我们会重新找回我们自己的。

第六节｜汇合读经运动

一、什么是读经运动

21世纪以来，很多媒体都喜欢把"汉服热"与"国学热"相提并论。

---

① "大汉未央"（网名）：《中国民族器乐学会在日本着传统汉服表演视频》，载新浪博客，2012-06-19。

汉服归来

二者都是中国当代民众对于传统文化的认同与找寻，但表现方式又恰恰相反：一个是最表层的，是审美和身份标识上的追逐与表达；另一个是最内在的，是心灵和精神传承上的学习与深化。与此同时，读经运动与汉服运动也几乎是同步在推广和延展，虽然二者的目的相似——都是为了推动传统文化复兴，寻求民族认同。

但二者却是在两条线上发展起来的，读经运动的参与群体是40岁至50的年长者偏多，20世纪90年代初从台湾发起，逐步影响至大陆；汉服运动的参与群体是20岁至30岁的年轻人居多，21世纪初从中国一线城市开始，辐射至各个国家。二者过去并没有交集，可是后来，竟然有了汇合之势。

事实上，读经运动并不等于国学热。台湾季谦先生（王财贵，字季谦）鼓励儿童诵读经典，他的理念是："鼓励13岁儿童熟记中国文化的经典，此年龄段的儿童处于模仿期，背诵记忆并不是如成人一般的痛苦，也完全符合儿童学习语言的天性。背诵也不用求甚解，儿童的理解力是会变化的，应该让他用一生的时间去理解与感悟。"[1]2002年起，与古时候私塾性质十分相似的儿童读经培训机构纷纷涌现，河北有明德学堂，上海有孟母堂，苏州有淑女堂，武汉有童学馆等等，新一轮的读经运动就这样席卷了神州大地。[2]

二、由外至内的转变

并不想在这里讨论读经运动的利与弊，或是发展问题与前景，本书主要关注的是读经运动与汉服运动，是怎样相互融合的。于是，打算从一个人的故事说起，她叫方芳，字哲萱，网名"天涯在小楼"。她是中国第一批汉服运动参与者，从2003年开始全国各地地推广汉服，她的文章《所谓伊人在水一方》曾经在汉服运动中广为传播，她还组织了华北地区的第一次汉服活动。

2005年作为记者的方哲萱，在一个偶然的机会中了解到读经教育活动。2006年9月28日，方哲萱第一次见到季谦先生，那天先生做了一场

---

① 方哲萱（网名"天涯在小楼"）口述提供。
② 参见祝沛章：《对当前"读经运动"的思考》，载《科技文汇》，2007（1）。

▲ 2004年（左上）、2008年（左下）、2011年（右）的方哲萱

注：网络上公开，方哲萱（网名"天涯在小楼"）授权使用。

演讲，内容是"全民读经，论语一百"，她说她的人生自此开始改变。[①]
后来，她曾在博文《从根源上拯救我们的民族：让中国孩子都能读古书》中写道："中国人不了解自己的传统，进而推翻传统批判传统，人云亦云，妄自菲薄，就是从中国人不能读中国古书开始的……我们要救我们的民族，从自己做起固然重要，更重要的是，好好培养自己的下一代，教育是那么简单的事情，可是如果不了解教育的原理，一切都是徒劳。"

2006年后，她辞去了记者的工作，也走向了读经运动，她曾经对我

---

① 参见方哲萱：《（图说）汉服、读经、季谦先生和我》，载百度汉服贴吧，2010-02-05。

说："我们要从根源上拯救我们的孩子。汉服运动可能一代人就可以完成，但是读经运动，却至少要三代人才可以看见希望的曙光。汉服是小时候的一个梦，如今，似乎梦想已然成真，但希望我们可以找回服饰之后的义理之美、人性之美，找回整全的美、整全的华夏。"

再后来，季谦自从知道了汉服，也推广汉服。他常说只要是人类智慧集结成的永恒经典，我们都应该来推广。他推广河洛语，因为这是唐代以来的华夏正音；他推广古琴，因为这是经典的乐器；他推广中华武术、印度瑜伽，因为这是"让身体读经"；他所倡导的读经教育以教华夏经典为主，还辅以各个民族的经典，因为那些都是人类永恒的智慧。后来，他也鼓励读经的孩子都穿汉服。在季谦先生看来，推广各方面的经典，也是天经地义、自然而然的事情，每个人都应该这样，人，"该怎么做就怎么做"。

三、走进当代读经学堂

记得中国第一家全日制私塾孟母堂，2006年曾由于孩子们的读书声震天，让周围居民不堪其扰而抗议，被紧急"叫停"。当时这件事情在社会上影响很大，很多人质疑，这种诵读中国四书五经，或是英文《圣经》、《莎士比亚文集》的方式，能适应当代社会的分工体系吗？而且是不求甚解，对于经典的理解要靠孩子们自己去感悟，或者到了书院中再继续深造，这种教育方式有出路吗？这种私塾教育在国家层面尚不被认可，这些孩子的未来又会有谁对他们负责呢？

只是十年过去了，在各种质疑声中，中国的私塾不仅没有被迫关门，反而发展得越来越多、越来越大，成为对于现代教育体制的一种无声回击。那么它们到底是什么样子呢？是否正如很多媒体报道中所说的，把孩子困在了压抑个性、无边际的填鸭式的痛苦背诵之中了吗？我也是在好奇之中，走进了三家读经学堂。

我们先去的便是苏州东山的乐谦学堂，那里是方哲萱经常提到的"梦想之地"。2012年时她开始筹划开办学堂之事，后来走访了全国各地，最终选择了苏州东山的太湖畔，这里是一个传统式的庭院，有山，有水，有教室，也有宿舍。2016年时，这里大约有20名全日制孩子，住在这里，也在这里上课。他们的教学理念，沿用的便是季谦先生的读经理念，让孩子们至少背诵30万字的经典，为今后进入书院打下基础。

▲ 2016年3月苏州乐谦学堂
注：我现场拍照，苏州乐谦学堂方哲萱授权使用。

后来，我们又去了隔壁的淑女学堂，学堂2005年9月28日成立，也是在苏州东山太湖畔。这里学习内容主要有七部分，分别是经学、史学（前四史和24史）、文学、武术、中医、女工（包括汉服剪裁）、国艺（茶道、香道、古琴）。淑女学堂的傅先生特意强调了，学堂里的男生与女生是要分开培养的，这样才能各自有各自的气质。全日制学生有6名，而老师却有10名，用这种"小班"式的方法保证教学质量。

最后，一定要去的便是上海的孟母堂了。孟母堂在上海闵行区的一栋别墅内，是那种西式的庭院。这里面住着20名学生，平日里也是以诵读经典为主，但也兼修着古琴艺术，有老师在解经。对于创办缘由，创始人周应之先生告诉我说，我们所谓的教育，不应是只学知识就够了，而是要有历史使命，要为自己的言行负责，要做一个有影响力的人物。我们自古讲究天文、地文、人文，这些也是我们当代教育所要追求的。

对于这些读经孩子的出路，先生告诉我说，十年来，学堂培养的毕业生已经有60多名了，他们现在的出路也都不错，有的还在国外读大学，有的已经毕业回来了，并且接手了家族的生意。其实当时有的父母把孩子送来时是抱着"最后一根稻草"的心态，因为孩子在体制内的学校根本不学习，但是通过几年的经典学习，这些孩子发展也还是不错的，在待人接物方面也都挺好的。关于学堂的出路，前景很乐观。

在2011年时，周应之先生还创立了服装品牌"诗礼春秋"，这是一个以"为中国读书人设计服装"为宗旨的服装品牌，即以衣冠为载体，将诗书礼乐的精神传递给天下所有读书人。就像先生说的，文明也需要一个外在的表现形态，一个人应该有他应有的举止，有诗意的举止、符合文化的举止、立足深意的举止，这也是我们读书人所要追求的。

这个理念也真的回应了方哲萱所反复强调的理念："喜欢穿汉服的人静下心读经不容易，但是读经的人可以很容易穿上汉服。所以我们要由内而外，衣冠的气质是要内在底蕴来体现的，看那些读过古书的孩子，气质是不一样的。我们真的要多读书，尤其是多读古书。"

汉服也好，读经也罢，它们都属于中国人，也是中国人生活中的一部分。或是从内至外，或是由外至内，它们的汇合也是时代的必然。这里，不仅有着民族文化符号的彰显，也是民族自信自尊的复苏、自我追溯的再发现。

内外兼修，知行合一。如春风化雨般，润物细无声。

四、表象不等于路径

随着"汉服热"、"古琴热"、"国学热"的风生水起，质疑声也是层出不穷，有人嘲讽这些文化复兴都是"崇形弃神"，与中国文化精髓"重神轻形"背道而驰，甚至充斥着商业与功利。然而，那些强调要传承文化内核的人，强调了内核，又可曾看到传承之路？

传承是动态的，是需要过程的，尤其是这种断裂的文化，更需要包容与理解，特别是要理解背后的缘由与根源后再下定论。而这里的"汉服热"，虽然呈现出来的只有汉服弹琴、汉服跳舞、汉服读经，但是否还有人记得它的复出路径？它是经历过从思潮，到符号，到实践行动的演绎经过的。它是在全球化危机中，在文化复兴背景下，在民族认同焦虑中，被一些中国人从历史书中"挖"出来的文化标识。如果忽略了历史中的文化渊源，淡漠了整个社会的大环境变迁，只看到了表面服装，便妄下结论，只怕才是真正的"崇形弃神"吧。

▲ 2016年2月20日西安汉城湖景区举办第四届开笔礼（摄影：西安天星轩文化传播有限公司）
　注：天星轩汉服"箸曦"提供原图，授权使用。

　　任何文化都会有载体，任何载体也都会有呈现。正如西装、咖啡、酒吧、教堂都是西方文化的一种表现一样，汉服，也如同茶道、书法、国学一般，是传统文化中的一个外在表征部分，只是不同人的侧重领域不同罢了。而且不知是否有人想过，为何公众视野里最"热"的是"汉服热"、"古琴热"和"国学热"，而不是"茶艺热"、"香道热"、"民乐热"？因为现在出现的礼仪、文化部分都是断裂最深的，所以它们才患难与共、相依相伴，相互助力，不离不弃……

　　服饰，可以说是文化中最表层、最浅显、最容易碰及的那一部分，因此它也很容易地成为那些力推国学、传统文化、礼乐制度的人们行动之中最好的"抓手"部分。世人看到的那些汉服现象，其实是文化复兴过程中的那一层表象而已。忽视建构路径，唯表象而论者，与汉服运动实践者相比，究竟谁才是做表面文章呢？

　　传承华夏，就在当下。复兴汉服，有何不可？

第十章

华夏归来之路

复兴衣冠，再谱华章。自新文化运动以来，传统文化不断遭受批判。面对着被割裂的文明，还有被弱化的传统，所谓"传统文化复兴"究竟该如何去做，如何让祖先的智慧重返当代社会，没有人知道答案。在这个尝试与摸索的过程中，是那件消失最久远的衣裳，首先重返公众的视野。而同袍们的身体力行，不仅为传统文化的再次绽放，探索出了一套可以借鉴且继续前行的实践方案，也在逐步地勾勒出那些被遗忘的传统民俗、礼乐文明乃至民族精神。我们期盼在若干年后，中华文明再次屹立于世界之巅，我们的后代会以拥有完整、辉煌的文化而自豪。

第一节｜许君一世长安

一、重塑大国复兴使命

纵观当今中国，从读经热、国学热，再到古琴热、汉服热，"弘扬传统文化"的呼声可以说是越喊越烈。但喊口号容易，做起来又谈何容易？我们常常骄傲于自己拥有五千年的文明，可是时至今日，我们的文明又体现在了哪里？鸦片战争过后，西方的坚船利炮，打开的不仅是中国的国门，还让那已在没落的传统文化，在生机勃勃的西方的强势文化面前相形见绌，最终竟被弃如敝屣。

可是冲击过后，似乎并没有重建的意思，也没有创造出新的文化形态。反而在尝试着"全盘西化"或是"走俄国人的路"，但最终却应了两千多年前的那句古话——"橘生淮南则为橘，生于淮北则为枳"，结果只能是水土不服。直到"中华传统文化是我们最深厚的软实力"、"实现中国梦必须弘扬中国精神"、"中华优秀传统文化是中华民族的精神命脉"理念的提出，传统文化的发展才迎来了新的发展契机。

重建之路，举步维艰，任重道远。在百年的岁月中，传统文化之所以会被批判得体无完肤，不仅有着时代的必然性，也有着文化自身的问题。所以，它也必须经历这种推翻后的重建，才会以另外一种全新的姿态重生。文化复兴，这个过程绝不是简单地、机械地复古，究竟如何推陈出新，使汉服运动与中国文化发展的方向合拍，这才是我们应该思考的。在探索与尝试的过程中，更不应一味地纠缠于那些陈年旧账，或是简单地去判清曾经的是是非非。[1]重要的是在实践中，正在探索前行的、饱经风霜的我们，未来该何去何从。汉服运动也只有成为中国新文化的有机组成部

---

[1] 参见韩星：《当代汉服复兴运动的文化反思》，载《内蒙古农业大学学报》（自然科学版），2012（4）。

分，才能为中华文化、中华民族的伟大复兴做出应有的贡献①，这才是我们应该践行的。

费孝通在论述"文化自觉"时也提到："中国文化在从传统走向现代的进程中，怎样才能使中国文化的发展摆脱困境，适应于时代潮流？中国知识分子上下求索，提出了各种各样的主张，以探求中国文化的道路。"②在各界的摸索与尝试中，确实是汉服——这件中国文化中最直观、最简易、最显著的那个符号，成了文化复兴运动的急先锋。或许，也印证了《国语》中所说的："夫服，心之文也。"

中华传统文化的复兴，首先需要一个符号的复兴，并以此为载体，带

▲2009年9月27日，中国留欧学子在法国巴黎以汉服巡游的方式迎国庆

　注：2009年汉服法国提供原图，授权《汉服运动大事记》系列使用。

---

① 参见韩星：《当代汉服复兴运动的文化反思》，载《内蒙古农业大学学报》(自然科学版)，2012（4）。

② 参见费孝通：《关于"文化自觉"的一些自白》，载《费孝通论文化与文化自觉》，473页，北京，群言出版社，2005。

动整个传统文化的复兴。符号之重生，绝不是一件易事。它不仅需要一批身体力行的先行者，通过他们坚持不懈的努力与行动，让它浮出水面，更需要的是背后，那一整套文化理论体系的再造与重构，包括艺术、生活乃至审美的诸多部分。

始自衣冠，再造华夏。让那被斩断的文明再次绽放光芒，就是我辈的使命之所在。

每一辈人都有自己的历史使命与责任，从清末的落后挨打到21世纪的经济腾飞，我们的先辈和父辈，都付出了很多艰辛的努力。时不我待，我们这代人也应该肩负起我们应有的重任，找回我们失落的文明，找回我们的民族根基，找回我们曾经的文化自信。继往开来，为中华民族的伟大复兴贡献力量。

二、从"汉服"到汉服

就像很多人提到的，对于汉服运动的前景，你不要看过去，也不要看现在，要看的是变化。如今，虽然它依旧属于亚文化，属于非主流，但是这十三年来，从无到有，从一片反对与质疑，再到部分被接受与认可，已是今非昔比。

从媒体的用词中，便可以窥见一斑。汉服最早出现时，很多都是要加引号的。比如2004年12月29日《新京报》的《谁把"汉服"篡改为"寿衣"》、2004年10月12日《南方都市报》的《一场张扬的"汉服"行为艺术秀》、2005年2月15日《法制晚报》的《网友穿"汉服"宣传汉文化》、2005年9月21日南京报业网的《"汉服"运动：在误解中谨慎地快乐着》……再后来，一些媒体报道渐渐开始不加引号了，再到2014年的新闻报道，几乎都没有了引号，比如2014年4月2日人民网的《樱花小萝莉身穿汉服引游客围观》、2014年5月3日新华网的《四川举行汉服成人礼仪式》、2014年6月16日湖南日报的《90后美女开汉服工作室》……不论是何种题材或立意，十年之后"汉服"的双引号没有了，"汉服"这个词终于回归为一个正常的汉语词语，这其实就是最大的变化。

另外就是报道中对于汉服一词的解释，最初的文章中，诸如"古代服装"、"古代各朝服装"、"汉民族特色服装"等各种称谓比比皆是。再到如今的很多新闻报道中，已经不再特意解释什么是汉服了，它就是一种服装。

还有就是措辞变化，早期报道几乎都是质疑，人们反对汉服根本不需要任何理由。比如有人提出："要是把汉家衣冠追溯到绝对正统的时代，我们就都不能穿裤子了；要是不追溯到如此正宗的时代，这种追溯还就真没什么意义——须知正本清源是我们这里的传统，否则就会名不正、言不顺。要是这么追溯下去，我们最应该穿的是兽皮、草裙，要不干脆就利用基因工程让大家都重新长毛好了。"①

然后，渐渐有了一些中立的声音。再看如今有关汉服的新闻报道，更多的像是一种文化现象的表述，比如2015年7月1日搜狐文化的《汉服运动 "吓到路人" 还是文化复兴？》中提到的："汉服运动是对过度洋化和盲目追赶西方时尚倾向的一种文化的反拨。青年人在寻找汉服，寻找中国式的东西，贴近人性、自然的东西，寻找失落的自我和身份……"

不知不觉中，传统媒体对于汉服运动和文化复兴的舆论态度已经变了很多。十三年前，在各方力量如此悬殊的情况中，那些人都坚持挺了过来，如今即使再出现负面言论又算得了什么呢？我坚信，再过十年，当越来越多的汉服运动参与者成为社会中坚力量时，中国的文化复兴，一定会迎来一个不一样的明天。

三、星星之火，可以燎原

这十三年来，汉服运动可谓是不温不火，也很难找到标志性的节点，或是突破性事件。如果说转折点，唯一一个可以称得上的当是2008年北京奥运会。虽然汉服申请奥运礼服一事并没有成功，但是却让这个名词被世人所知。在奥运会开幕式上，三千人吟诵《论语》五名句等节目都在展现礼乐中华的盛世气象，让人们看到了中华五千年文明的辉煌。而奥运会过后，中国的国民心态产生了很大的变化，逐步彰显出大国气度。面对着不同肤色的人群，多元的世界文化，同袍

---

① 虚拟@现实之五岳散人专栏：《一场张扬的 "汉服" 行为艺术秀》，载《南方都市报》，2004-10-12。

也显得更加自信、包容与开放，社会公众对于汉服的认可度和接受度似乎提高了很多。

但是，如果要是说汉服运动中是否有过里程碑式的事件或新闻报道，或者又有谁扮演过至关重要、不可替代的角色，我可以肯定地回答——没有！那种叱咤风云、万众瞩目的显著性成果，从未有过。但汉服确是在点点滴滴、繁杂琐碎的事件中，如春风化雨般，持续不断地触碰着国人的心。诸如"穿汉服举办成人礼"、"带着汉服去旅行"、"海外华人的汉服热"、"古装剧中的汉服"，这类繁杂琐碎的报道隔三岔五地出现在各大媒体的报道之中。最初可能是几个月有一条，慢慢演变成两三周一次，现在几乎是每天都有，而且题材、立意、角度都不一样。究其原因，有太多的人在共同参与、共同奉献、共同推动、共同折腾。

人多了，问题也就多了。喜欢汉服的人群中，有人思想偏激、有人孤芳自赏、有人性格傲慢、有人痴迷服饰，但这些并不能代表汉服运动本身。这个社会不论哪里都有非主流之事，也有非主流之人，辩证唯物主义早就教给了我们——要学会客观、全面、发展地看问题。对于汉服运动的发展前景，我们要看的是主流，是运动主导者、主体者的行为特征，还有汉服运动的历史脉络和宏观全景。

汉服的复兴不在非主流之人，而在于主流之势。曾经以为，参与汉服复兴的很多都是中产阶层或是小资阶层。但最终发现，完全不是。汉服运动参与者不分阶层、不分职业、不分等级、不分区域……有的人来自北京、上海、广州等一线城市，也有来自兰州、柳州、大理、拉萨、乌鲁木齐等城市；有政府公务员、大学教授、外资企业的白领，也有现役军人、大中学生、县城工人；有20岁到30岁之间的年轻人做主力军，也有40岁到60岁之间的社会中坚力量在"暗中相助"。我也知道，在中国社会中，很多人都在拼尽全力推动这件衣裳的复兴，有时只是添一根柴火，有时只是吹一阵小风，但这些都已经足够。因为，愿意为这丝火苗助力的人，真的太多了。

何惧道阻且长，看我华夏儿郎。

▲ 上海汉未央祭祀活动（摄影：汉未央）
　注：汉未央提供原图，授权使用。

第二节 ｜ 衣冠安处是华夏

一、被认可的民间团队

　　汉服虽热，复兴亦难。以汉服为载体的文化复兴之路并不好走，这件衣裳消失得太过久远。对于汉服、汉服商家、汉服运动，一切的一切，曾经都是零，可谓白手起家。互联网本身又是个充满着暴戾之气的平台，这里形成的社会运动不仅缺乏归属感、组织感，更缺乏对于集体认同的塑造力。对于这个穿梭在虚拟与现实之间的团队而言，更显艰难。

　　面对着主流媒体的淡漠与偏颇，最好的宣传媒介只有网络媒体，这个民间团队打造了各种可能的自媒体平台，可谓是将信息化、技术化、数字化时代的宣传媒介运用到极致。然而，互联网上的他们，又面对着各种匿名的无理由、无情面的指责与批判。

社会中的他们，在政治资源、行动支持、理论指导等诸多方面，几乎是一无所有。团队内部的组成人员，更是参差不齐、性格各异。但他们还是坚定地走了过来，用自己的身体力行，建设着属于自己的平台，也表达着对于这件衣裳深情的守护，还有对于中华文明坚定的追寻。

后来，这个坚持不懈、不温不火的实践团队，对于汉服复兴的执着之情，对于中华民族的热爱之情，对于传统文化的传承之情，得到了越来越多人的理解与支持。我也曾问起过那些向汉服运动伸出过援助之手的人，有人告诉我说："我就是想帮帮，在我力所能及的范围内尽可能多帮帮，因为我觉得这群年轻人真的太不容易了……"就像一位长辈讲到的："我若是在马路上看到穿汉服的姑娘，一定为她的行动称赞、鼓励。广袖翩然、裙裾飘飘的样子，真的很适合中国人。汉服的魅力无可比拟，复兴汉服的勇气更是值得褒奖。"随着时间的流逝，这个团队也开始成长，开始转变为民间组织，或是成为中小企业，并渗入了中国的各行各业。

汉服运动的参与者主要是一些知识素养比较高的青年，他们在探寻族裔文化认同的同时，也彰显了阳春白雪的审美偏好和需求。换言之，这一运动具有很强的内向性、寻根性、审美性、非排他性、非进攻性的特征。[1]是啊，他们很多都是初入社会的年轻人，他们喜欢汉家衣冠，喜欢文化，可是他们却又无从入手。最终，他们选择了最简单、最直接的方法，就是穿着宽袍大袖走上大街，一遍又一遍、一年又一年地向路人们传递着：这叫汉服。

中华传统优秀文化的重生之路，不在日本，不在韩国，就在我们脚下，就在我们身边。就像网上流传的那段话："你所站立的地方，就是你的中国；你怎样，中国便怎样；你是什么，中国便是什么；你有光明，中国便不再黑暗！"

二、汉服复兴不是"圈"

有汉服，也有汉服运动，却永远没有"汉服圈"。汉服是衣服，是大

---

① 参见王军：《网络空间下的"汉服运动"族裔认同及其限度》，载《国际社会科学杂志（中文版）》，2010（1）。

方的，世人皆可穿，穿上了叫做穿着汉服的人；汉服运动是一场社会运动，是"小气"的，只有那些真正为它付出过的人，才能算在其中，可以叫同袍、汉服复兴者或汉服推广者。但永远没有汉服圈，因为汉服不是爱好，不是职业，更不是群体范畴，它是一件衣服，一件世人都可以穿的民族服装。你可曾听说过"旗袍圈"、"和服圈"、"西装圈"或是"衬衫圈"？是否意味着穿过旗袍便入旗袍圈，去过日本拍过和服照便入和服圈，日常正装要求是西装便入西装圈，喜欢穿着衬衫便入衬衫圈？

　　既然不是"汉服圈"，自然也不是"汉迷"、"汉友"和"汉服控"。人们参与汉服运动，初衷是为了找回失落的传统民族服装。于是，在没有外力推动的情况下，他们凭借着一番热情与执着，守护着、陪伴着、助力着这件衣裳的回家之路。在互联网时代，他们周末去图书馆，半夜写文章，整理了大量的汉服资料发布在网络平台上，供其他人免费学习参考；在寒冷冬天或炎热夏天的周末清晨，他们自费印制了宣传单，向路人宣传介绍着汉家衣裳，哪怕被驱逐、被误解、被讥笑，却依旧无怨无悔；在工作之外、学业之外，他们尝试着录歌曲、拍视频、办活动、跳舞蹈、做礼仪，不放弃任何一种可能的努力与途径。还有人说："我不知道我能为汉服复兴做些什么，但是我知道只要今天我穿了汉服，地球上就多了一个人在穿！"于是，在这个世界的很多角落，有人在不遗余力地把这件衣裳，引到每一处可能见到阳光的空间之中……

　　有些见过汉服的，或许知道什么叫汉服复兴。但也有人只能看到一身华装，臆想之中便想当然地认定是一群人穿着汉服，在做行为艺术，再加上一些报道中"情迷古装"、"入戏太深"、"洗浴中心"等措辞，让各种质疑、嘲讽、挖苦随之而来。对汉服的批判也不再需要"民族主义"、"复古倒退"类的深厚道理与复杂理论做支撑，"作秀"、"肤浅"、"无知"、"空洞"几个表面文章用词，足矣。

　　但是那些只看表面、只听片面的人，可曾想过，这样的一个彼此素不相识、天各一方的"松散"团队，怎么可能是为了作秀与炒作？如果想出名、想发财，明明有着更多、更好、更快捷的道路可以选择，何必要踏上这条世间本没有的汉服复兴之路？如今的这条崎岖小路，是一代人用他们的汗水和泪水，披荆斩棘、栉风沐雨后拼出来的，这图的是什么，为的又是什么？坚忍、坚持、奉献、顽强，在这身华美汉装背后，体现得已是淋漓尽致。

▲ 网友"美泪"与YOYO的汉服生活照

注：图中人物"美泪"提供原图，并授权使用。

第三节│立命于中华未来

一、服饰勾勒文化重生

借用学者康晓光的一句话："对于21世纪的中国来说，文化决定着命运。传统文化则决定着中国文化的命运。"而我也坚信，面对着西方思潮泛滥的今天，只有华夏文明能够承担扭转中华命运的历史使命。汉服，就是续接文明的一个纽带。

汉服运动，其实是场发轫于互联网，传播在自媒体，社会上"穿"出来的文化复兴之路。对于当代的中华文化的复兴，或许真的可以汉服复兴为契机。让衣裾和广袖率先飘起来，让世人习惯了生活中的传统外形与审美，也接受了随处可见的传统习俗与气质，理解了当代文化传播的途径与用意，就有可能实现中华文明的重生。就像费孝通先生在《"美美与共"和人类文明》这篇文章中写的："不同文明之间的交往，'内容'常常会退居到次要的地位，而'形式'会上升为主要的东西……它（形式）在一种文明、一种文化里起着很重要的作用，甚至是生死攸关的作用……"那么，对于我们的文明而言，作为"形式"而存在的汉服，它的复兴也一定会势在必行。

其实近几年来，中国的整体环境也在逐渐改变，尤其是对于汉服的认知度提高了不少。汉服的复兴，似乎也带回了部分失落的传统。曾经的华夏审美、民俗节日、礼乐文化乃至生活方式，开始在特定的时间中被呈现、在特定的空间里被规范、在特定的人群中被接受了。尽管公众看到的几乎就是一场又一场的汉服上街、汉服展示、汉服文艺活动，但其背后却蕴含着一套文化复兴的理论、体系与框架。这种扎根民间，以反复出现、持之以恒的方式进行宣传，再借助某些精英人士在特定领域中推进的模式，或许真的会为当代传统文化的复兴探索出一套具有可操作性的实践路径。换一个角度看，从社会运动到社会化，这也是传统文化在当代中国复兴时的必然路径。[①]

但是，请不要忘记，汉服并没有完全复兴，如今的这一辈，依旧属于先行者。即使它的定位是重回民间，重回生活，但是有关汉服复兴的话题却并不让人感到轻松。这个民族的精神与文化，还有历史与辉煌，等着我们去弘扬。若只是因为"仙女情"、"侠客梦"而穿着与推广汉服，那么汉服复兴，也就失去了它的意义。曲裾深衣、兰汤沐芳、琴瑟在御，那将是一代人乃至几代人，用他们的汗水掺杂着泪水才可能换来的，莫失莫忘。

二、之子于归，再无离散

只是，汉服归来的这条路上，很多故事听起来有些辛酸与悲凉。若干年前，它曾经被驱逐、被误解，甚至被焚烧……我也百思不得其解：明明脚踏在这片神州土地，庙堂里依旧供奉着炎黄二祖，书写着还是同样的墨香文字，可为何千百年前人们最熟悉不过的穿衣行礼，到了今天竟变成奇

---

① 参见康晓光、刘诗林、王瑾：《阵地战》，5页，北京，社会科学文献出版社，2010。

▲ 第三届中华礼乐大会（摄影：西安天星轩服饰文化传播有限公司）
　注：天星轩汉服"箬曦"提供原图，授权使用。

装异服、行为异常？

　　是啊，百年前的繁华落尽，留下的只有那定格了的苍凉。十余年前，社会对汉服运动几乎是一片质疑，很多人怀疑，在没有政府、没有经费、没有舆论支持的情况下，这群年轻人光凭满腔热血，究竟能走多远呢？但是他们真的坚持了下来："没有外力推动，我们自己呼吁"；"没有资金支持，我们自己积累"；"没有媒体传播，我们自己发声"；"没有名人出面，我们自己做名人！"尽管声音微薄，力量渺小，但他们依旧在坚持、在积淀、在拼搏、在前行。

　　对于中华民族来说，过去是用来背负的，现在是用来努力的，未来才是用来"如果"的。中华民族一直脚踏实地着眼于未来，所争取的一直是子孙后代有好日子过。① 就像网络上经常被转载的一段话："我只是希望若干年后，当我两鬓苍白、步履蹒跚之时，可以拉着我孙女的手，告诉她说：'若不是奶奶，你怎么会有这么漂亮的衣服？'然后默默地看着她穿着自己的民族服装和其他民族站在一起合影，这就足够了……"

　　这，就是汉服运动，它不仅是复兴道路的一个实践符号，也是民族精神的一种映射与写照。

　　汉服归来，与君同袍。中华归来，且看吾辈。

---

① 参见"月曜辛"（网名）：《汉服》，载百度汉服贴吧，2013-01-03。

▲ 涿州影视城拍摄（图中人物：李正剑）

　注：图中人物李正剑提供原图，授权使用。

▲ 中国人民大学文渊汉服社明德楼合影

　注：中国人民大学文渊汉服社提供原图，授权使用。

▲ 北京中华世纪坛（摄影："汉服北京"浮生记摄影小组）
   注："汉服北京"浮生记兴趣小组提供原图，授权使用。

▲ 汉舞《礼仪之邦》（摄影：广州市汉民族传统文化交流协会）
   注：广州市汉民族传统文化交流协会提供原图，授权使用。

汉服归来

322

▲ 西安"盛世霓裳·礼学复兴"集体成人礼（照片提供：西安高校汉服联盟）

　　注："盛世霓裳·礼学复兴"参与者西安高校汉服联盟王茜霖提供原图，授权使用。

▲ 四川博物馆中秋活动（摄影：四川汉文化研究交流会专业委员会）

　　注：四川汉文化研究交流会专业委员会会长黎静波提供原图，授权使用。

▲ 2016年3月河北正定文庙举行春季 "祭孔" 大典
　注：河北省人大常委、省儒教研究会常务副会长高士涛提供原图，授权使用。

▲ 加拿大多伦多春节活动（摄影：加拿大多伦多礼乐汉服社）
　注：加拿大多伦多礼乐汉服社提供原图，授权使用。

▲ 马来西亚华夏文化生活营（摄影：马来西亚汉服运动）
　　注：马来西亚汉服运动陈绪星提供原图，授权使用。

▲ 南通桃坞汉服社纪念汉服运动十二周年（摄影：南通桃坞汉服社）
　　注：南通桃坞汉服社负责人陈隐龙提供原图，授权使用。

▲ 第一届西塘汉服文化周开幕（摄影：北京华人版图文化传媒有限公司）

　注：北京华人版图文化传媒有限公司提供原图，授权使用。

▲ 第一届中华礼乐大会（摄影：福建汉服天下）

　注：福建汉服天下会长郑炜提供原图，授权使用。

漢服歸來

特 别 鸣 谢

百度汉服贴吧

北京华人版图文化传媒有限公司

北京市校园传统文化社团联盟

沧州沧汉汉服社

重回汉唐文化传播有限公司

福建汉服天下

广州岭南汉服文化研究会

广州市汉民族传统文化交流协会

汉服北京团队

汉服春晚节目组

汉网（泉州）刺桐汉韵文化社

湖北工程学院华章汉服社

岭南汉服围棋组

如梦霓裳汉服

山东曲阜汉服推广中心

陕西汉中市"汉服国风部落群"

陕西京兆长安汉服社

上海芙蓉轩汉服店

上海汉未央传统文化促进中心

上海汉之音华夏文化社

四川汉文化研究专业委员会

苏州复兴书院（淑女学堂）

西安高校汉服联盟

西藏汉服社

衔泥小筑汉服店

雅韵华章汉服店

衣礼汉服（山西首家汉式体验馆）

右衽汉礼微信群

缘汉汉服汉礼推广中心

中国汉服博物馆

中国人民大学文渊汉服社

中国书画院院士崔晓然

（注：按照拼音字母排序）

后记 | 唯愿不诉离殇

一、众里寻它千百度

写完了大家的故事，该讲我自己的故事了。对于汉服运动，我从来都不是局外人，更不是旁观者。这也正是写作过程中最大的难点了，本想以一个记者的视角来呈现这一切，但写着写着经常有了角色错位的感觉，我笔下的那些人物，究竟是他们，还是我们？

小时候，一直都很羡慕我国少数民族和日本与韩国，因为他们有着绚烂多姿的民族服饰。我也经常问妈妈："我们汉族的民族服装是什么呢？"结果，妈妈反而问着和我一样的问题："是啊，我也一直在问，为什么汉族没有民族服装呢？因为时代进步了，我们只穿时装了吗？可为什么少数民族就还穿民族服装呢？"我也一直都没有找到答案。

记得是2006年的一天，偶然间在天涯论坛的仗剑天涯版块看到了方哲萱（网名"天涯在小楼"，曾用名"天涯阁主人"）的一篇帖子《那片江湖——关于汉服》，感觉很奇怪，什么是汉服？为什么汉服会变成江湖？打开网页后，我如梦初醒。汉服——原来它曾经被称作"古装"，它就是我苦苦找寻了十余年的那件民族服装啊！那一刻我哭泣得像个傻子，像个疯子，像个落寞中找到失散妈妈的孩子。汉服，我苦苦寻觅你，终于把你找到了，这一次，我再也不会让你离开我了。

后来的那三天，我几乎没有睡觉。连夜趴在了电脑前，疯狂地寻觅着有关汉服的所有内容：究竟什么是汉服？为什么它现在被称作"古装"了？为什么汉族竟是一个没有自己民族服装的民族？为什么社会上有那么多人在自制衣服？这件衣裳的背后到底承载了什么，有那么多人在为这件衣裳的推广而行动？这些民间的、自发的行动背后又有怎样的精神与信仰？

那时的我看不懂，也想不明白。但却有一个念头在脑海中来回盘旋，那就是我也要有自己的汉服，哪怕只有演出时可以穿，我也要穿，这是我

▲ 2009年5月，本书作者杨娜着汉服参加英国伦敦泰晤士河畔端午节活动

苦苦找寻的民族服装啊，这是我失散多年的衣裳啊！在"深思熟虑"了一个不眠之夜后，清晨我对妈妈说的第一句话是："妈妈，我要买缝纫机。我要做汉服。"妈妈一脸迷茫地看着我："什么汉服？什么缝纫机？你，是不是在做梦？"后来，妈妈用她最实际的行动支持了我的疯狂举动，她陪我买缝纫机，陪我逛木樨园买布料，陪我学习平面剪裁，陪我一针一线地缝制了人生第一套汉服……

　　于是，我也就踏上了汉服复兴的这条江湖路。虽然路途艰辛、风雨交加，但是我从未后悔。个中原因，也正如同汉服复兴的目的一样：往小了看，每个民族都应该有着自己的民族服装；再大一点讲，在当代中国经济腾飞之后的文化建设中，弘扬优秀传统文化也是时代的必然选择；再远一点说，汉服运动走出的其实是一条文化复兴之路，任何文化的复兴一定要有一批意志坚定的先行者，全力推动其中一个符号的复兴，这是立命于民族未来的使命之所在。

而对于参与的原因，也正如大多数同袍一样——我不愿华夏衣冠流落异邦、独自彷徨，更不愿祖先的智慧无人叹赏、痛断肝肠。我总有一个渴望，有一天我们能够穿起自己的衣服，拾起自己的文化，撑起民族的脊梁！

唯愿倾尽一生，许君一世精华。

二、风雨江湖，莫问归路

本科毕业后，我去英国读研究生。到了异国他乡，真的感受到了"人言落日是天涯，望极天涯不见家"的海外游子心境，可唯独唐人街，给了我别样的感受。这里有中餐、有汉字、有华人，我也想到了衣冠——山川莫道非吾土，一见衣冠是故乡，或许，我该找找这里的同袍了。

梦想是美好的，现实是残酷的。经过一番寻找，只找到了一位在北京汉服活动时就已经认识的符瑶（网名"林脉潇"），她几乎和我同步抵达英国。再到2008年的中秋节，我在百度汉服贴吧发布了英国汉服活动召集帖，但没有任何人响应，那天的中秋小聚只有我们两个。然后，我便开始打听那位在爱丁堡做过艺术节的李慕桐前辈，历经数月后才知道，她早就已经回国了，所有的线索全部中断。

但我不甘心，也不认命。我一次又一次在心中问着，英国有这么多华人，这么多留学生，难道喜欢汉服的只有我和符瑶两个人吗？于是，我在百度和谷歌搜索"英国　汉服"关键词；在各个全球性交流的QQ群中挨个问"有人在英国吗？"；在汉网、天汉网的海外版里翻旧帖，看看有没有人曾经来过这里，或是提起过谁在这里……就这样，看到了汉网海外版版主彭涛（网名"puxinyang"）就在英国，只是很久没有登录过了，于是尝试着拨通了谷歌搜索ID后获得的电话号码。当我提到了"汉服"两个字时，他似乎比我还激动。后来，他告诉我，自从李慕桐回国之后，他以为再也不会有人因为汉服来找他，更没有想过，在这片英伦土地上，会再次飘扬起汉家衣裳。再后来，通过反复使用这种搜索方式，找到了"英伦汉风"的5位早期骨干分子。在大家的齐心协力之下，历经一个月的找人、筹划、定衣服种种努力，2009年3月7日"英伦汉风"的第一次聚会在大英博物馆前如期举行。那天，共有14人穿汉服参加，这其中的6套衣服其实是在3月5日下午刚刚寄达英国的。

经历了英伦汉风社团的活动组织、协会筹建之后，我终于明白对于汉服运动我应该做些什么了，那就是撒种。不论我身在何方、去向何处，我只要把种子撒下，就等于是把希望种下。种子撒多了，就一定会有发芽的一天。后来，离开英国之前，又联系到了法国的石航、荷兰的胡长天、意大利的"国中大将"、还有英国的殷文成等人，共同成立了"欧洲汉服协会"的QQ群和网站。那时心中只有一个念头，哪怕只搭一个壳子，但至少让欧盟地区喜欢汉服的华人，彼此能够找到对方，或许需要衣服时还可以"人工快递"，这也就够了。

再后来去了瑞典，发现这里的华人不多，知道汉服的人也很少，所以应该不会再有成规模的汉服活动了。但我选择了另一种方式，那就是积极参加当地的华人社团活动，讲座也好、演出也罢，每一次都尽量穿汉服参加。同时，我也面临着人生的重要抉择，究竟应该是留在瑞典"享受西方的社会主义"，还是回国工作报效亲爱的祖国？爸爸的教诲起了决定性的作用，他总是告诉我说："出国看看可以，学习西方的先进技术也是应该的。但是，国外再好、环境再美、生活再舒适，那终究是洋人的。中国不强大，华人到哪里都是爬着……你一定要回来，回来建设自己的祖国，只有中国富强了，我们的子孙才有真正的好日子过。别忘了，你是黄皮肤、黑头发的中国人。"后来，还认识了一些老华侨，他们也经常告诉我说："孩子，趁着年轻快回去吧。我们相信中国的明天会比这里好。你还年轻，还有机会选择。像我们现在想'落叶归根'，已经来不及了。"

于是，我选择了回国，投简历，找工作。毕竟那时已经"痴迷"汉服四年了，"炎黄子孙"、"龙的后人"这种称谓早已深深地刻在了脑海。在离开瑞典的前一天，我把带来的两套汉服送给了华人协会。我只希望，在以后每年春节的中华民族服饰展演活动中，还能看到汉服的影子。这样我就知足了。

▲ 2010年2月瑞典华人华侨迎新春联欢活动

回到北京后，在工作之外，依旧是在撒种，从一个领域撒向另一个领域。第十一届亚洲艺术节的民族之花选拔活动，同袍们希望能看到汉服的影子，那我去试试吧；"汉服北京"的团队搭建，想要有组织过活动的人来参与，那我就一起吧；北京师范大学附属实验中学希望开设汉服选修课，那我来牵头吧。就这样，我只做我认为应该有人做，但却没有人做的那部分，把种子撒下后，我便挥手离去，选择另一个全新的领域继续撒种——"英伦汉风"架子搭好了，让不会离开英国的人来接管吧；"欧洲汉服协会"的架子有了，管理员请欧盟区的人做吧；"汉服北京"的组织体系完善了，负责人轮换吧；汉服的校本课程教材编好了，第一个学期的课上完了，传给高校汉服社团吧。

撒种过程中，还给自己留了一个"坑"。那是2009年，意识到那些曾经感人的、积极的、真正推动汉服运动发展的核心事件，没有人记录，没有人梳理，没有人回顾。随着互联网信息的快速更新，这些事情正在逐步离开大众视野，见过、听过的人知道，但那些新来的网友可能真的就不知道了。于是，我开始编写《汉服运动大事记》，并发布到汉网、百度汉服贴吧上，当时在开头部分写道："对于汉服复兴这条路，也许我们还要走很久。但是对于那些身体力行的先辈们，让我们感动着的、追随着的事情，华夏儿女绝不应该忘记。那么今天，就让我们踩在前辈们铺垫起的道路上，点点滴滴地继续推动着汉服运动前进吧……"后来发现，这部大事记居然引起了很多汉服运动参与者的共鸣，一些网友留言说是哭着看完的。慢慢地，它竟然成为汉服复兴史料，也成为学者、媒体记者了解汉服运动的一扇窗户。于是，我又编了二次稿，2013年时修订了三稿。

再后来，有一些关注并支持汉服运动的老师、记者找我了解汉服运动发展情况，聊天时反复和我讲："你们应该有人把这些事件记录下来啊，趁着网络资料没有流失，趁着事情没有被彻底淡忘，趁着很多人还能联系到，这个事情一定要赶快做啊。"还有人告诉我说："汉服运动的史料编写必须得你们自己人来做。这场运动涉及面太广，可谓是局内人看不全、局外人看不透。但要想讲述整个运动，最好还是局内人来做，这样表达得会更准确，定位分析会更明确。"于是，把《汉服运动大事记》整理完善后让它出版发行，这个想法一直在心中萦绕。

促使我最终决定要出书的是2015年中央电视台英语新闻频道内的一次例行选题讨论会。一位同事提交了一道选题："关注汉服运动"。大家七嘴八舌地讨论起来："我们听说过汉服，可什么是汉服运动呢？谁来解释解释呢？"啊，汉服运动！我知道啊，这里不会有人比我更清楚了。可是我竟不知道从何讲起，我只能缓缓地说："它叫汉服复兴运动。可以拍摄到的有汉服活动，比如七夕表演。北京有民间组织专门做这个。呃，可以采访……"大家问我："有什么资料可以了解更多吗？"我只能说："网上有，网上搜汉服运动，有，有很多……"可这时的我，心里却是痛苦万分。面对着这场陪伴了十年的汉服运动，面对这件饱经沧桑的汉家衣裳，这段漫长的运动历程，这套完整的文化复兴体系，纵有千言万语，我竟不知从何说起。而且，关于内容、理念和意义我推荐不出任何一本书、任何一部资料是可以详细地介绍的。

　　于是，我在心中默默许下誓言：这本书，我写定了！还是那句话：如果没有人来做，那就我做吧。

三、陪君醉笑三千场

　　写作过程格外痛苦，脑子里总是回想着朋友说的一句话："自己挖的坑，含着泪也要填平。"最后果然是含着泪填平、写完的，不是因为写作太费周章，而是因为看到很多故事后，有着太多的情不能自已，经常是写着写着，就一个人对着电脑屏幕，一边打字一边哭……看到马来西亚的汉服运动，想到他们在异国他乡，在真正的孤立无援中传承着华夏文明，边看视频边流眼泪。听到《执手天涯》，像疯子一般默念了一周："依依长安路，历历未央沙。与君归去也，执手共天涯。"这份感情，大概只有同袍才会懂。知道了江苏师范大学的学位服设计缘由与推广历程，久久不能平静，这得要多么坚定的信念，多么强大的能力，才能做到啊！

　　与此同时，还有着另一种感动一直与我相伴，那便是传承的力量。在2016年春节英学联春晚上，看到英伦汉风社的舞蹈《采薇》，那天晚上我哭了。想到6年前，我们多么期盼汉服可以登上全英学联春晚，可因为服装准备不充分，遗憾地被节目组拒绝了。还有2016年初，曾经在北京师范大学附属实验中学教过的一位学生，从美国寄了明信片给我，告诉我说："姐姐，我到美国读高中了。我带了汉服过来，同学们都说漂亮。"那天晚上，我忽然意识到，曾经撒下的种子开始发芽了！

　　有时在北京的街头，特别是学院路上，经常碰到穿汉服的大学生，我会过去对她说："姑娘，你的汉服真好看……"因为我知道，赞美、鼓励、夸奖，那是让大家穿下去的最好的信念、理由和动力。我坚信，汉服的美，足以让它在这片土地上再次发芽。很多时候，我们只是撒种，甚至都没有去翻土，也没有施肥，但是，那些种子真的可以自己成长，这就是汉服的魅力与神奇之处吧。

　　有时也很迷茫，尤其是在回顾那篇引我了解汉服的文章《那片江湖——关于汉服》时，忽然意识到，她笔下的江湖，竟然也成了我的江湖——那些奇怪的ID、陌生的姓名，竟然也都出现在我的生命中。大千世界，竟是如此神奇。而我也有着同样的感受，在努力、尽力推动汉服复兴之时，网络上也会有各种流言蜚语、质疑乃至诽谤。我经常想到《萧十一郎》里的那段话："暮春三月，羊欢草长……天心难测，世情如霜。"对于世人的误解，十一郎从来不辩解，只做他该做的那一部分——劫富济贫，维护正义。但这段话背后描述的又是怎样的心境？寂寞、苍凉、悲壮、无奈、坚强、麻木、温暖、清醒，抑或是其他？若是有人问我，在这片有关汉服的江湖之中，看到了什么，学到了什么，又收获到了什么，我会回答说——

这是人生，亦是人性。

▲ 2015年10月作者于北京紫竹院公园

四、滴水之恩，涌泉相报

若不是由于太多江湖中人的无私帮助，真的不会有这本书的出版发行。

首先感谢我的亲人们。我的爸爸，给了我足够的物质基础，让我有条件、有能力放手去追逐人生梦想，而且在思想上对我影响也很大。记得六岁时的一个晚上，爸爸拿着一本书，指着上面的八个字，告诉我说一定要背下来，一辈子也不许忘。那八个字写的是——天下兴亡，匹夫有责。我的妈妈，用她最实际的行动支持着我，买布料、做衣服。在婚礼的时候，婚服和伴娘衣服的制作、婚礼的流程，都是她张罗的，仪式中所需要的道具也都是她从古玩市场中找来的。我的夫君，陪我一起穿汉服，参加汉服活动，举办汉式婚礼，在单位也一直宣传介绍汉服，最后连实验室的师妹都开始参加汉服活动了。

感谢身边的老师们，给予了我太多太多无私的帮助，让我得以更深入地理解汉服运动，使这本书不再是单纯的事件罗列，而是有了一个大致脉络。最感谢的是已过世的郑杭生老师，承蒙老师不嫌弃，收留了我这个跨专业的在职博士生，给了我宝贵的求学深造机会。老师是一位社会学本土化的担当者，我一直想向老师请教，我们怎样在转型社会中让汉服复兴，让它与时代接轨，让它绽放出新的光芒？遗憾的是，还没等我开口，老师已经走了，一夜落花，却已是阴阳两隔。

特别感谢三位帮我写了序言的老师。感谢我的博士生导师李路路老师，他总是迁就着我的学术兴趣和工作时间，在费心指导学术论文的同时，还要帮我思考汉服运动的理论框架、切入角度、语言措辞，最后还在百忙之中，亲笔连夜写就了这本书的序言，业师如父、师恩如山。感谢张改琴老师，在繁忙之中，利用宝贵的休息时间亲笔题下了"汉服归来"四个字的题词，苍劲、有力、悲凉的字体，还有老师的深度与高度，拔高了整本书的内涵与格调。感谢楚艳老师，她一直都在关注着汉服运动，对于书的内容似乎早已"心知肚明"，在我没有阐述、没有解释、没有描述任何内容的背景下，她就写好了序言部分。

特别感谢三位写了推荐语的老师。三位老师真的是我的命中贵人，虽然只是萍水相逢，却是屡次相助，而且不厌其烦地一次又一次帮助我、辅导我。三位老师的知遇之恩，我定当用一生来回报。特别感谢周星老师，四年以来，接到我的电话或邮件后总是第一时间回复，第一时间援助，而且经常熬夜看稿子、写推荐、审文章，忙完之后还总是补上一句："没有麻烦一说，随时联系。"每次看到这句话都是热泪盈眶，总是想哭。特别感谢任平老师，一次次在百忙之中回复我、帮助我，提供资料线索、文字素材，也指出汉服运动中"形而上"的哲学依据，还为我指明了努力方向，可谓高屋建瓴，让人印象深刻。特别感谢康晓光老师，简直就是我在最后一刻抓到的最重要的一根"救命稻草"，在素昧平生的情况下，老师两次连夜帮我修正了书稿，指出了这本书的核心结构问题，还反复帮我思考书稿落脚点，告诫我要修改、要斟酌、要有体系，他的大恩大德，我没齿难忘。

还要特别感谢陆益龙老师，不论我遇到什么困难，总会在身边尽力帮助我，而且经常帮我思考到底应该如何切入汉服运动，并提供各种援助与指导。特别感谢韩星老师，老师的理论研究对我的启发很大，而且还帮我修改稿子，提供了文字资料和观点解释，提升了书稿的理论高度。另外感谢张建明老师、洪大用老师、刘少杰老师、冯仕政老师、郭星华老师、郝大海老师、李宏复老师、杨敏老师、黄家亮老师、韩恒老师、唐颖老师、谢宇老师、朱斌老师，他们都回答过我的一个同样的问题："老师，您怎么看待汉服复兴？"老师们的立场不同，研究方向不一样，角度自然也不一样，但无一例外都给予了我耐心的解答与不同的理论视角，有的是社会运动，有的是社会现象，有的是文化复兴，有的是民族主义……还有人把

▲ 2016年，本书作者（右一）在中央电视台新址咖啡厅与台内同事合影

我引向了另外的重要人物，或者直接帮我修改部分章节，他们都是我人生的财富，也是学术旅程中最大的收获。他们甚至还包容我的种种任性、胡闹、无理、无知，让我在这里真诚地说一声：谢谢你们！

感谢中央电视台，这里并不像外人猜测的那样，有意在回避汉服，甚至反对汉服。这里的很多领导和同事，都是非常喜欢传统文化的，他们一旦知道了汉服是传统文化中的一部分，几乎就是"照单全收"，而且是"拍手称赞"。此外，大家也会尝试着制作类似节目，或是在文案中融入相关介绍，使传统文化成为节目播出时的亮点。尤其是中文国际频道与英语新闻频道，工作期间我的感受也很明显，越是对外宣传部门，越是国际传播视角，就越希望强调文化的多元性，挖掘本土文化的新特征。所以，也就有了主持人鲁健和田薇的推荐语，在完全没有向他们介绍汉服的情况下，二位主持人便欣然答应了，也带给我特别的意外和感动。

若是问参加汉服运动真正给我带来了什么好处，那就是这条风雨路上认识的那些人生挚友。像庄旋、"赵丰年"和彭涛三位，是在汉服运动这条路上对我影响最深、帮助最大的人。七年的相知相伴，不论是思想启蒙、活动组织还是学业工作，彼此之间都不用多说一个字，早已有了默契。其实在汉服复兴这片江湖里认识的"武林同道"真的非常非常多，这里不能一一列出。我们因为共同的信仰，从互联网中走到了一起，平日遇到很多事情，诸如组织活动、翻译文稿、展演排练、视频剪辑等等，真的就是一个电话、一条短信，马上就都会相互配合，且无需任何言语解释。我们也都是因为遇到了对方，所以不再只影孤行，而是红尘做伴、携手并进。

然后就是出版和众筹阶段了，首先感谢中国人民大学出版社的策划编辑宋义平，也是我在中国人民大学的同门师兄，在听到和汉服有关的故事后，便竭尽全力地帮我促成这本书的出版发行，真的也是历尽艰辛。再到后面的众筹阶段，若不是诸位同袍的齐心协力，便没有这本书的成功众筹。非常感谢画家崔晓然，在初期便主动来联系我，告诉我说她一定要帮我。再后来，感谢中国汉服博物馆王忠坤、"重回汉唐"吕晓玮提供优惠政策，帮我完成众筹项目。感谢孙异和秦亚文特别写了倾情推荐。另外，还有"汉服北京"的郭扬、"福建汉服天下"的郑炜、"英伦汉风"的"璇

汉服归来

玑"、西安高校汉服联盟的王茜霖、广州市汉民族传统文化交流协会的唐慧辉、四川汉文会的黎静波、"淑女堂"的傅正之等等，都不遗余力地帮我宣传推广，这才有了这本书众筹的顺利进行。这些甚至给众筹网的人员心中留下了深刻的印象："这个项目居然有很多人在捐钱，1 000、2 000地捐，连回报都不要，这图的是什么？"

多伦多汉服复兴会会长钱元祥特意发来邮件，告诉我说："不要在乎出版经费，多伦多汉服复兴会可以负担全部尾款，你只要安心写书就行！"还有同袍告诉我说，他妈妈替我捏了把冷汗，并悄悄地取出一笔钱，万一不够的话，就出资把剩余部分补足。此外，有大量的陌生网友在网上留言，告诉我说："希望你们一直坚持下去，支持汉服的也许比你们想象的多。"大家的鼓励、支持与无私帮助，是撑着我走下去的最大动力。

再后来，便是资料收集阶段，感谢各位同袍的大力支持与协助。前前后后，我们联系到了逾两百位汉服复兴参与者，包括早期的开创者、各海内外社团的主要负责人、各网络平台的负责人甚至各行各业的核心关注人物，大家都非常热情地与我通电话、聊QQ、传资料、找图片，很多人素不相识。若没有大家提供的大量资料与授权使用，根本就没有这本书的丰富内容、素材与数据。

资料收集过程也非常艰辛，这其中的难度非常大。有时为了一个人的联系方式，要问上数个人；有时为了一个事件的内容和意义，要联络三方才能确保真实、客观；有时为了一张照片的授权，或许要打上半天的电话。在此过程中也得到了太多太多的陌生同袍相助，也有着太多太多的感动，比如新加坡《联合早报》记者张从兴，特意托人从新加坡带来一本书，帮我补充素材资料；"大汉玉筝"的手绘图片丢失了，她连夜比照着网络图片，重新帮我绘制了一版；"汉服北京"的李晓璇把她个人的网盘账号和密码告诉了我，她说汉服北京十几年的相关资料随便用；刘荷花把她"随手"搜集了十三年的汉服运动相关资料全部发给了我，希望能有所补充；网友"忆衣冠"把用花费了6年时间整理的有关汉服运动的素材、媒体报道等网络资料编辑的5册《汉服集》寄给了我，希望能有所帮助；在苏州和上海调研期间，唐钰炜、渠水秀、徐珞、胡长天等人，都不辞辛苦地陪着我、李正剑和姜天走街串巷、长途跋涉，获得了大量的一手资料；最后，还要特别感谢我的母校北京市第十二中学对于汉服认知度部分调研的帮助、支持与协助，不仅允许我们完成了问卷，还促使我们直接了解到了中学师生们对于汉服的态度与观点。

在写作过程中，特别感谢这个临时成立的编委会，大家都付出了非常非常多的努力。除了对核心事件进行筛选投票、讨论之外，其中部分章节是共同完成的：

第三章和第九章与李正剑共同完成；

第七章与"回灯"共同完成；

第二章与汪家文共同完成；

全书统稿、内容审定由刘荷花完成；

资料整理、图片美工、宣传推广由王忠坤、姜天、康嘉、杨雪瑾、施海珍、吴佳娴共同完成。

▲ 画家崔晓然特意作画支持
　注：崔晓然提供图片，授权使用。

五、不负轩辕不负君

冥冥之中自有天意，写完这本书后，我彻底相信了。这本书的出版可以说是历经周折，但在每一步的关键节点，都会有"江湖高人"仗义相助。对于写作的核心要素，我也始终明白"内容为王"，怎样把书写好才是重中之重。对于书稿，我担忧两个问题，一个是内容的准确度，另一个是结构的组织性，毕竟，我想要呈现的是一个准确、完整的汉服复兴史料。结果，在书稿即将完成时，刘荷花阿姨主动站了出来，没日没夜地陪我奋战了一个月，查资料、补信息、核日期、改文字、校稿子，让我特别特别感动。阿姨还告诉我，她最初参与汉服运动时，本是出于职业习惯，随手保存下了大量关键的资料信息。但仿佛天意一般，这十三年的默默收集与守护，好像就是在这里等待着我的出现一般。

对于组织框架，其实是我更担忧的，因为汉服运动真的太散了，整个运动参与者众多，覆盖面很广，持续时间较长，所以要想提炼出脉络很难。在我收集到了庞大的资料后，曾经幻想着，若是有位研究过文化复兴，关注过汉服运动，还写过"大国崛起"类似专著的学者，能够帮我审视一下整本书稿，并点评几句，那该有多好啊！但我也知道，这件事情难度很大，首先我不知道有没有这个人，更不知道茫茫人海去哪里寻找，而且即使联系上了这个人也未必愿意花费时间和精力搭理我，毕竟改书稿真心不是一件有意思的事情……结果，在临成书的最后一刻，歪打误撞地认识了康晓光老师。老师一直都在研究与推动中国的传统文化复兴，而且居然就在中国人民大学。瞬间觉得，简直就是天助我也。最终，老师两次连夜通读了两版书稿，反复帮我思考书稿的核心理念及落脚点所在，并带我重组与修订了整本书的结构，真的是万分感激无以言表。虽然最后的呈现，远不如老师的期待，但打破原有架构重新组织的书稿，自我感觉已面目一新。

这个过程中，每一位向我伸出援助之手的人，事后还总是告诉我：汉服复兴是责任、是使命、是信仰，不用谢！这又是怎样的精神？在这么多人的执着守候与推动下，汉服怎么能不复兴？这个民族怎么能不崛起？这个国家怎么能不强盛？唯愿天佑中华，盛世开启。

对于汉服运动的发展，我也知道，它其实是在整个团队的成长之中，一步步向上借力与发力，一层层往下演绎与延伸，全面扩散发展至今的。所以，对于未来，任凭道阻且长，我将低头前行！

且将三途望断，再伴晨夕暮旦。

唯愿陪君醉笑，此生不诉离殇。

杨娜（兰芷芳兮）

岁次丙申年辛卯月

于北京市光华路中央电视台

附录1 | 汉服运动大事记

2002年之前

2001年至2002年，民族服饰讨论期、名词探讨期。

2002年是网络民族主义讨论期，涌现了"南乡子"、"赵丰年"、"一道闪电"、"鸿鹄"、"冠军侯"、"华夏血脉"、"李理"等人物。

2003年

2003年元旦，以网友"步云"为首，建立第二个独立的网络平台"汉知会"。该网站在建立后的3月份由"大汉"接手，正式注册一级域名，同时改名为汉网论坛。

2003年7月21日，王育良上传自制汉服照，成为当代公开自制汉服第一人。这是汉服消亡三百多年后首次亮相。

2003年9月1日，李宗伟上传束发着深衣弹古琴照。他也是当代第一个束发着汉服，穿汉服给学生讲课的人。

2003年10月18日，寒音馆主杜峻经过半个多月的努力，上传了第一套自制汉服。

2003年11月19日，阙金玲在汉网发表《衣冠国体——华夏服饰之我见》文章，首次指出了汉服的定义。

2003年11月22日，王乐天穿汉服上街，成为首个被媒体报道穿汉服的人。汉服复兴运动扩大为公共事件，汉服运动的局面为之一新。

2003年11月23日，武汉"采薇作坊"的邱锦超上传当代第一套汉服商品照，"采薇作坊"也是汉服运动中第一个汉服商家。

2003年11月29日，新加坡《联合早报》发表文章《阔别三百余载，汉服重现神州——访当代汉服第一人王乐天》，这是当代第一篇对于汉服的新闻报道。

2004年

2004年1月1日，汉网论坛首次组织线下汉服活动，主题为"还我汉家服，归我汉家魄"。地点在深圳市荔枝公园和清苑，深圳、广州、珠海网友20人参加。(汉流莲保留了视频)

2004年1月29日，刘荷花发表新年帖，共制作了6套汉服睡衣、4件睡袍，自此以后开始穿汉服上班、过日常生活，也带动了大量网友自制汉服的热情。

2004年8月22日，刘斌穿汉服参加黑龙江省武术比赛，这是汉服第一次以武术服出现，为汉服与其他传统文化协同发展寻求了新思路。

2004年10月5日，北京、天津、上海等地的33名网友，在北京举行了首次全国范围内的、着汉服祭祀先烈活动。

2004年11月12日，方哲萱只身着汉服参加天津祭孔大典，并撰写《一个人的祭礼》，影响颇广。

2004年12月2日，网友"大宋遗民"制作Flash视频《再现华章》，引用大量汉服照片，并填词演唱，这也是第一个专门为汉服复兴运动制作的视频作品。

2004年12月7日，丁晓棠、王琢和郭丽红三人将篡改汉服成"寿衣"一词的某电子公司告上法庭，这是汉服诉讼第一案。

2005年

2005年1月22日，来自上海、北京、河南、天津、济南、杭州等地的网友约35人在上海聚会，从澳大利亚、阿根廷回国的王育良和网友"莲竹子"也参加了活动。

2005年2月8日，刘荷花全家着汉服迎春节，她成为将汉服引入家庭中过传统节日的第一人。

2005年3月13日，吴飞与华夏复兴论坛几位网友在济南举行了释菜礼，为儒学实践派的首次礼仪活动。

2005年，网友"溪山琴况"创立百度汉服贴吧，于2005年4月14日担任首任吧主，发布第一帖。汉服贴吧逐步成为互联网上会员数最多的汉服爱好者讨论平台。

2005年4月26日，宋豫人在河南郑州开展了以汉服为主题的讲座，后逐步演变为《汉家讲座》，其视频在网络上广泛传播。

2005年5月6日，礼仪研究者吴笑非为吉恩煦着汉服行加冠礼，或为第一次正式的传统成人礼。

2005年5月15日，中国古琴协会在北京举办汉服与古琴专题雅集，再次把汉服带回传统音乐的表演舞台。

2005年8月，重庆大学学生张梦玥发表论文《汉服略考》，这是关于汉服概念的第一篇论文，后在香港《语文建设通讯》（第80期）上发表。

2005年9月17日，中秋节，四川、北京、杭州、武汉、上海、广州、深圳等地网友着汉服聚会，拉开了区域化汉服活动的序幕。

2005年10月2日，乙酉秋，民间学子在曲阜采用中华传统的礼乐服饰祭祀先师孔子，祭祀人员中有20多人着汉服。

2005年10月3日至5日，由汉网组织的"首届汉服知识竞赛"在北京举行，全国各地40多位网友参加，网友"小狐仙"的汉服舞蹈广泛传播。

2005年10月，中国人民大学文渊汉服社成立，这是全国高校中最早成立的汉服社。

2006年

2006年1月3日，严姬的笄礼在武汉举行，这也是近200多年来笄礼的首次重现。

2006年1月8日，50余位网友在上海松江首次采用汉礼汉服祭祀夏完淳，并开启了汉服团购先河。

2006年2月19日，瞿秋石以条幅、宣传单方式公开介绍汉服，是汉服活动中第一次引入宣传标识，该方法沿用至今。

2006年3月1日，全国第一家汉服实体店汉衣坊在北京开张，主营汉服礼服，策划汉式婚礼等。

2006年4月9日，十几名学生身着汉服在中国人民大学举行乡射礼。由吴飞主礼。

2006年4月10日，上海、杭州、北京等地网友着汉服过上巳节，这是汉服活动第一次与传统节日民俗相结合。

2006年5月16日，武汉市516名学生穿汉服举行了成人仪式，这是官方首次参与主办的大型汉服礼仪活动。

2006年6月9日，马来西亚华裔赵里昱着汉服从美国回到中国，他是第一个穿汉服回家的海外华人。

2006年7月18日，写给汉服运动的第一首原创歌曲《重回汉唐》录制完毕，此曲被广泛翻唱，并引发了众多汉服复兴者的共鸣。

2006 年7月21日，中华人民共和国中央人民政府网将汉族着装图片更名为"汉服"，这是汉服运动的一次突破。

2006年8月13日，加拿大多伦多汉服复兴会在当地的华夏节中举行了首次聚会，这是海外的一个汉服社团。

2006年11月12日，洪亮夫妇在上海举办周制婚礼，他们的婚礼虽然不是第一个依古礼举办的婚礼，却是当代影响最大的汉式婚礼，成为众多汉式婚礼的模板。

2006年12月17日，汉服实体商店"重回汉唐"在四川成都文殊坊商业区开业，此后又在成都、上海、北京开有四家连锁实体店，逐步走向公司化运营。

2007年

2007年3月"两会"期间，全国政协委员叶宏明提议，确立汉服为"国服"；全国人大代表刘明华建议，中国博士、硕士、学士学位授予时，穿着汉服学位服，这是汉服第一次进入全国"两会"提案。

2007年3月24日，中国首家汉文化餐厅"汉风食邑"在北京开业，店内的顾客都是身穿汉服就餐。

2007年4月5日，20余家知名网站联合发布倡议书，建议北京2008年奥运会采用"深衣"作为礼仪服饰，并将汉服作为中国代表团汉族成员的参会服饰。

2007年5月，福建"汉服天下"由福州民政局正式核准登记，成为全国首个官方认可的汉服协会。

2007年6月13日，广州市汉民族传统文化交流协会成立了歌舞兴趣小组，开始在传统节日的汉服活动中表演古典舞蹈。

2007年10月28日，百度汉服贴吧首任吧主"溪山琴况"因心疾去世，享年三十岁。"汉网"、"天汉网"、"百度汉服吧"等网站举办悼念活动。

2007年11月24日，《Q版〈大明衣冠〉——漫画图解明代服饰》在天涯论坛发布，后以《Q版大明衣冠图志》为名出版，多次加印，影响颇广。

2008年

2008年1月，第一本介绍汉服和汉服运动的图书《汉服》正式出版。

2008年1月26日，珠海电视台春晚播出《汉服汉礼》节目，节目以汉服展示的形式介绍了汉服汉礼。此后，汉服展示被广泛应用到汉服宣传中。

2008年2月20日，汉服图片剧《三世书》在网上播出，这是第一部汉服剧。

2008年4月27日，陈小末在韩国首尔穿汉服守护奥运圣火，掀起了海内外同袍穿汉民族传统服装迎奥运圣火的热潮。

2008年5月3日，马来西亚第一届华夏文化生活营开营，通过穿着汉服、学习礼仪、感受华夏传统生活的方式，推动华夏文化在马来西亚的保存和传播。

2008年6月9日，《华夏衣冠》电子杂志创刊号发布，这是国内第一本以汉服为主题的电子杂志。

2008年12月22日，首部以汉服为主题的电视短剧《谁是你的梦》在成都电视台都市生活频道播出。

2009年

2009年1月28日，百度汉服吧发布《汉服同袍自制新春拜年视频集》，自此以后汉服吧每年春节都向全球网友征集汉服拜年视频。

2009年3月7日，英国网友以穿汉服巡游伦敦的方式，拉开了海外汉服文化复兴运动的序幕。

2009年3月25日，明华堂提出汉民族礼服设想，研究与复原汉族服饰传统纹样面料、辅料及剪裁制作工艺，是高端汉服市场的先行者。这也使得这一传统工艺重新复活，并焕发新的生机。

2009年5月27日，浙江理工大学学生自制汉服学士服，是首次被媒体报道的穿着汉服照毕业照的活动。

2009年5月28日，四川成都举办的端午节活动，签到人数为195人，参加活动者超过240人，观礼人数约400人，是当时规模最大的一次汉服活动。

2009年7月14日，西安的雷赟穿汉服参加中央电视台《开心学国学》节目，并向观众介绍了汉服，是穿汉服出现在汉文化类电视节目的首次尝试。

2009年8月16日，杨娜身着汉服，与55个少数民族同胞共同参加了"第十一届亚洲艺术节"，这是汉服第一次与55个少数民族服装同台亮相。

2009年10月28日，中国装束复原小组花费两年时间，复原了汉、唐、东晋三套衣裳和妆容，再现汉人先祖的妆容仪态。

2009年12月，西安高校汉服联盟（简称"西高联"）成立，这是当时唯一一个服务于各大高校汉服社团的组织。

2010年

2010年2月15日，"汉家服裳"YY（歪歪）语音频道创立，这是最早的汉服YY频道，也是最早开设汉服相关讲座的YY频道。

2010年3月27日，首个公益汉服动漫团队"汉风弄晴工作室"建立，并发布了大量汉服动漫作品、汉服动漫MV等，影响广泛。

2010年3月27日，中国云南汉服社团向旱区大量捐水，影响着更多汉服个人或团队加入慈善行列。

2010年4月28日，网友"树水"在网络上发布首部以汉服为题材的漫画小说《君思故乡明》，该漫画小说于2010年年底被印制成漫画本子在网上销售。

2010年5月1日，来自浙江大学城市学院的十几位学生穿汉服游世博会，这是世博园里第一次出现汉服的身影，该事件被媒体大量报道。此后更多来自世界各地的游客穿汉服游览世博会。

2010年7月21日，第一个汉服广播剧社——青聆子衿工作室成立，并发布了《耀世风华》，这是首部汉服题材广播剧。

2010年10月16日，成都的"反日游行"大学生们误认为孙婷（化名）所穿的汉服是和服，强行要求其脱下后在公共场合焚烧汉服。

2011年

2011年2月3日，首届汉服春晚在网络上发布，共由23个节目组成，内容涉及汉舞、国画、诗词、刀剑等多方面，受到广泛关注。

2011年2月20日，"如梦霓裳"汉服店成为淘宝第一家皇冠汉服店。

2011年5月1日，天星轩汉服婚典团队策划执行的汉服集体婚礼在西安曲江寒窑举行。此后，每年西安都会举办汉式婚礼，地点也更改为西安城墙南门瓮城，这也是国内规模最大的汉服婚礼。

2011年8月8日，汉服地图——全球汉服信息查询系统正式推出，这也是服务于汉服运动的第一个公益数据系统。

2011年9月15日，北京师范大学附属实验中学开设"走近汉服"选修课，并附有学校校本教材，这是汉服第一次进入教学课程。

2012年

2012年2月19日，唐迪穿汉服参加江苏卫视《非诚勿扰》节目，这是涉及汉服的目前最有影响力的一期电视节目。

2012年3月6日，留学生网友"璇玑"身着汉服在英国街头吹奏笛子，照片流传而走红各大网络社区。

2012年3月14日，中央电视台纪录频道播出纪录片《我为汉服狂》，这是首部有关汉服实践者奋斗经历的纪录片。

2012年3月31日，诗礼春秋服饰2012品牌发布会在中国时装周上举行，展示了以汉服为设计蓝本的中国特色礼服。

2012年6月20日，江苏师范大学研究生毕业典礼暨学位授予仪式采用汉服汉礼的形式，此后每年该学校均采用此形式对学生授予学位。

2012年7月23日，百度汉服贴吧会员突破100 000人，这是网络上规模最大的汉服爱好群体讨论社区。

2012年12月8日，"陈先生的复古照相馆"在北京正式开业，主打唐、宋、明朝仕女图和民国主题的写真，力争要原汁原味地用镜头再现中国古典美。

2013年

2013年全国"两会"上，政协委员、原中国书法家协会副主席张改琴提出《关于确定汉族标准服饰的提案》，并征得了30多位全国政协委员的联合签名，引起了广泛关注。

2013年4月30日，"首届海峡两岸汉服文化节"在福州开幕，两岸共有70家社团参加，宋楚瑜先生赠送亲笔题词。

2013年6月23日，徐娇和方文山分别以汉服、汉服混搭造型亮相第16届上海国际电影节闭幕式，成为穿汉服走红毯的最初两位明星。

2013年7月13日，初埏居传统文化工作室在江苏苏州开业，创建者秦亚文曾以每天坚持穿汉服而被人关注，她希望以工作室的方式号召人们回归传统生活。

2013年10月4日，《听见下雨的声音》电影在中国台湾地区上映，并于12月13日在大陆上映，电影由方文山指导，并将汉服融入其中。

2013年10月24日，自媒体"汉服荟"建立，并开发了网站、APP、微博账号、微信账号、社区等功能，致力于各地汉服爱好者的交流，并持续推出原创型作品。

2013年11月1日至3日，由著名词人方文山倡导发起的首届汉服文化周在浙江西塘召开，并创下"最多人参加乡饮酒礼"的吉尼斯世界纪录。

2013年11月9日至11日，2013中华礼乐大会暨汉服文化艺术展在浙江横店举行，近千名身着汉服礼服的与会嘉宾走过红地毯。

2013年11月22日，汉服运动十周年暨王乐天穿汉服上街十周年纪念日，全球多地汉服爱好者着汉服上街举办活动。

2014年

2014年3月7日，历时一年拍摄制作的公益宣传片《礼仪之邦》正式发布。

2014年4月25日至5月3日，第二届海峡两岸汉服文化节由福建福州、泉州、晋江、台湾台南联袂举行。

2014年6月25日，江苏师范大学举办2014届硕士研究生毕业典礼暨学位授予仪式，再次以汉服、汉礼、汉乐的形式进行，并首次邀请教育部官员着汉服出席。

2014年8月5日，中央电视台纪录频道播出汉服纪录片《矢志青春》，这是第一部讲述汉服复兴故事的纪录片。

2014年11月1日至2日，第二届西塘汉服文化周举办，开幕式以"朝代嘉年华"开场，并发布周杰伦演唱、拍摄的《天涯客栈》歌曲MV。

2014年11月28日至30日，第二届中华礼乐大会在厦门鼓浪屿举办，主要包括音乐、香道、茶道、插花表演、弓箭射艺大赛等项目。

2015年

2015年1月25日，第一届中华传统文化晚会在北京大观园梨香苑演出，这是第一场实体的、全部由汉服相关节目组成的文艺晚会。

2015年3月，山东青州女孩刘雅琪患白血病，全国各地汉服组织通过各种方式发起了募捐活动。

2015年4月25日，中国最大、最专业的汉服博物馆在青岛国际服装产业城开馆，开馆当日还邀请全国30家社团和商家举办了活动。

2015年6月5日，第三届海峡两岸汉服文化节暨福建汉服天下成立十周年庆祝活动在福建福州举行。

2015年9月17日，"北京市校园传统文化社团联盟"成立，由北京市各高校、中学的汉服社团组成，这是首个正式注册的校园汉服社团联合组织。

2015年10月2日，第一部历史题材汉服微电影《忠良》发布，该电影根据真实历史事件改编，服装根据对明代汉服的考据制作而成。

2015年10月31日至11月3日，第三届中华民族服饰展暨汉服文化周活动在浙江西塘古镇举办。

2015年10月31日至11月3日，"国泰长安·丝路溯源"第三届中华礼乐大会在西安举行，2 000人穿汉服参加，这是首次由多个地方社团联合承办的全国汉服活动。

2016年

2016年1月24日，福建省汉服文化促进会在福州举行第一次代表大会，福建汉服天下会长郑炜当选首任会长，这也标志着首个省级汉服文化推广社团正式成立。

2016年2月4日，曲阜汉服推广中心重新装修完成，该中心致力于通过曲阜的文化地位向海内外游客推广汉服文化和礼仪。

* 事件按日期顺序排序，日期重合时按汉字拼音首字母排序。所有事件的选定，均由《汉服归来》编委会一致通过。

附录2｜昔日人物的现状

　　十三年的风雨路，汉服运动从无到有，从虚拟网络到实体社会，从思潮到组织，从地方到全球，一步步发展起来。对于参加过汉服运动的人而言，或许汉服只是他们生命中的一部分，由于生活的压力、工作的变迁、家庭的关系，很多人或许已没有更多精力参与网络讨论、活动组织、理论整理了。但是，也有很多人一直都在——既然曾经真爱过、追逐过、呵护过，或许今生就会一直沿着这条路走下去，只是可能换了一种方式罢了。他们也一直都在社会中的某个角落，通过平日里的一举一动、一点一滴，默默地继续推动着这件衣裳的归来与复兴。

　　就像我们对于汉服运动的定义一样：我们平日可以不穿它，也可以不逢人便介绍它，但是我们会把对汉服、对祖国、对传统文化的感情，融入到生活、学业与工作中来。直到它真正地回到生活中的那一天，也直到世人们可以像看待日本和服、韩国韩服一样看待中国汉服的那一天……

　　在整理资料与了解情况的过程中，我在互联网上也看到了很多人的疑问："谁谁几年前已经从网络上消失了，而且也不再参加汉服活动了。不知他如今在哪里？不知道他过得可好？不知道他是否还在坚持？"所以，我尽可能地努力找到所有的当事人，也了解到了很多人的现状，也在这里做一个补充与介绍吧。

　　其实，也是想借此告诉人们，这些真正参与汉服运动的人，既不是什么"非主流"的年轻人，也不一定是大城市中的小资群体，更不是一群穿着汉服"作秀"、"不务正业"的中产阶级二代。他们只是芸芸众生中的普通一员，他们也从事着社会中的各行各业，也分布在世界上的各个角落，而或许，他们就在你我的身边……

　　陈绪星（字耀之）——马来西亚汉服运动联合发起人之一。大学与研究生都学的是信息技术，目前的职业是软件工程开发师。2007年开始在业余时间参加汉服运动，2008年联合其他发起人创办马来西亚华夏文化生活营，8年连续举办了8届华夏文化生活营，今年夏天第九届华夏文化生活营将如期举办。

方哲萱（字哲萱，原名方芳，网名"天涯在小楼"）——2004年起参与组织了大量汉服活动，并写作了《所谓伊人在水一方》（又叫《你的祖先名叫炎黄》）、《一个人的祭礼》两篇文章在网络上广泛流传。她的故事曾经带动了大量的人加入汉服运动，目前在苏州开办了乐谦学堂。

丰茂芳（网名"小丰"）——2006年时曾独自撑起了北京地区的汉服运动，独自组织过大量汉服活动，还曾担任"汉风食邑"的总经理。目前居住在山东济宁，在太平人寿公司工作，经常也会参加当地的汉服活动。

郭睿（网名"天蝎凤凰"）——2006年在汉网注册，长期担任汉网总版主一职，曾与妻子"夷梦"举办明制婚礼。十年来一直在关注汉服运动，参与汉服活动。目前就职于重庆市食品药品监督管理局。

黄海清（网名"大汉之风"）——汉网总版主之一，曾因掌掴阎崇年而在社会上引起广泛讨论。目前依旧在上海工作，做的生意与汉服并不相关。但是他说，他迟早是要回来的，走过这条路的人，真正能完全放下的，其实没有几个。

姜天——2005年起关注汉服，2012年起任中国传媒大学子衿汉服社副社长，2015年担任北京市校园传统文化社团联盟副主席。

康嘉（网名"紫藤"）——汉服春晚外联制片人。2012年加入汉服春晚策划组，至今参与制作了四届汉服春晚，2016年4月，策划制作的汉服公益宣传片在纽约时代广场播出。大学所学专业是视觉传达，毕业后在江西的一所小学任教，负责语文和美术学科的教学工作。

黎静波（网名"霜冷寂寒衣"，笔名"黎冷"）——四川汉服活动主要发起人之一，汉服电视短剧《谁是你的梦》，MV《汉家衣裳》《执手天涯》的导演。四川省作家协会及戏剧家协会会员，他出面组织汉服活动的次数已经越来越少了，更多的是在自身擅长的文学和影视创作方面，慢慢地引入汉服和汉服理念。

李敏辉（网名"李理"）——汉网、汉服运动发起人之一。在北京的一家新闻机构从事媒体工作。但是提起汉网的前尘往事，依旧是如数家珍，就连语气与用词都还是和当年一样。

李慕桐（原名李丽，字慕桐，网名"秋水若兮"）——2006年在英国着汉服参加了爱丁堡艺术节、英国布莱顿传统服饰与文化展示，后创办《华夏衣冠》杂志。曾获得阿伯丁大学法学硕士学位，有着超过10年的法律和商务经验，目前从事文化创意产业工作，担任联合国教科文组织的合作项目"丝绸之路引发的区域间交流与融合"中华区的执行人。

李正剑（网名"书杀"）——2011年接触汉服，2015年在首都经济贸易大学土地资源管理专业就读期间，担任凤凰汉服社社长。同年联合其他各校汉服社创办北京市传统文化社团联盟，担任首任主席，并在中国文化网络传播研究会秘书处长期兼职。

刘丹（网名"霄遥派掌门"）——云南省传统文化研究会汉服文化协会会长。2003毕业于英国南安普顿大学计算机专业。毕业后回到云南昆明，创立了自己的电信公司，并要求员工穿汉服上班。

刘荷花（网名"汉流莲"）——梅州客家人，会计师。2003年起参与汉服运动，是深圳汉服运动的发起人之一和早期活动主要组织者。逐步把汉服引入日常生活、家庭和家族之中。她自学汉服剪裁制作技艺，传授制作技艺，培养民间裁缝师。2011年开始，每年参加马来西亚华夏文化生活营，向马来西亚的华人教授汉服剪裁课程。

钱成熙（网名"摽有梅"）——2003年起参加了大量汉服活动，她的很多照片在网络上广泛流传。2007年举办了汉式传统婚礼，她的婚礼也成为很多汉式婚礼的模板。目前在上海的一家旅游杂志社担任记者、编辑。

钱元祥——移居加拿大多年，曾担任加拿大多伦多汉服复兴会会长。目前仍在加拿大，任职于当地的金融银行业，担任系统软件设计师。他一直都在默默地更新与维护着加拿大多伦多汉服复兴会的官方网站，并对后来的多伦多礼乐汉服社提供帮助和支持。

秦亚文——毕业于苏州大学艺术学院，在大学期间，曾因为被媒体报道痴迷汉服，坚持每天穿着汉服上课而受到人们关注。目前在苏州平江路开了"初尘居"工作室，致力于传承中式美学，分享传统文化点滴，打造新的中式生活方式。

孙昇（网名"心灵烛光"）——歌曲《重回汉唐》、《汉家衣裳》、《执手天涯》创作人。毕业于四川大学生物工程专业，曾在制药厂工作。2006年至2009年在北京与唱片公司签约，录制《小三和弦》专辑。目前与他的夫人吕晓玮（网名"绿珠儿"）共同开办了重回汉唐文化传播有限公司。

唐慧辉（网名"唐糖"）——广州汉民族传统文化研习会（广汉会）创始人之一。2006年从事房地产行业，因为看到网友"白桑儿"的新闻而接触汉服，共同创立了广汉会。2010年曾因工作变动离开广州，2012年回到广州结婚后重组广汉会。

　　汪家文（网名"独秀嘉林"）——广州岭南汉服文化研究会会长，2005年开始接触和参与汉服复兴运动，热衷研究中国古代历史，著有《汉服简考》。现在广州某上市广告公司从事媒介策划工作。

　　王军（网名"黄玉"）——汉服春晚发起人、汉服地图制作人。他是一位化学工程博士，目前在美国工作。

　　王乐天（网名"壮志凌云"）——第一位穿汉服上街的人，2006年后逐渐消失在网络世界中。现在仍然在河南郑州，从事着原来的工作。他活跃在微信朋友圈，也经常会对一些热点文化新闻做分享。

　　王茜霖（网名"琉璃"）——2009年在西安工程大学创办华韵汉服社并担任首任社长。于同年组织"西安高校汉服联盟"，在各大高校组织汉服活动。2011年参加陕西省博物馆演讲比赛，以一篇《始于衣冠，达于博远》的有关汉服文化的稿件，获得三等奖。2013年参加《听见下雨的声音》电影女主角海选并获得"评审推荐奖"。目前在西安一家事业单位工作。

　　王育良（网名"青松白雪"）——澳大利亚籍华裔，第一位公开自制汉服的人。他曾经是学计算机设计的，后来读的也是商科研究生。目前已经回到了上海，推广读经教育，同时做有关人性和心性的哲学研究。

　　王忠坤（网名"齐鲁风"）——青岛汉服协会会长、曲阜汉服推广中心总经理、中国汉服博物馆馆长。2001年时曾因为喜欢儒学而关注到汉服，自此以后一直在山东地区推广、宣传汉服，并为汉服协会发展、产业化发展做了很多尝试与努力。

　　吴佳娴（网名"幽冥黑猫"）——2006年起参加汉服活动，2008年起组织北京地区汉服活动，历任会长、部长、干事、小组负责人等职。组织多场活动，出品多次宣传品、周边产品，编辑与发布大量官方微信。现在与同袍建立家庭，有了"汉二代"。

　　谢颖华——台湾高雄人，创立"中华"汉服文化发展协会。台湾米而非科技股份有限公司负责人，主要负责与厦门、深圳的合作贸易，也频繁地往来于台湾与厦门。对于往返祖国大陆的原因，他曾经说一方面是因为工作需要，另一方面则是希望见见大陆故乡的样子。

行者先生——字章甫，号云主，又号妙德，玉龙山人。现任行者书院院长、金玉琴馆馆主。他身着汉服、携带古琴、行游山水的生活照片，曾在网上广泛流传。长期研习中国文化、古琴艺术、书法、诗文等，曾出版专著《天上大风》、《世界古琴图录》，被誉为"中国传统文化、艺术的年轻代表之一"。

杨儁立，（网名"五月静"）——加拿大二代华裔，祖籍香港，曾是多伦多汉服复兴会创始人之一，也是多伦多古琴社社长。在当地参与了十余年的汉服活动，目前在多伦多大学历史专业攻读博士学位，研究方向是汉服运动，也包括当代中国文化及物质文化史。

杨雁粤（网名"夷梦"）——曾编导、拍摄汉服照片剧《三世书》，也是网络小说家。2005年开始在榕树下发文，痴迷恐怖小说，著有恐怖玄幻长篇《高校诡话》。现为重庆市作家协会会员。

杨雪瑾（网名"重光"）——2010年接触汉服，2012年在信阳地区创办了首个汉服团体"豫南楚风汉韵社"。攻读古代文学专业硕士学位期间，时常在国学杂志发表文章。现为广州一所重点小学的语文教师，在工作期间创立"南枝国学社"。

姚渊（网名"逆流"）——2004年1月在《东方早报》新闻周刊发表专题报道《从这里开始，再造一个时代》，这是中国传统媒体对汉服运动的第一次正面报道。2005年创立汉未央社团，2011年注册成立上海汉未央传统文化促进中心。对他来说，"汉未央"，早已超越爱好的范畴，是事业，更是信仰。

叶茂（网名"子奚"）——天汉网、百度汉服贴吧创始人之一。后来在武汉大学获得了管理学博士学位，在新东方学校教授了13年英语。如今，偶尔还是会在讲台上穿起汉服，并用英语给学生讲授中国传统文化。

殷文成（网名"温暖的霖铃大筑"）——"英伦汉风"创始人之一，也是现任的英国汉文化协会会长，组织策划过近百场汉服聚会、活动、讲座、表演等。也是网络上《汉服剪裁教学系列视频》的制作人，还担任大明卫视台长。他是一名生物医学博士，目前从事神经医学方面的研究工作。

赵里昱——美国籍的马来西亚华人，曾经开创了海外华人身穿汉服走上街头的先例，也是第一个穿着汉服回国的人。目前，仍在美国纽约从事着原来的出租车司机行业。依旧活跃在Facebook上，持续关注并转载着全球各地的汉服活动。

郑炳丰——大学老师，是全球较早关注汉服运动的人士，在汉网上认识了江毅枫等人，并力促了宋豫人先生到马来西亚交流考察，催生了马来西亚华夏文化生活营，2006年10月7日还在宋豫人陪同下到山东祭孔现场观礼。

郑炜（网名"王富贵"、"不结冤家"）——福建汉服天下会长，2006年助力汉服天下成为全国第一个合法化的汉服社团。2013年起以"汉服天下"牵头组织，每年上半年在福州举办海峡汉服文化节，下半年选择国内的某个城市举办一届中华礼乐大会。2016年经选举成为福建省汉服文化促进会首任会长。

网友"大汉玉筝"——2006年曾在百度汉服贴吧遇到困境时，一个人撑起了整个贴吧的管理、维护工作，这一做就是3年多，而她其实也就是个20多岁的小姑娘。目前，仍然在广州从事着原来的财务工作。

网友"蒹葭从风"——汉民族传统"服饰—礼仪—节日"复兴计划的撰写人及推行者，2010年获得医学博士学位后在北京从事医学科研工作。至今秉承"始自衣冠，达于博远"的文化传统复兴理念，业余时间更多地投入了文史研究中，曾出版历史考据散文集《所谓伊人·先秦红颜探古》，时常也为有意做汉式礼仪的朋友们做策划指导。

网友"南楚小将琥璟明"——担任百度汉服贴吧吧主已有7年，目前在深圳从事展览策划工作。

网友"南乡子"——旅居日本多年，日本东京大学机械工程博士，从事信息技术相关职业，现经营个人公司。1996起针对在境外的"三股势力"推动下出现的民族分裂言论以及境外论坛的反华极端言论，写了大量的文章进行批驳，至今他仍密切关注着汉服运动的发展。

网友"回灯"——网络团队"汉服小组"创始人，参与编写《汉服运动大事记》第三版、《汉服集》等。目前在北京某研究机构工作。

网友"璇玑"——因身着汉服在英国街头表演，在网络上红极一时，后编排《礼仪之邦》舞蹈、拍摄同名MV，但至今仍然不愿意公开其真名。2014年留下一句"小舟从此逝，沧海寄余生"后消失于互联网上。据悉，目前研究生毕业后，从事中英之间的外交、经贸、文化交流工作。

网友"月曜辛"——百度汉服贴吧现任吧主，四川人。2007年起担任汉服贴吧吧主，曾制作《汉服运动的爱国式》MV，撰写《汉服》一文，都在网络上广泛流传。多次参加汉服吧拜年视频征集剪辑工作，也是第一届汉服春晚的主要参与者。

网友"赵丰年"——旅居欧洲多年，生物专业博士，曾在高校任职，后从事生物科学研发工作。他也一直都在Facebook等海外网站上关注着汉服运动的发展，也经常用英文向外国人讲解中国的服饰和历史，他的歌声和制作的Flash动画依然流传在各个汉服平台上。

最后，愿以此书此文，再次缅怀与悼念汪洪波前辈（网名"溪山琴况"，又曾用名"天风环佩"）——他是汉服运动的重要倡导人之一，搭建了天汉网和百度汉服贴吧两个重要宣传平台，并担任网站管理员和贴吧吧主。他一生致力于汉服及中国传统文化的复兴事业，提出汉服运动中"华夏复兴，衣冠先行"的口号，这也成了汉服运动发展的核心理念。同时，主持并参与了天汉网民族礼仪复兴、节日复兴和汉服产业化三大计划，撰写了五十余万字的文章，还积极动员大家参与方案的制订、讨论和推广。方案公布后，受到了各地汉服社团的广泛响应和积极践行，长期指导了汉服运动的实践方向，也取得了较好的社会效果。此外，他所倡导提出并操作执行的中式学位服和奥运礼服方案，曾得到社会各界的好评。

但是由于操劳过度，汪洪波于2007年10月28日心疾猝发，不幸病逝，卒年30岁。弥留之际，他留下遗言："华夏复兴，天风魂牵梦绕，至死不忘育我民族，死后怎舍梦里衣冠。始于衣冠，再造华夏，同袍之责，我心之愿。华夏复兴，同胞幸福，天风叩祈苍天。"而他案头笔记中，仍留存着华夏婚礼修改稿、中国式学位服第二稿、奥运礼服设计稿等。斯人已逝，笔墨尚新。

如今，汪洪波已经走了9年了，但是大家都从未忘记。甚至有网友将其著作编辑为《溪山琴况文集》在网络上流传，并手工装订为册子收藏。在2009年汉服运动进入瓶颈期后，很多人都在追思与追忆，若是他还活着该有多好……只是一袭衣冠，已是魂归故土。

然而，大家并没有放弃，仍然继续摸索着前行，以活动、组织、公司、著作等诸多形式，沿着前人的足迹，共同努力推动着这件衣裳的归来。不知到了今天，对于神州大地上的这些峨冠博带、衣袂飘扬，九泉之下的前辈可曾看到？可否感到满意或是感到欣慰？望我辈之所思、所做、所行不负前辈之所托。

在汉服社团正在实践各种祭祀的今天，我们也该祭拜"溪山琴况"前辈，他是汉服复兴运动中，永远不应该被忘记的一个人……

愿君，一路走好。

稽首，遥祭。

▲ "溪山琴况"人物画像

注：根据网络公开图片手绘完成。

汉服归来

附录3｜2016年汉服认知度调查

自2003年王乐天将汉服穿上马路开始，汉服运动正式走入了中国公众的视野。记得王乐天曾经说，那时路上的行人看他犹如出土文物，也有人把他当做日本人，甚至有小朋友朝他丢石子。再到2006年，马来西亚华裔赵里昱着汉服从美国回到了中国。我也曾经问过他，当时是否有人认出了汉服，他告诉我只有一个女孩主动问他："穿的是不是汉服？"其他人则都没有反应。

那么，汉服运动如火如荼进行了13年之后，公众对于汉服的认知度又是怎样？我想要得到最真实的答案还是要回到马路上。于是，我和李正剑等人选择了最简单、最真实，或许也是最有说服力的方式，就是穿上汉服，带齐各种证件，在北京的十个有代表性地段，如白领工作区、时尚购物区、豪华小区、旅游景区、大学校园、中学校园、郊区农村等，拦了100位路人问了同样的问题："您认识这件衣服吗？"

最后，真的是在非常艰辛的环境中完成了调研工作。在一些地段，因为手中拿着问卷，再加上穿着又很显眼，几乎只要一停下来拦路人，就有保安过来要求离开，所以样本量非常不容易地凑到100个，且局限于北京地区，所以这份报告仅作为当代汉服认知度的一种参考。

一、汉服认知度情况

在100份问卷中，有54%的人表示认识汉服，另外有46%的人表示不认识汉服。在不认识的人群中，大部分觉得是古装或在拍古装剧。被认作是日本人、韩国人、行为艺术或者Cosplay扮演的概率并不高，可见社会公众对于中国传统服饰的辨析度还是可以的。见图附-1。

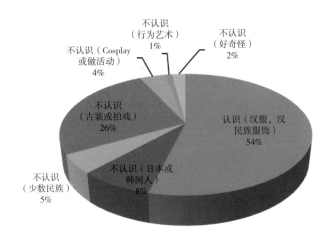

图附-1 2016汉服认知度调查

为了保证抽样的广泛性，我们特意选择了不同区域，如西单商城、国贸嘉里中心、什刹海景区、柳荫公园、北京大学、北京十二中学、大兴西瓜地、丰台晨练广场等等。并且，依据受访者的外貌特征，力争平衡受访者的性别比例、年龄分布因素。所以，抽样过程中，男、女路人比例为1：1。统计结果显示，男性的认识率为56%，略高于女性的52%，但基本算是接近与持平。

此外，受访者的学历和年龄，对于汉服认知度的影响也是很明显的。可以认为学历越高者、年龄越低者，对于汉服的认知度越高。比如，在高中和以下学历中，汉服的认知度仅为42.9%。但是博士学历中，受访的8位博士均表示知道汉服，认知度达到100%。另外，统计后发现，20岁以下的认知度最高，高达81.3%。这其中还有人可以指出我们所穿的汉服款式、制作商家等细节特征。见图附-2、附-3。

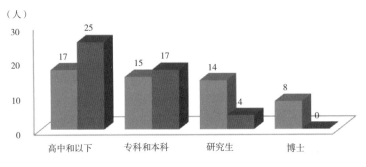

图附-2 学历与汉服认知度的关系

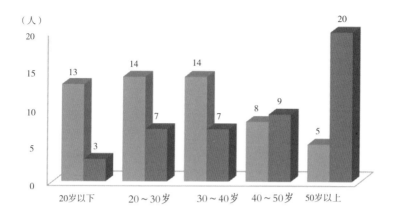

图附-3 年龄与汉服认知度的关系

将整体抽样人群按年龄段分为30岁以下、30至50岁、50岁以上三个部分，并将三个年龄段中的人群划分为高中及以下学历、专科和本科学历、研究生及以上学历三个部分，分别计算每个年龄段人群中，学历的高低对于汉服认知度是否有影响。经分析得出，30至50岁的人群中，学历高低对于汉服的认知度有着明显影响。但在30岁以下和50岁以上的人群中，学历高低对汉服的认知度的影响则相对较弱。见图附-4。

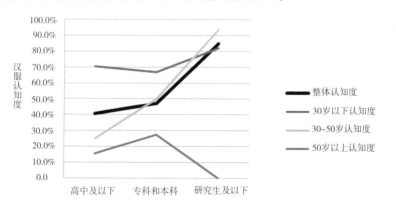

图附-4 同一年龄段中学历对于汉服认知度的影响

二、传播渠道分析

随着汉服运动的发展，汉服一词的传播渠道也变得越来越多样，不再局限于互联网了。在北京街头的调查中，虽然显示第一位的传播途径仍是

附录3 2016年汉服认知度调查

互联网，占据了16%，但即使与不认识汉服的人群相比，在整个传播渠道中的比例也只有29.6%，已经不足1/3了，可见汉服运动已经不局限于单一的网络传播了。第二位是传统媒体，包括电视、杂志、报纸，为10%。第三位是生活中看到过汉服，包括街头看到汉服后上网了解到信息、生活中有同学或朋友是汉服"日常党"，这一类的比例有8%。并列第三位的是学习或工作中了解到。比如有的是历史老师，曾经在文献中见过；有的是戏曲演员，排练节目时听说过；有的是博物馆工作人员，曾经参与过汉服展演。也就是说，一些中国人在平日生活中也会有机会接触到汉服这个概念了，此类的比例也为8%。见附-5。

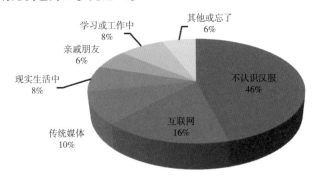

图附-5　汉服传播渠道

至于这张饼状图为何要包含"不认识汉服"的人群比例，那其实是希望把这张图当作励志目标。当"不认识汉服"的那一部分变为0之时，或许便是汉服运动的阶段性胜利之日了。对于汉服复兴之路，我相信我会继续走下去，也期盼着不认识汉服的人越来越少。

三、试论"床单"的重要性

以前，我经常在百度汉服贴吧或天涯论坛上看到有人发帖子询问："有多少同袍小时候披过床单扮古人？"这种帖子的跟帖答案也是精彩万分，简直让人捧腹大笑，诸如："毛巾毯、床单、蚊帐都披过的人，淡定飘过。"[①]"身上床单，左右手各一条毛巾装大袖。"[②]"披床单、裹头巾，再手

① "包子狸tina"（网名）：《有多少人和我一样，打小就爱披着床单演古装戏？咱来认个亲排个队》，载天涯论坛，2010-06-28。
② "XIA妍"（网名）：《披过床单扮古人（仙女/人）的筒子们看过来》，载百度汉服贴吧，2011-08-20。

握小木尺，遥指前方，大喝：杀啊。"①

记忆中我自己是披过的，床单、毛毯、长围巾，应该是都披过，而且是和表妹或者邻居小伙伴一起，在床上共同找寻着广袖飘飘、衣裾渺渺的感觉。我记得2009年6月时在人人网上做过一个调查："有多少人有过披床单的经历？"当时共有近千人回答，大约有90%的人选择披过床单。后来，我也曾经在办公室问过："大家小时候是否披过床单？"一群人纷纷举手，有扮演过"白娘子"的，也有扮演过"观音菩萨"的，还有扮演过"七仙女"的……

所以，我心里一直有个疑问：披床单的经历对于认识汉服的可能性有没有影响？披床单是个人因素造成的，还是其他社会原因，诸如古装剧？于是，我把这个问题也放到了问卷之中。需要强调的是：这里的"床单"不单纯指床单，而是泛指浴巾、围巾、毛巾被等大片状的生活纺织用品。数据显示，披过床单的中国人还是相当多的，而且不分男女老少，不分年龄学历，达到了43%。在披过床单的人群里，认识汉服的比例为67.4%，明显高于没披过床单的人群里认识汉服的比例的43.9%，所以可以理解为儿时披过床单的人群，对于"宽袍大袖"会更敏感、更关注。见图附-6。

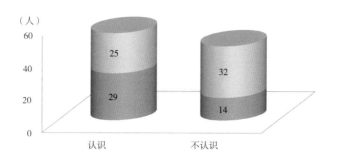

图附-6　披床单与汉服认知度的关系

另外，细化后的数据显示，披过床单的女士（29位）比男士（14位）多，但是男性在披过床单后认识汉服的比例（85.71%），比披过床单认识

---

① "千年鼠妖"（网名）：《披过床单扮古人（仙女/人）的筒子们看过来》，载百度汉服贴吧，2011-08-24。

汉服的女性比例（58.62%）要高很多。可以理解为，儿时披过床单的行为举止对于男性认识汉服的影响较女性更大一些。见图附-7。

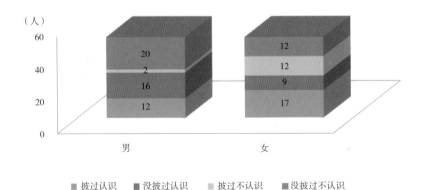

图附-7　男女披床单行为对于认知汉服的不用影响

此外，整体上看30岁以下披过床单的人数偏多，是19人，30至50岁的16人，50岁以上的8人。另外，披过床单且认识汉服的人随着年龄的增长呈现出明显的下降特征，可以理解为"宽袍大袖"对于30岁以下的年轻人认识汉服更有作用。见图附-8。

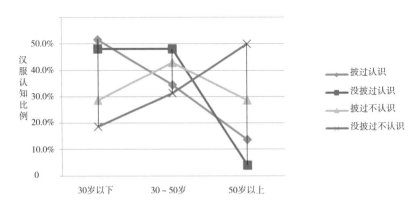

图附-8　不同年龄段披床单行为对于汉服认知度的影响

▲ 北京后海胡同调研拍摄

　注："汉服北京"浮生记兴趣小组拍摄，授权使用。

　　实际上，社会中对此问题的回答，比这里的数据罗列要更精彩。有路人恍然大悟告诉我说："有！绝对有！我一直以为这是个见不得人的癖好。"还有人认真告诉我说："我没有披过床单，但是我披过被套。"有奶奶告诉我："小时候家里穷，哪里有床单。但要是有的话，我一定披。"也有60岁的大爷斩钉截铁地告诉我："不止是披床单，我还得拿根筷子。"

　　这其实就是文化，这是中国人血液中流淌的文化基因。宽袍博带、飘逸长裙、青丝束起的样子，虽然可能我们不知道它叫什么，也不知道是为了什么，但是仅凭着从经典、名著、武侠剧中得到的那点残存印象，它便深深地烙在了炎黄子孙心中。而且很多人，也真的一直在黑暗、彷徨之中找寻着那似曾相识，却又神秘恍惚的感觉，它的名字其实叫做——汉服梦。

　　广袖飘飘，衣裾渺渺。衣冠归来，长乐未央……

▲ 北京市第十二中学调研拍摄

注："忍者便利屋"拍摄，授权使用。

漢服歸來

图书在版编目（CIP）数据

汉服归来/杨娜等编著. —北京：中国人民大学出版社，2016.8
ISBN 978-7-300-23020-7

Ⅰ.①汉… Ⅱ.①杨… Ⅲ.①汉族-民族服装-研究-中国 Ⅳ.①TS941.742.811

中国版本图书馆 CIP 数据核字（2016）第 140165 号

汉服归来

杨娜 等 编著

Hanfu Guilai

出版发行	中国人民大学出版社		
社 址	北京中关村大街 31 号	邮政编码	100080
电 话	010-62511242（总编室）	010-62511770（质管部）
	010-82501766（邮购部）	010-62514148（门市部）
	010-62515195（发行公司）	010-62515275（盗版举报）
网 址	http://www.crup.com.cn		
	http://www.ttrnet.com（人大教研网）		
经 销	新华书店		
印 刷	北京瑞禾彩色印刷有限公司		
规 格	170 mm×240 mm 16 开本	版 次	2016 年 8 月第 1 版
印 张	23.75 插页 2	印 次	2021 年 1 月第 5 次印刷
字 数	370 000	定 价	88.00 元